Excel

视频
自学版

公式、函数与图表

案例
实战 从入门到精通

恒盛杰资讯 编著

U0224956

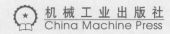

机械工业出版社
China Machine Press

图书在版编目（CIP）数据

Excel公式、函数与图表案例实战从入门到精通：视频自学版／恒盛杰资讯编著. —北京：机械工业出版社，2019.4

ISBN 978-7-111-62192-8

Ⅰ．①E… Ⅱ．①恒… Ⅲ．①表处理软件 Ⅳ．①TP391.13

中国版本图书馆CIP数据核字（2019）第043062号

要想让 Excel 在实际工作中充分发挥作用，就必须熟练掌握它的公式、函数与图表功能。然而，对于 Excel 新手和入门级用户来说，公式、函数与图表也是晋级的"拦路虎"，本书正是为帮助读者彻底扫清这三大障碍而编写的。

全书共 17 章，可分为 3 个部分。第 1 部分为第 1 ~ 6 章，主要讲解各类函数在公式中的应用。第 2 部分为第 7 ~ 8 章，主要讲解 VBA 函数和数组公式的应用。第 3 部分为第 9 ~ 17 章，主要讲解各类图表在实际工作中的应用。

本书结构合理、图文并茂、实例丰富，既适合具备一定 Excel 操作基础且打算深入学习公式、函数与图表功能的读者，也适合渴望以更智能化的方法提高效率的办公人员、学生等参考，还可作为大专院校或社会培训机构的教材。

Excel公式、函数与图表案例实战从入门到精通（视频自学版）

出版发行：机械工业出版社（北京市西城区百万庄大街22号　邮政编码：100037）

责任编辑：杨　倩　　　　　　　　　　责任校对：庄　瑜

印　　刷：北京天颖印刷有限公司　　　版　　次：2019年4月第1版第1次印刷

开　　本：185mm×260mm　1/16　　　印　　张：17

书　　号：ISBN 978-7-111-62192-8　　定　　价：59.80元

凡购本书，如有缺页、倒页、脱页，由本社发行部调换

客服热线：（010）88379426　88361066　　　投稿热线：（010）88379604

购书热线：（010）68326294　　　　　　　　　读者信箱：hzit@hzbook.com

PREFACE

前　言

Excel 是 Microsoft Office 办公软件套装中最重要的组件之一，它的主要功能可大致分为数据操作与处理、公式与函数、图表与图形、数据分析、宏与 VBA 五个方面，其中公式、函数与图表占据近一半。掌握这部分功能，是 Excel 新手到高手的必经之路。本书立足于帮助各行各业的办公人员使用 Excel 的公式、函数与图表功能解决实际问题而编写，为读者的 Excel 晋级之路扫清障碍。

◎ 内容结构

全书共 17 章，可分为 3 个部分。

★ 第 1 部分为第 1 ~ 6 章，主要讲解各类函数在公式中的应用，包括文本函数、日期和时间函数、查找和引用函数、数学和三角函数、统计函数、财务函数等。

★ 第 2 部分为第 7 ~ 8 章，主要讲解 VBA 函数和数组公式的应用。

★ 第 3 部分为第 9 ~ 17 章，主要讲解各类图表在实际工作中的应用，包括柱形图、折线图、饼图、条形图、面积图、散点图、雷达图、股价图、直方图、组合图表、高级图表等。

◎ 编写特色

★ 本书中每个知识点的讲解都依托相应的实例，每个操作步骤都以"一步一图"的方式呈现，清晰、直观、易懂，便于读者理解和掌握。

★ 书中以"提示""重点函数介绍"等小栏目的形式穿插了大量延展知识或从实际工作中提炼和总结出的经验与诀窍，每章最后以"专栏"形式讲解较易被新手忽视、却在日常工作中有很大用处的 Excel 操作，帮助读者增长见识、开阔眼界。

★ 本书的云空间资料完整收录了书中全部实例的相关文件及操作视频。读者按照书中的讲解，结合实例文件和操作视频边看、边学、边练，能够更加轻松、高效地理解和掌握知识点。

◎ 读者对象

本书既适合具备一定 Excel 操作基础且打算深入学习公式、函数与图表功能的读者，也适合渴望以更智能化的方法提高效率的办公人员、学生等参考，还可作为大专院校或社会培训机构的教材。

由于编者水平有限，在编写本书的过程中难免有不足之处，恩请广大读者指正批评，除了扫描二维码关注订阅号获取资讯以外，也可加入 QQ 群 227463225 与我们交流。

编者

2019 年 2 月

如何获取云空间资料

 一　扫描关注微信公众号

　　在手机微信的"发现"页面中点击"扫一扫"功能，如右一图所示，进入"二维码/条码"界面，将手机对准右二图中的二维码，扫描识别后进入"详细资料"页面，点击"关注"按钮，关注我们的微信公众号。

 二　获取资料下载地址和密码

　　点击公众号主页面左下角的小键盘图标，进入输入状态，在输入框中输入本书书号的后6位数字"621928"，点击"发送"按钮，即可获取本书云空间资料的下载地址和访问密码。

 三　打开资料下载页面

　　方法1：在计算机的网页浏览器地址栏中输入获取的下载地址（输入时注意区分大小写），如右图所示，按Enter键即可打开资料下载页面。

　　方法2：在计算机的网页浏览器地址栏中输入"wx.qq.com"，按Enter键后打开微信网页版的登录界面。按照登录界面的操作提示，使用手机微信的"扫一扫"功能扫描登录界面中的二维码，然后在手机微信中点击"登录"按钮，浏览器中将自动登录微信网页版。在微信网页版中单击左上角的"阅读"按钮，如右图所示，然后在下方的消息列表中找到并单击刚才公众号发送的消息，在右侧便可看到下载地址和相应密码。将下载地址复制、粘贴到网页浏览器的地址栏中，按Enter键即可打开资料下载页面。

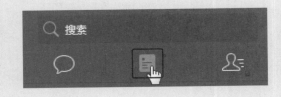

 四　输入密码并下载资料

　　在资料下载页面的"请输入提取密码"下方的文本框中输入步骤2中获取的访问密码（输入时注意区分大小写），再单击"提取文件"按钮。在新页面中单击打开资料文件夹，在要下载的文件名后单击"下载"按钮，即可将其下载到计算机中。如果页面中提示选择"高速下载"还是"普通下载"，请选择"普通下载"。下载的资料如为压缩包，可使用7–Zip、WinRAR等软件解压。

> **提示**
>
> 　　读者在下载和使用云空间资料的过程中如果遇到自己解决不了的问题，请加入 QQ 群227463225，下载群文件中的详细说明，或找群管理员提供帮助。

CONTENTS 目 录

第4章　数学和三角函数在公式中的应用

第5章　统计函数在公式中的应用

第6章　财务函数在公式中的应用

第7章　自定义VBA函数的应用

第8章　数组公式的应用

第9章　柱形图的应用

第10章　折线图的应用

第11章　饼图的应用

第12章 条形图的应用

第13章 面积图的应用

第14章 散点图的应用

第15章 其他常用图表的应用

第16章 组合图表的应用

第17章 高级图表的应用

第1章 文本函数在公式中的应用

文本函数在公式中主要起到处理文本字符串、更改字母大小写、计算文本字符串长度、连接文本字符串等作用。在 Excel 中使用文本函数，可以有效帮助用户快速输入文本、根据要求提取文本信息、处理包含文本的单元格等，从而更好地处理文件、提高工作效率。

1.1 创建员工联系名单

在实际工作中，为了便于对员工的管理，公司常常需要制作员工联系名单，在该名单中需要记录员工姓名、身份证号码、性别、出生日期、地址、联系电话等信息。

本节将介绍如何灵活应用 Excel 中的文本函数功能制作员工联系名单，分别为不同的项目快速填写对应的信息。在编辑表格时，还将简单设置工作表标签与单元格格式效果，使员工联系名单工作表更加完善。

◎ 原始文件：下载资源\实例文件\第1章\原始文件\创建员工联系名单.xlsx
◎ 最终文件：下载资源\实例文件\第1章\最终文件\创建员工联系名单.xlsx

1.1.1 输入员工姓名与地址数据

下面介绍如何在工作簿中插入和重命名工作表，并使用函数公式在表格中引用已有员工姓名与地址的相关数据。

步骤01 单击"新工作表"按钮。打开原始文件，查看员工原始资料，并单击"新工作表"按钮，如下图所示。

步骤02 插入工作表。即可在工作表"原始资料"右侧插入一个名为"Sheet2"的空白工作表，如下图所示。

步骤03 重命名工作表。双击Sheet2工作表标签，使标签处于可编辑状态，输入新的工作表名称"员工联系名单"，如下左图所示，按下【Enter】键确认。

步骤04 调整行高。按下【Ctrl+A】组合键，全选单元格，将鼠标指针放置在任意行的行号线上，当指针呈 ✛ 形状时，向下拖动鼠标，即可调整行高，如下右图所示。使用相同方法调整列宽。

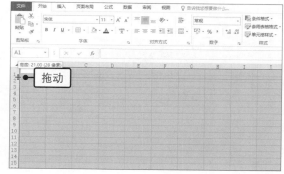

步骤05 输入表格标题。在工作表"员工联系名单"中输入表格标题内容，设置单元格格式，并根据单元格内容适当调整行高和列宽，如下图所示。

步骤06 输入"="。在工作表"员工联系名单"的单元格B3中输入"="，如下图所示。

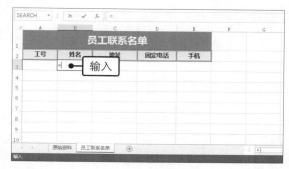

步骤07 引用单元格内容。❶切换到工作表"原始资料"，❷单击单元格B2，❸单击"输入"按钮，如下图所示。

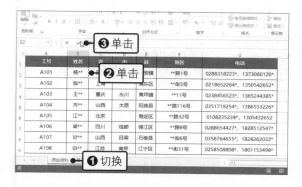

步骤08 复制公式。返回工作表"员工联系名单"，即可看见单元格B3已引用工作表"原始资料"的单元格B2中的内容，拖动鼠标向下复制公式到单元格B10，即可返回不同员工的姓名，如下图所示。

步骤09 输入公式。❶在单元格C3中输入公式"=CONCATENATE(原始资料!C2,原始资料!D2,原始资料!E2,原始资料!F2)"，❷单击"输入"按钮，如下左图所示。

步骤10 复制公式。此时单元格C3中已显示公式计算结果，调整C列列宽并向下复制公式，效果如下右图所示。

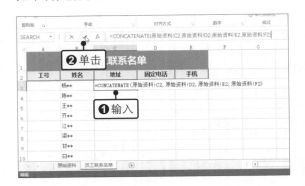

重点函数介绍：CONCATENATE 函数

CONCATENATE 函数用于将多个文本字符串合并成一个文本字符串。其语法结构为 CONCATENATE (text1,text2,text3,…)。参数指定 1 ~ 255 个要合并的文本字符串，可以是文字、数字或对单个单元格的引用。

1.1.2　用分列功能编辑数据

下面介绍如何使用 Excel 中的分列、复制和粘贴功能编辑员工的联系方式数据，并使用不同的公式对表格中的数据进行计算，从而快速解决表格中数据的提取、升位等问题。

步骤01 启用分列功能。❶选中工作表"原始资料"中的单元格区域G2:G9，❷在"数据"选项卡下的"数据工具"组中单击"分列"按钮，如下图所示。

步骤02 选择文件类型。弹出"文本分列向导-第1步，共3步"对话框，在"原始数据类型"选项组下单击"分隔符号"单选按钮，如下图所示，单击"下一步"按钮。

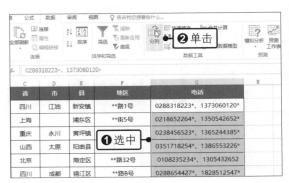
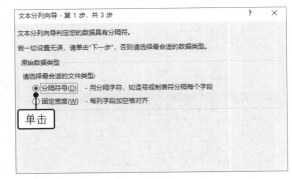

步骤03 设置分隔符号。跳转至"文本分列向导-第2步，共3步"对话框，❶勾选"其他"复选框，❷在"其他"右侧的文本框中输入"、"，如下左图所示。输入完成后，单击"下一步"按钮。

步骤04　设置列数据格式。跳转至"文本分列向导-第3步，共3步"对话框，❶单击"文本"单选按钮，❷设置"目标区域"为单元格G2，如下右图所示。设置完成后，单击"完成"按钮。

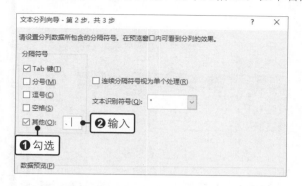
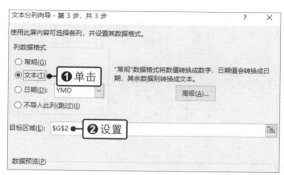

步骤05　设置分列标题。返回工作表，即可查看数据分列显示效果，在单元格H1中输入标题内容"手机"，并设置相关格式，如下图所示。

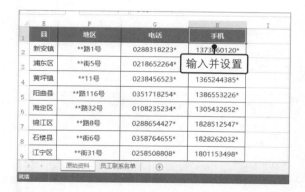

步骤06　复制数据。❶选中工作表"原始资料"中的单元格区域H2:H9，❷在"开始"选项卡下的"剪贴板"组中单击"复制"按钮，如下图所示。

步骤07　粘贴数据。❶选中工作表"员工联系名单"中的单元格E3，❷在"开始"选项卡下的"剪贴板"组中单击"粘贴"下三角按钮，❸在展开的列表中选择"值"选项，如下图所示。

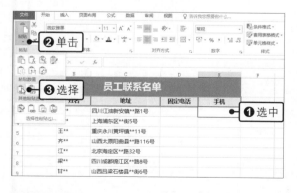

步骤08　查看数据效果。选定的数据被粘贴到指定位置，适当调整列宽后的效果如下图所示。

步骤09　获取固定电话。接下来使用函数公式处理员工固定电话数据，将电话区号和电话号码用"-"分隔开。在工作表"员工联系名单"的单元格D3中输入公式"=LEFT(原始资料!G2,3)&"-"&RIGHT(原始资料!G2,8)"，如下左图所示。按下【Enter】键，计算公式结果。

步骤10 查看计算结果并复制公式。查看单元格D3中显示的公式计算结果，然后向下复制公式，获取各个员工的固定电话，并调整D列列宽，效果如下右图所示。（步骤09中的公式未考虑区号为4位的情况，在学习后续内容后，读者可以自己改进此公式。）

重点函数介绍：LEFT 函数

LEFT 函数用于从一个文本字符串的第一个字符开始返回指定个数的字符。其语法结构为 LEFT(text,num_chars)。参数 text 指定要提取字符的字符串；参数 num_chars 指定需要提取的字符数，如果忽略，则默认为 1。

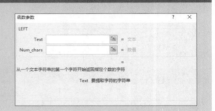

重点函数介绍：RIGHT 函数

RIGHT 函数用于从一个文本字符串的最后一个字符开始返回指定个数的字符。其语法结构为 RIGHT(text, num_chars)。参数 text 指定要提取字符的字符串；参数 num_chars 指定需要提取的字符数，如果忽略，则默认为 1。

步骤11 插入函数。接下来对员工工号进行升位处理，在工作表"原始资料"的I列中新增"升位后工号"标题，并设置相关格式，❶在单元格I2中输入"=REPLACE()"，❷单击"插入函数"按钮，如下图所示。

步骤12 设置函数参数。弹出"函数参数"对话框，设置相应的参数值，如下图所示。设置完成后，单击"确定"按钮。

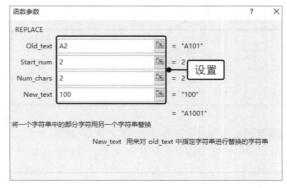

重点函数介绍：REPLACE 函数

REPLACE 函数用于将一个字符串中的部分字符用另一个字符串替换。其语法结构为 REPLACE (old_text,start_num,num_chars,new_text)。参数 old_text 指定要进行字符替换的文本；参数 start_num 指定要替换为 new_text 的字符在 old_text 中的起始位置；参数 num_chars 指定要从 old_text 中替换的字符个数；参数 new_text 指定用于在 old_text 中进行替换的字符串。

本实例中的公式"=REPLACE(A2,2,2,100)"表示用"100"替换从员工工号中第 2 个字符开始的 2 个字符。

步骤13　查看升位结果。返回工作表，即可看到单元格I2中已显示升位工号，复制公式，计算其余员工的升位工号，结果如下图所示。

步骤14　复制粘贴员工工号。将工作表"原始资料"中升位后的员工工号复制粘贴至工作表"员工联系名单"的相应位置，如下图所示。

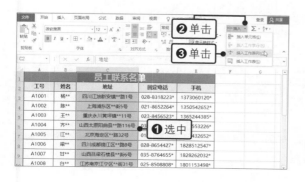

1.1.3　输入身份证号并提取信息

身份证号这种数字较多的数据在输入时很容易出错，本小节将应用数据验证功能帮助减少输入错误。此外，还将运用函数公式提取身份证号码中的员工性别信息，再运用条件格式对不同性别进行突出显示，使表格中的数据便于阅读。

步骤01　插入列。❶选中工作表"员工联系名单"中的C列，❷在"开始"选项卡下的"单元格"组中单击"插入"右侧的下三角按钮，❸在展开的列表中单击"插入工作表列"选项，如下图所示。

步骤02　启用数据验证功能。❶在单元格C2中输入"身份证号码"文本内容，设置单元格格式，❷选中单元格区域C3:C10，❸在"数据"选项卡下的"数据工具"组中单击"数据验证"右侧的下三角按钮，❹在展开的列表中单击"数据验证"选项，如下图所示。

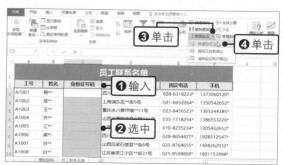

步骤03 设置验证条件。弹出"数据验证"对话框，在"设置"选项卡中设置"允许"为"文本长度"、"数据"为"等于"、"长度"为18，如下图所示。

步骤04 设置出错警告。❶切换到"出错警告"选项卡，❷确保勾选"输入无效数据时显示出错警告"复选框，❸在"标题"和"错误信息"文本框中分别输入需要显示的提示信息，如下图所示。设置完成后，单击"确定"按钮。

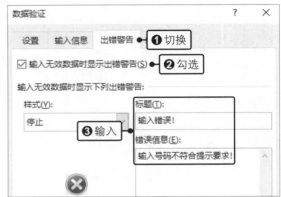

步骤05 提示错误。返回工作表，在设置了数据验证的单元格中输入数据，如果输入的数据不足或超过18位，则会弹出如右图所示的"输入错误"对话框，单击"重试"按钮重新输入数据。

步骤06 完成身份证号码的输入。在C列单元格中完成员工身份证号码的输入，如下图所示。

步骤07 插入列。❶右击D列列标，❷在弹出的快捷菜单中单击"插入"命令，如下图所示。

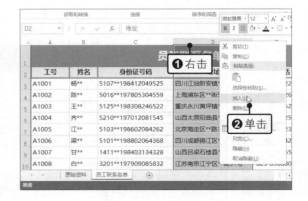

步骤08　定义列标题。重复执行"插入"命令，❶分别在单元格D2和E2中输入"性别"和"出生日期"，适当调整列宽，❷选中单元格区域D3:E10，如下图所示。

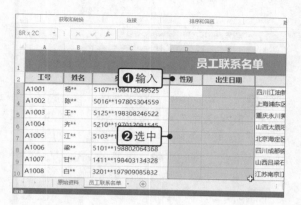

步骤09　取消选中单元格的数据验证。重复步骤02，打开"数据验证"对话框，将"设置"选项卡下"验证条件"选项组中的"允许"设置为"任何值"，如下图所示。设置完成后，单击"确定"按钮。

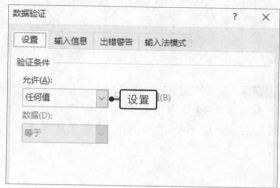

步骤10　判断性别。返回工作表，❶在单元格D3中输入公式"=IF(MOD(MID(C3,17,1),2)=0,"女","男")"，按下【Enter】键，计算公式结果，❷复制公式，判断其余员工的性别，如下图所示。

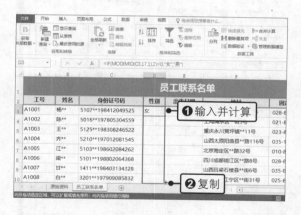

步骤11　计算出生日期。❶在单元格E3中输入公式"=MID(C3,7,4)&"年"&MID(C3,11,2)&"月"&MID(C3,13,2)&"日""，按下【Enter】键，计算公式结果，❷复制公式，计算其余员工的出生日期，如下图所示。

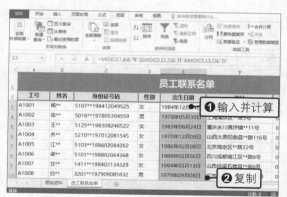

重点函数介绍：MOD 函数

　　MOD 函数用于返回两个数相除的余数。其语法结构为 MOD(number,divisor)。参数 number 指定被除数；参数 divisor 指定除数。

　　在本实例中，通过身份证号码的第 17 位数字与 2 相除的余数来判断员工的性别。当余数为 0 时，表示第 17 位数字为偶数，则为女性；当余数不为 0 时，表示第 17 位数字为奇数，则为男性。

重点函数介绍：MID 函数

　　MID 函数用于从文本字符串中指定的起始位置返回指定长度的字符。其语法结构为 MID(text, start_num,num_chars)。参数 text 指定准备从中提取字符串的文本字符串；参数 start_num 指定准备提取的第一个字符的位置；参数 num_chars 指定需要提取的字符串长度。

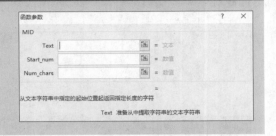

步骤12　隐藏工作表。❶右击"原始资料"工作表标签，❷在弹出的快捷菜单中单击"隐藏"命令，如下图所示，即可隐藏工作表。

步骤13　启用条件格式设置功能。选中工作表"员工联系名单"中的单元格区域D3:D10，❶在"开始"选项卡下的"样式"组中单击"条件格式"按钮，❷在展开的列表中依次单击"突出显示单元格规则>文本包含"选项，如下图所示。

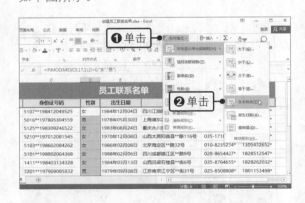

步骤14　设置条件格式。弹出"文本中包含"对话框，❶在左侧的文本框中输入"女"，❷设置单元格样式为"绿填充色深绿色文本"，❸单击"确定"按钮，如下图所示。

步骤15　设置边框效果。按下【Ctrl+A】组合键，选中整个数据表格，❶在"开始"选项卡下的"字体"组中单击"边框"右侧的下三角按钮，❷在展开的列表中单击"所有框线"选项，如下图所示。

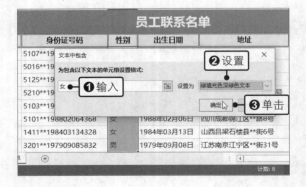

步骤16　设置居中格式。保持整个表格的选中状态，在"开始"选项卡下的"对齐方式"组中单击"居中"按钮，如下左图所示。

步骤17　查看表格效果。适当调整表格的行高和列宽，最终效果如下右图所示。

1.2 创建销售明细表

　　企业在产品销售时制作阶段性的销售明细表，有助于对自身产品的销售情况有一个全面的把握，并对相关销售人员的销售能力进行有效分析。为了使销售明细表的制作更加快捷、表格效果更加清晰，可以使用 Excel 中的文本函数功能对表格数据进行提取和分析。本节将介绍如何创建并设置销售明细表。

◎　原始文件：下载资源\实例文件\第1章\原始文件\创建销售明细表.xlsx
◎　最终文件：下载资源\实例文件\第1章\最终文件\创建销售明细表.xlsx

1.2.1　评定销售星级

　　在制作销售明细表时，通常会涉及销售等级的评定。当表格数据较多时，若能将其等级制作为星级形式，可帮助用户更加直观地了解销售等级。下面介绍如何使用函数公式在表格中评定销售星级。

步骤01　插入符号。打开原始文件，❶将光标定位在单元格G2中，❷在"插入"选项卡下的"符号"组中单击"符号"按钮，如下图所示。

步骤02　选择符号。弹出"符号"对话框，❶在"符号"选项卡下设置"字体"为"（普通文本）"、"子集"为"其他符号"，❷单击需要插入的符号选项，如下图所示。设置完成后，单击"插入"按钮。

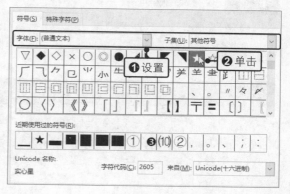

步骤03 计算销售星级。单击"关闭"按钮，返回工作表，在单元格F3中输入公式"=REPT(G2,INT(E3))"，按下【Enter】键，计算公式结果，如下图所示。

步骤04 更改单元格引用方式。选中单元格F3，在编辑栏中选中公式中的"G2"，并按下【F4】键，将其更改为绝对引用方式，如下图所示。

提示 单元格引用方式

默认情况下，单元格的引用方式为相对引用，即在复制公式的过程中，单元格引用地址随结果单元格的变化而变化。当引用的单元格需要固定不变时，可将其设置为绝对引用方式。使用快捷键即可快速设置单元格的引用方式。选中需要设置的单元格地址，按一次【F4】键可将相对引用更改为绝对引用，按两次【F4】键可更改为行绝对引用，按三次【F4】键可更改为列绝对引用，按四次【F4】键可再次更改为相对引用。

步骤05 复制公式。向下复制公式，计算不同员工的销售星级，最终评定结果如下图所示。

步骤06 隐藏列。❶右击G列列标，❷在弹出的快捷菜单中单击"隐藏"命令，如下图所示。

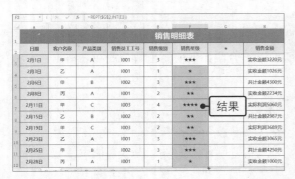

提示 取消隐藏的列

若要取消对某一列的隐藏，可同时选中隐藏列左右的两列，右击鼠标，在弹出的快捷菜单中单击"取消隐藏"命令。

重点函数介绍：REPT 函数

REPT 函数用于根据指定次数重复文本。其语法结构为 REPT(text,number_times)。参数 text 指定要重复的文本；参数 number_times 指定文本重复的次数。

　　INT 函数用于将数值向下取整为最接近的整数。其语法结构为 INT(number)。参数 number 指定需要取整的实数。

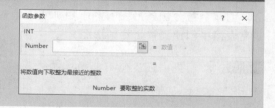

1.2.2　提取销售金额

　　提取单元格内容是表格制作中非常重要的一个环节，下面介绍如何使用公式提取单元格中的文本内容。

步骤01　输入并计算公式。在单元格 I3 中输入公式 "=MIDB(H3,SEARCHB("?",H3),2*LEN(H3)-LENB(H3))"，如下图所示。输入完成后，按下【Enter】键，计算公式结果。

步骤02　复制公式。向下复制公式，提取其余员工的销售金额数值，如下图所示。

　　SEARCHB 函数用来返回指定的字符或字符串在原始字符串中首次出现的位置，从左到右查找，忽略英文字母的大小写。其语法结构为 SEARCHB(find_text,within_text, start_num)。参数 find_text 指定要查找的文本字符串；参数 within_text 指定查找 find_text 的父字符串；参数 start_num 指定开始查找的位置，如果忽略，则为 1。

　　LEN 函数用于返回文本字符串中的字符个数。其语法结构为 LEN(text)。参数 text 指定要计算长度的文本字符串，包括空格。

　　在本实例中，公式 "=MIDB(H3,SEARCHB("?",H3), 2*LEN (H3)-LENB(H3))" 中 的 "2*LEN(H3)-LENB(H3)" 表示提取的数字个数。

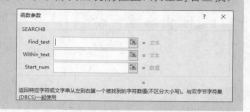

1.2.3　创建销售金额条形图

创建销售金额条形图有利于更加直观地查看不同日期销售金额的高低。下面介绍如何使用公式在表格中创建销售金额条形图。

步骤01　新增列。在表格右侧新增两列，输入好相关内容，并设置相应格式，效果如下图所示。

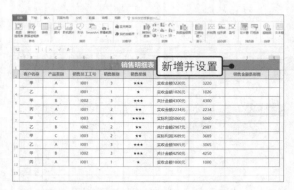

步骤02　插入符号。❶选中单元格K2，❷在"插入"选项卡下的"符号"组中单击"符号"按钮，如下图所示。

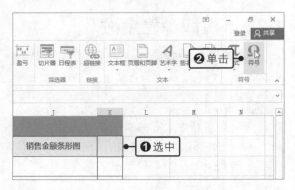

步骤03　选择符号。弹出"符号"对话框，❶在"符号"选项卡下设置"字体"为"（普通文本）"、"子集"为"方块元素"，❷单击需要使用的条形样式符号，如下图所示。设置完成后，单击"插入"按钮。

步骤04　编辑公式。单击"关闭"按钮，返回工作表，在单元格J3中输入公式"=REPT($K$2,INT(I3/300))"，输入完成后按下【Enter】键，计算公式结果，如下图所示。

步骤05　复制公式。向下复制公式，完成销售金额条形图的制作，结果如下图所示。

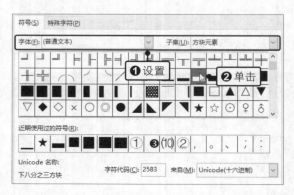

步骤06　查看表格效果。隐藏K列，调整表格的列宽和行高，效果如下图所示。

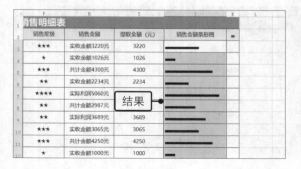

1.3　创建预测与实际销量分析表

当企业需要分析销售情况时，常常会使用图表。除此之外，还可以使用 Excel 中的文本函数创建直方图，进行数据的表达与说明。本节将介绍如何根据预测与实际销量计算差异率，并由差异率完成直方图的创建，从而更好地分析企业的销售状况。

◎　原始文件：下载资源\实例文件\第1章\原始文件\创建预测与实际销量分析表.xlsx
◎　最终文件：下载资源\实例文件\第1章\最终文件\创建预测与实际销量分析表.xlsx

1.3.1　计算预测与实际销量差异率

计算预测与实际销量的差异率，有助于直观掌握企业的销售情况。下面介绍如何在表格中使用公式快速计算差异率。

步骤01　使用自动填充功能。打开原始文件，❶在单元格A3中输入"1月"，❷按住单元格A3右下角的填充柄不放，向下拖动鼠标，填充月份数据至单元格A14，如下图所示。

步骤02　自动填充月份。释放鼠标，即可在选定的单元格区域中自动填充月份数据，效果如下图所示。

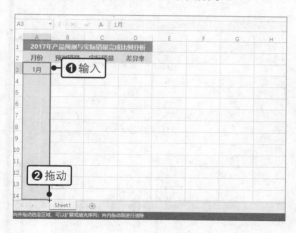

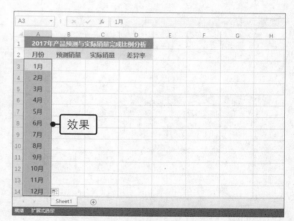

提示　自动填充功能

若要输入大量重复或具有规律的数据内容，可以使用自动填充功能帮助输入。首先输入开始或需要重复的数据，并选中该单元格，将鼠标指针放置在其右下角，当鼠标指针呈十字样式时向下或向右拖动鼠标进行填充。填充完成后，将显示自动填充的内容。如果需要更改填充方式，则可以单击显示的"自动填充选项"按钮，在展开的列表中选择需要应用的填充方式。

步骤03　输入销量数据。在单元格区域B3:C14中输入对应的销量数据，如下左图所示。

步骤04　计算差异率。❶选中单元格D3，在编辑栏中输入公式"=(C3-B3)/B3"，按下【Enter】键，计算公式结果，❷复制公式，计算其他月份的差异率，结果如下右图所示。

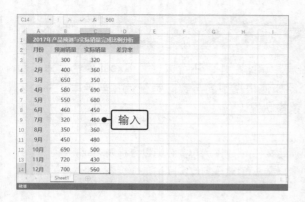

提示 **保存工作簿**

在编辑工作表的过程中需要及时对工作簿进行保存，以避免由于意外导致的数据丢失，可通过单击快速访问工具栏中的"保存"按钮与按下【Ctrl+S】组合键两种方式保存工作簿。

步骤05 设置百分比样式。❶选中单元格区域D3:D14，❷在"开始"选项卡下的"数字"组中单击"百分比样式"按钮，如下图所示。

步骤06 输入月份。统一调整表格格式，调整E列、F列、G列列宽，并在单元格区域F3:F14中输入月份数据，效果如下图所示。

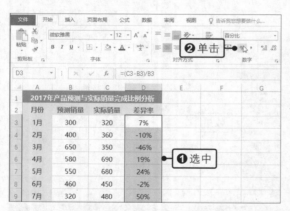

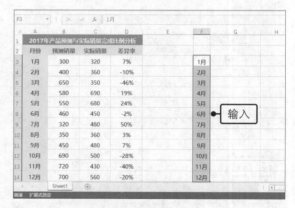

1.3.2 制作直方图分析差异情况

下面介绍如何使用文本函数在 Excel 中创建文本直方图，对销售数据中预测值与实际值的差异情况进行说明与分析，并对制作完成的表格进行格式效果的设置，使其更加美观。

步骤01 插入符号。❶选中单元格F2，❷在"插入"选项卡下的"符号"组中单击"符号"按钮，如下左图所示。

步骤02 选择符号。弹出"符号"对话框，❶在"符号"选项卡下设置"字体"为"Adobe楷体Std R"、"子集"为"几何图形符"，❷单击需要使用的符号，如下右图所示。设置完成后，单击"插入"按钮。

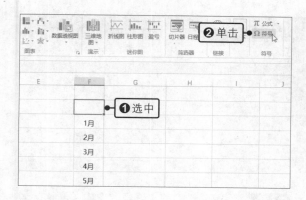

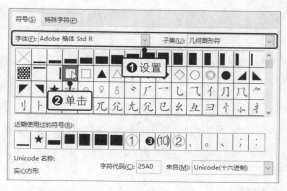

步骤03　制作文本直方图分类标志。单击"关闭"按钮，返回工作表，分别在单元格E2、G2中输入如下图所示的文本内容，设置好单元格格式，如下图所示。

步骤04　计算未完成比例。❶在单元格E3中输入公式"=IF(D3<0,REPT($F$2,-ROUND((D3*100)/5,0)),"")"，并按下【Enter】键，计算公式结果，❷复制公式，计算其余月份的未完成比例，如下图所示。

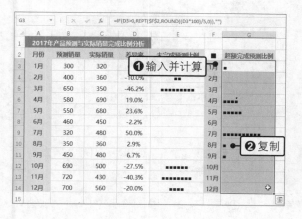

步骤05　计算超额完成比例。❶在单元格G3中输入公式"=IF(D3>0,REPT($F$2,ROUND((D3*100)/5,0)),"")"，按下【Enter】键，计算公式结果，❷复制公式，计算其余月份的超额完成比例，如下图所示。

步骤06　设置对齐方式。选中单元格区域E3:E14，在"开始"选项卡下的"对齐方式"组中单击"右对齐"按钮，如下图所示。

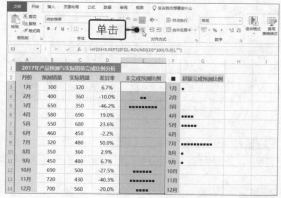

重点函数介绍：ROUND 函数

ROUND 函数用于按指定的位数对数值进行四舍五入。其语法结构为 ROUND(number,num_digits)。参数 number 指定需要四舍五入的数值；参数 num_digits 指定执行四舍五入时采用的位数。如果 num_digits 为负数，则圆整到小数点的左边；如果 num_digits 为 0，则圆整到最接近的整数。

步骤07　隐藏网格线。在"视图"选项卡下的"显示"组中取消勾选"网格线"复选框，如下图所示。

步骤08　设置单元格填充效果。选中单元格区域 E3:E14，❶在"开始"选项卡下的"字体"组中单击"填充颜色"右侧的下三角按钮，❷在展开的列表中选择合适的颜色，如下图所示。

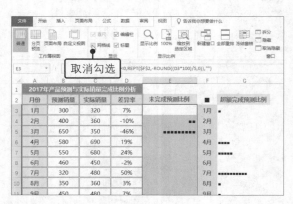

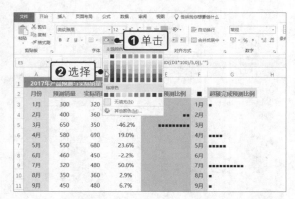

步骤09　查看填充效果。为单元格区域G3:G14设置相同的填充颜色，设置完成后的效果如下图所示。

步骤10　启用边框设置功能。选中单元格区域 A2:D14，❶在"开始"选项卡下的"字体"组中单击"边框"右侧的下三角按钮，❷在展开的列表中单击"其他边框"选项，如下图所示。

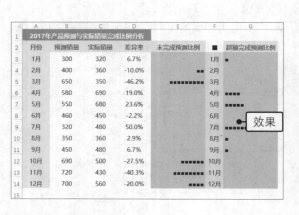

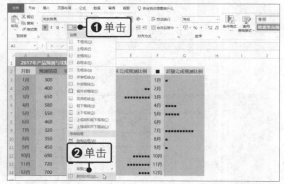

步骤11　设置线条样式。弹出"设置单元格格式"对话框，❶在"边框"选项卡下的"样式"列表框中选择合适的线条样式，❷设置合适的线条颜色，如下左图所示。

步骤12　设置边框样式。❶在"预置"选项组中单击"外边框"按钮，❷再单击"内部"按钮，如下右图所示。设置完成后，单击"确定"按钮。

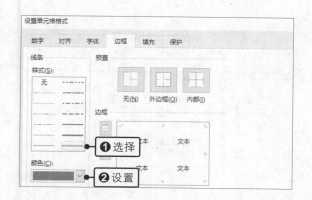

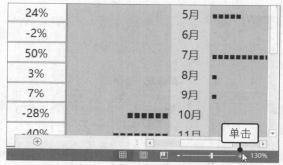

步骤13 查看边框效果。返回工作表，查看选定单元格区域应用的边框效果，如下图所示。

步骤14 设置显示比例。连续单击工作表右下角的"放大"按钮，设置显示比例为130%，如下图所示。

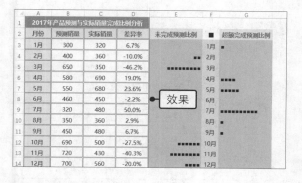

步骤15 查看显示效果。设置完成后，工作表将按指定比例显示，效果如右图所示。

专栏　FIND函数的使用

当需要在单元格中查找一些信息作为引用时，可以使用具有定位功能的 FIND 函数，该函数经常与其他函数搭配使用。

◎ 原始文件：下载资源\实例文件\第1章\原始文件\FIND函数的使用.xlsx
◎ 最终文件：下载资源\实例文件\第1章\最终文件\FIND函数的使用.xlsx

步骤01 输入公式。打开原始文件，在单元格D3中输入公式"=LEFT(C3,FIND("-",C3,1)-1)"，如下左图所示。

步骤02 复制公式。按下【Enter】键，然后向下复制公式，如下右图所示。

	A	B	C	D	E	F
1			部分业主信息表			
2	业主姓名	性别	固定电话	区号	房号	栋号
3	章**	男	01=LEFT(C3,FIND("-",C3,1)-1)			
4	王**	女	0818-365897*		6-4-1014	
5	赵**	男	021-5685955*		3-12-601	
6	李**	女	0312-578585*		7-1-2207	
7	黄**	男	0377-587854*		2-1-104	
8	何**	男	0511-587452*		5-5-402	
9	金**	男	0827-563623*		8-2-205	
10	林**	女	010-8968965*		1-5-506	
11						

	A	B	C	D	E	F
1			部分业主信息表			
2	业主姓名	性别	固定电话	区号	房号	栋号
3	章**	男	010-2565352*	010	4-5-1201	
4	王**	女	0818-365897*		6-4-1014	
5	赵**	男	021-5685955*		3-12-601	
6	李**	女	0312-578585*		7-1-2207	
7	黄**	男	0377-587854*		2-1-104	
8	何**	男	0511-587452*		5-5-402	
9	金**	男	0827-563623*		8-2-205	
10	林**	女	010-8968965*		1-5-506	
11						

提示　公式解析

步骤 01 中公式的含义为提取单元格 C3 数据内容的左边部分，提取位数为查找到"-"符号的位置位数减去 1。

步骤03 输入公式。在单元格F3中输入公式"=LEFT(E3,FIND("-",E3,1)-1)"，如下图所示。

步骤04 复制公式。按下【Enter】键，然后向下复制公式，如下图所示。

	A	B	C	D	E	F
1			部分业主信息表			
2	业主姓名	性别	固定电话	区号	房号	栋号
3	章**	男	010-2565352*	010	=LEFT(E3,FIND("-",E3,1)-1)	
4	王**	女	0818-365897*	0818	6-4-1014	
5	赵**	男	021-5685955*	021	3-12-601	
6	李**	女	0312-578585*	0312	7-1-2207	
7	黄**	男	0377-587854*	0377	2-1-104	
8	何**	男	0511-587452*	0511	5-5-402	
9	金**	男	0827-563623*	0827	8-2-205	
10	林**	女	010-8968965*	010	1-5-506	
11						

	A	B	C	D	E	F
1			部分业主信息表			
2	业主姓名	性别	固定电话	区号	房号	栋号
3	章**	男	010-2565352*	010	4-5-1201	4
4	王**	女	0818-365897*	0818	6-4-1014	
5	赵**	男	021-5685955*	021	3-12-601	
6	李**	女	0312-578585*	0312	7-1-2207	
7	黄**	男	0377-587854*	0377	2-1-104	
8	何**	男	0511-587452*	0511	5-5-402	
9	金**	男	0827-563623*	0827	8-2-205	
10	林**	女	010-8968965*	010	1-5-506	
11						

步骤05 查看计算结果。即可看到获取的业主固定电话区号及住宅栋号，如右图所示。

	A	B	C	D	E	F
1			部分业主信息表			
2	业主姓名	性别	固定电话	区号	房号	栋号
3	章**	男	010-2565352*	010	4-5-1201	4
4	王**	女	0818-365897*	0818	6-4-1014	6
5	赵**	男	021-5685955*	021	3-12-601	3
6	李**	女	0312-578585*	0312	7-1-2207	7
7	黄**	男	0377-587854*	0377	2-1-104	2
8	何**	男	0511-587452*	0511	5-5-402	5
9	金**	男	0827-563623*	0827	8-2-205	8
10	林**	女	010-8968965*	010	1-5-506	1

重点函数介绍：FIND 函数

FIND 函数用于返回一个字符串在另一个字符串中出现的起始位置，其语法结构为 FIND(find_text,within_text, start_num)。参数 find_text 表示要查找的字符串；参数 within_text 表示要查找的区域，也就是需要在哪个字符串内查找 find_text；参数 start_num 指定开始查找的位置，若为 1，则从第 1 个字符开始查找，若忽略，则假设其为 1。

日期和时间函数在公式中的应用

第2章

在实际工作中，常常会需要输入日期和时间类型的数据，除了需要将其指定为正确的时间或日期格式外，还需要灵活运用 Excel 中的日期和时间函数，对工作表中的相关数据进行处理。

2.1 创建员工年龄与工龄统计表

企业对员工进行管理时，常常需要制作员工年龄与工龄统计表，以便了解员工工作时间。员工的年龄与工龄是由员工的出生日期与参加工作的日期所决定的，因此在编辑表格时需要同时输入员工的出生日期与参加工作的日期，再使用 Excel 中不同的日期函数编辑公式，完成员工年龄与工龄统计表的制作。

◎ 原始文件：无
◎ 最终文件：下载资源\实例文件\第2章\最终文件\创建员工年龄与工龄统计表.xlsx

2.1.1 输入原始数据信息

下面介绍如何在表格中输入日期、设置日期格式及利用公式计算制表日期等内容。

步骤01 应用主题。新建一个空白工作表，输入员工年龄与工龄统计表相关项目内容，设置好表格格式，❶在"页面布局"选项卡下的"主题"组中单击"主题"按钮，❷在展开的列表中单击"平面"选项，如下图所示。

步骤02 设置单元格的合并居中格式。❶选中需要合并居中的单元格区域F2:G2，❷在"开始"选项卡下的"对齐方式"组中单击"合并后居中"按钮，如下图所示。使用相同的方法，设置其他需要合并居中的单元格。

提示 **合并单元格功能**

在使用合并单元格功能时，需要注意的是，选定的连续多个单元格在合并后将保留左上角单元格中的数据内容，而其余单元格中的数据将被删除。如果需要同时对不同的多个单元格区域设置合并，则需要同时选中多个单元格区域，再使用合并单元格功能。

步骤03 设置文本颜色。❶选中标题所在单元格区域，❷在"开始"选项卡下的"字体"组中单击"字体颜色"右侧的下三角按钮，❸在展开的列表中选择合适的颜色，如下图所示。

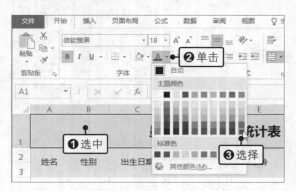

步骤04 输入数据。❶在单元格区域A4:A14中输入员工姓名，❷按住【Ctrl】键不放，同时选中单元格B4、B6、B7、B8、B9、B10、B14，❸在单元格B14中输入"女"，如下图所示。

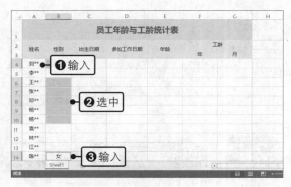

步骤05 完成性别的输入。按下【Ctrl+Enter】组合键，即可在选定单元格中同时输入相同的数据内容，如下图所示。使用相同的方法，输入性别为"男"的数据。

步骤06 输入出生日期。在单元格C4中输入"1984-12-4"，输入完成后按下【Enter】键，单元格内容自动变为"1984/12/4"，如下图所示。

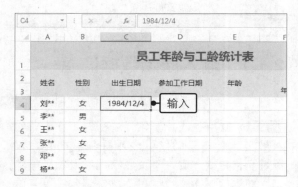

步骤07 输入参加工作日期。在单元格区域C5:C14中输入其余员工的出生日期，在单元格区域D4:D14中输入员工的参加工作日期，如下图所示。

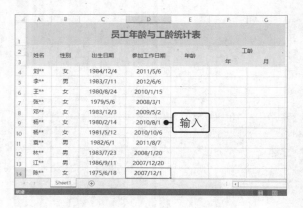

步骤08 启用单元格格式设置功能。❶选中单元格区域C4:D14，❷在"开始"选项卡下的"数字"组中单击对话框启动器按钮，如下图所示。

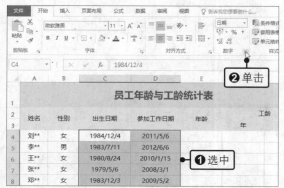

步骤09　设置日期格式。弹出"设置单元格格式"对话框，❶在"数字"选项卡下的"分类"列表框中单击"日期"选项，❷在"类型"列表框中单击需要应用的日期格式，如下图所示。设置完成后，单击"确定"按钮。

步骤10　显示指定的日期格式。返回工作表，可以看到选定的单元格区域以指定的日期格式显示相关数据内容，如下图所示。

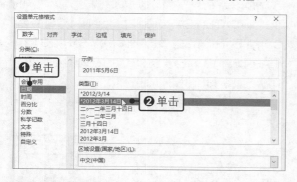

提示　设置日期格式

除了本实例中所讲的方法外，还可以通过选中单元格区域，在"开始"选项卡下的"数字"组中单击"数字格式"右侧的下三角按钮，在展开的列表中设置合适的日期格式。

步骤11　插入行。❶右击第二行行号，❷在弹出的快捷菜单中单击"插入"命令，如下图所示。插入行后，适当调整插入行的行高。

步骤12　计算日期。❶在单元格F2中输入"日期："，❷在单元格G2中输入公式"=TODAY()"，按下【Enter】键，计算公式结果，计算完成后设置好表格格式，如下图所示。

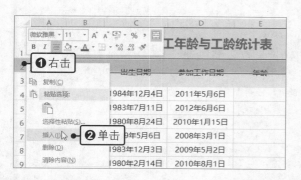

提示　插入行或列

在工作表中插入行或列时，插入的行将位于选定行上方，插入行的格式与其上方的行的格式相同；插入的列将位于选定列左侧，插入列的格式与其左侧的列的格式相同。

重点函数介绍：TODAY 函数

TODAY 函数用于返回日期格式的当前日期。此函数不需要参数，计算结果为操作系统当前的日期，是一个可变的值。

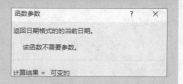

2.1.2　计算员工年龄

完成原始数据信息的输入后，下面介绍如何使用日期函数计算员工的年龄。

步骤01　计算年龄。在单元格E5中输入公式"=IF(G2>DATE(YEAR(G2),MONTH(C5),DAY(C5)),YEAR(G2)-YEAR(C5),YEAR(G2)-YEAR(C5)-1)"，按下【Enter】键，计算公式结果，如下图所示。

步骤02　复制公式。❶将公式中单元格G2的引用方式改为绝对引用，更改后的公式为"=IF($G$2>DATE(YEAR($G$2),MONTH(C5),DAY(C5)),YEAR($G$2)-YEAR(C5),YEAR($G$2)-YEAR(C5)-1)"，❷复制公式，计算其余员工的年龄，如下图所示。

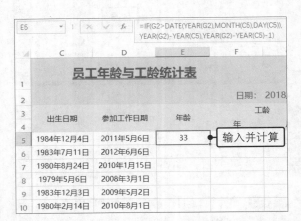

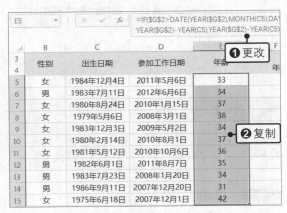

重点函数介绍：YEAR 函数

YEAR 函数用于返回日期的年份值，是一个 1900 ～ 9999 之间的整数。其语法结构为 YEAR(serial_number)。参数 serial_number 指定进行计算的日期 - 时间代码。

重点函数介绍：MONTH 函数

MONTH 函数用于返回日期的月份值，是一个 1 ～ 12 之间的整数。其语法结构为 MONTH(serial_number)。参数 serial_number 指定进行计算的日期 - 时间代码。

重点函数介绍：DAY 函数

DAY 函数用于返回一个月中第几天的数字，介于 1 ～ 31 之间。其语法结构为 DAY(serial_number)。参数 serial_number 指定进行计算的日期 - 时间代码。

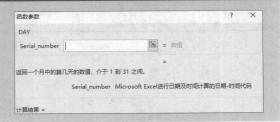

重点函数介绍：DATE 函数

　　DATE 函数用于返回日期 - 时间代码中代表日期的数字。其语法结构为 DATE(year,month,day)。参数 year 指定介于 1900（或 1904）～ 9999 之间的数字；参数 month 指定代表月份的数字，在 1 ～ 12 之间；参数 day 指定代表一个月中第几天的数字，在 1 ～ 31 之间。

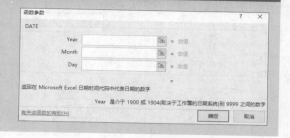

提示　Excel中的日期系统

　　在使用日期与时间函数时，需要了解 Excel 中的日期系统，包含 1900 年日期系统和 1904 年日期系统两类。下面以 DATE 函数的参数 year 为例介绍两种系统的区别。

　　1900 年日期系统（Windows 版 Excel 默认使用此日期系统）：

　　（1）若 year 位于 0 ～ 1899 之间，则 Excel 会将该值加上 1900，再计算年份。

　　（2）若 year 位于 1900 ～ 9999 之间，则 Excel 将使用该数值作为年份。

　　（3）若 year 小于 0 或大于等于 10000，则返回错误值 #NUM!。

　　1904 年日期系统（Mac 版 Excel 默认使用此日期系统）：

　　（1）若 year 位于 4 ～ 1899 之间，则 Excel 会将该值加上 1900，再计算年份。

　　（2）若 year 位于 1904 ～ 9999 之间，则 Excel 将使用该数值作为年份。

　　（3）若 year 小于 4 或大于等于 10000，或位于 1900 ～ 1903 之间，则返回错误值 #NUM!。

提示　公式解读

　　在本实例中，公式为“=IF($G$2>DATE(YEAR($G$2),MONTH(C5),DAY(C5)),YEAR($G$2)-YEAR(C5),YEAR($G$2)-YEAR(C5)-1)”，表示先根据当前日期和员工的出生日期判断员工是否已过生日。如果该员工今年已过生日，则直接返回当前日期的年份数与员工出生日期的年份数差值；如果该员工今年还未过生日，则返回当前日期的年份数与员工出生日期的年份数差值再减去 1。

2.1.3　计算员工工龄

　　下面介绍如何在表格中使用函数公式计算员工参加工作的年数和月数，并通过完善表格格式，使表格呈现更加美观的效果。

步骤01　计算已有工龄的年数。❶在单元格F5中输入公式“=IF($G$2>DATE(YEAR($G$2),MONTH(D5),DAY(D5)),YEAR($G$2)-YEAR(D5),YEAR($G$2)-YEAR(D5)-1)”，按下【Enter】键，计算公式结果，❷复制公式，计算其余员工工龄的年数，如下左图所示。

步骤02　计算已有工龄的月数。❶在单元格G5中输入公式“=IF($G$2>=DATE(YEAR($G$2),MONTH(D5),DAY(D5)),INT(($G$2-DATE(YEAR($G$2),MONTH(D5),DAY(D5)))/30),INT(($G$2-DATE(YEAR($G$2)-1,MONTH(D5),DAY(D5)))/30))”，按下【Enter】键，计算公式结果，❷复制公式，计算其余员工工龄的月数，如下右图所示。

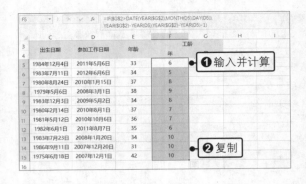

提示　计算工龄的年数

　　在计算工龄的年数时，公式为"=IF($G$2>DATE(YEAR($G$2),MONTH(D5),DAY(D5)),YEAR($G$2)-YEAR(D5),YEAR($G$2)-YEAR(D5)-1)"，表示首先判断员工的工龄是否满年。如果满年，则直接返回年份差值，否则返回年份差值再减去 1。

提示　计算工龄的月数

　　计算工龄的月数时，公式为"=IF($G$2>=DATE(YEAR($G$2),MONTH(D5),DAY(D5)),INT(($G$2-DATE(YEAR($G$2),MONTH(D5),DAY(D5)))/30),INT(($G$2-DATE(YEAR($G$2)-1,MONTH(D5),DAY(D5)))/30))"，表示首先判断员工的工龄是否满年。如果满年，则月数等于超出天数除以 30 取整；如果未满年，则计算超出上一次满年时的天数，再除以 30 取整。这里假定每个月的天数为 30 天。

步骤03　添加下画线。❶选中标题所在单元格区域，❷在"开始"选项卡下的"字体"组中单击"下画线"右侧的下三角按钮，❸在展开的列表中单击"双下画线"选项，如下图所示。

步骤04　添加表格边框线条。选中单元格区域 A3:G15，❶在"开始"选项卡下的"字体"组中单击"边框"右侧的下三角按钮，❷在展开的列表中单击"所有框线"选项，如下图所示。

步骤05　查看表格效果。适当调整表格的行高和列宽，完成员工年龄与工龄统计表的制作，最终效果如右图所示。

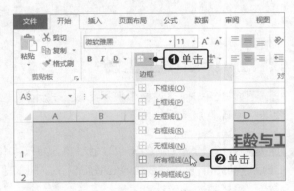

2.2　创建员工考勤统计表

　　为了加强考勤管理，可通过考勤机准确地记录员工的上下班时间，并根据记录的数据信息精确统计出员工的迟到、早退、加班时间，从而帮助财务部门更好地核算员工当月的工资扣除和加班奖励等数据。本节将介绍如何根据某日的打卡记录时间来统计员工考勤情况，并对打印效果作出相关设置，使打印出来的统计表更加完善。

◎ 原始文件：下载资源\实例文件\第2章\原始文件\创建员工考勤统计表.xlsx
◎ 最终文件：下载资源\实例文件\第2章\最终文件\创建员工考勤统计表.xlsx

2.2.1　输入考勤统计表数据

　　员工考勤统计表中的内容主要集中于员工的上下班打卡时间、迟到、早退、加班等数据统计上，首先需要做的就是收集好员工的相关数据，并将其输入到表格中。

步骤01　设置自动换行。打开原始文件，可以看见个别单元格中的数据无法完整显示，可对其进行自动换行设置，❶选中单元格C3，❷在"开始"选项卡下的"对齐方式"组中单击"自动换行"按钮，如下图所示。

步骤02　显示自动换行效果。设置自动换行后，单元格C3中完全显示数据内容，以相同的方法继续设置其他单元格的自动换行，如下图所示。

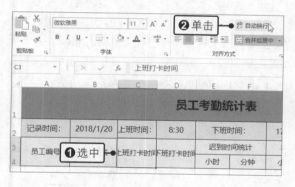 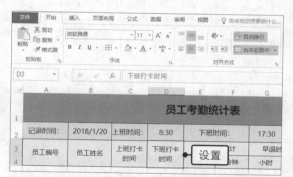

提示　**自动换行功能**

　　当输入过多的数据时，若单元格仍然保持默认状态下的列宽，可能会无法完全显示数据，此时可以使用自动换行功能将数据完全显示在单元格中。除此之外，还可以打开"设置单元格格式"对话框，在"对齐"选项卡下勾选"缩小字体填充"复选框，再单击"确定"按钮，设置自动调整字体到合适的大小，以完全显示数据。

步骤03　输入员工编号。❶在单元格A5中输入"SZ001"，❷按住单元格右下角的填充柄不放，向下拖动鼠标至单元格A14，如下左图所示，填充其他员工编号。

步骤04　输入员工姓名。在单元格区域B5:B14中输入员工姓名，如下右图所示。

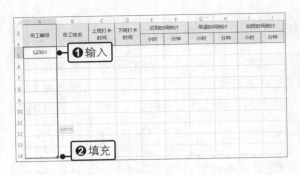

步骤05　输入员工上下班打卡时间。❶在单元格区域C5:C14中输入员工上班打卡时间，在单元格区域D5:D14中输入员工下班打卡时间，❷此时可以看到编辑栏中显示规范的时间效果，如右图所示。

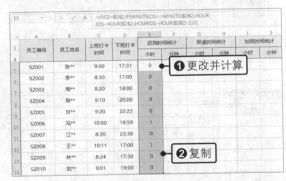

2.2.2　统计员工迟到、早退及加班时间

本小节介绍如何使用函数公式计算员工迟到、早退及加班的具体时间。

步骤01　计算员工迟到小时数。在单元格E5中输入公式"=IF(C5>D2,IF(MINUTE(C5)>=MINUTE(D2),HOUR(C5)-HOUR(D2),HOUR(C5)-HOUR(D2)-1),0)"，按下【Enter】键，计算公式结果，如下图所示。

步骤02　复制公式。❶将公式中单元格D2的引用方式更改为绝对引用，更改后的公式为"=IF(C5>$D$2,IF(MINUTE(C5)>=MINUTE($D$2),HOUR(C5)-HOUR($D$2),HOUR(C5)-HOUR($D$2)-1),0)"，按下【Enter】键，计算公式结果，❷向下拖动鼠标复制公式到单元格E14，计算不同员工的迟到小时数，如下图所示。

重点函数介绍：HOUR 函数

HOUR 函数用于返回小时数，是一个 0～23 之间的整数。其语法结构为 HOUR(serial_number)。参数 serial_number 指定进行计算的日期-时间代码，或以时间格式表示的文本。

重点函数介绍：MINUTE 函数

MINUTE 函数用于返回分钟数，是一个 0 ～ 59 之间的整数。其语法结构为 MINUTE(serial_number)。参数 serial_number 指定进行计算的日期 - 时间代码，或以时间格式表示的文本。

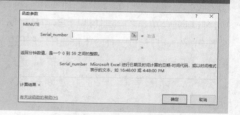

步骤03　计算员工迟到分钟数。❶在单元格F5中输入公式"=IF(C5>$D$2,IF(MINUTE(C5)<=MINUTE($D$2),MINUTE(C5)-MINUTE($D$2)+60,MINUTE($D$2)-MINUTE(C5)),0)"，按下【Enter】键，计算公式结果，❷复制公式，计算所有员工的迟到分钟数，如下图所示。

F5　=IF(C5>$D$2,IF(MINUTE(C5)<=MINUTE($D$2),MINUTE(C5)-MINUTE($D$2)+60,MINUTE($D$2)-MINUTE(C5)),0)

员工编号	员工姓名	上班打卡时间	下班打卡时间	迟到时间统计		早退时间统计	
				小时	分钟	小时	分钟
SZ001	张**	❶输入并计算			30		
SZ002	李**	8:30	17:00	0	0		
SZ003	周**	8:20	18:00	0	0		
SZ004	吴**	9:10	20:00	0	40		
SZ005	甘**	9:20	22:23	0	50		
SZ006	冯**	10:00	18:59	1	30		
SZ007	江**	8:30	23:30	0	0		
SZ008	王**	10:11	17:00	1	41	❷复制	
SZ009	林**	8:24	17:30	0	0		
SZ010	刘**	9:01	19:00	0	31		

步骤04　计算员工早退小时数。❶在单元格G5中输入公式"=IF(D5<$G$2,IF(MINUTE(D5)>=MINUTE($G$2),HOUR($G$2)-HOUR(D5),HOUR(D5)-HOUR($G$2)),0)"，按下【Enter】键，计算公式结果，❷复制公式，计算所有员工的早退小时数，如下图所示。

G5　=IF(D5<$G$2,IF(MINUTE(D5)>=MINUTE($G$2),HOUR($G$2)-HOUR(D5),HOUR(D5)-HOUR($G$2)),0)

员工编号	员工姓名	上班打卡时间	下班打卡时间	迟到时间统计		早退时间统计	
				小时	分钟	小时	分钟
SZ001	张**	9:00		❶输入并计算		0	
SZ002	李**	8:30	17:00	0	0	0	
SZ003	周**	8:20	18:00	0	0	0	
SZ004	吴**	9:10	20:00	0	40	0	
SZ005	甘**	9:20	22:23	0	50	0	
SZ006	冯**	10:00	18:59	1	30	0	
SZ007	江**	8:30	23:30	0	0	0	
SZ008	王**	10:11	17:00	1	0	❷复制	
SZ009	林**	8:24	17:30	0	0	0	
SZ010	刘**	9:01	19:00	0	31	0	

步骤05　计算早退分钟数。❶在单元格H5中输入公式"=IF(D5<$G$2,IF(MINUTE(D5)<=MINUTE($G$2),MINUTE($G$2)-MINUTE(D5),MINUTE($G$2)+60-MINUTE(D5)),0)"，按下【Enter】键，计算公式结果，❷复制公式，计算所有员工的早退分钟数，如下图所示。

H5　=IF(D5<$G$2,IF(MINUTE(D5)<=MINUTE($G$2),MINUTE($G$2)-MINUTE(D5),MINUTE($G$2)+60-MINUTE(D5)),0)

员工编号	员工姓名	上班打卡时间	下班打卡时间	迟到时间统计		早退时间统计		加
				小时	分钟	小时	分钟	小
SZ001	张**	9:00	17:31	❶输入并计算			0	
SZ002	李**	8:30	17:00	0	0	0	30	
SZ003	周**	8:20	18:00	0	0	0	0	
SZ004	吴**	9:10	20:00	0	40	0	0	
SZ005	甘**	9:20	22:23	0	50	0	0	
SZ006	冯**	10:00	18:59	1	30	0	0	
SZ007	江**	8:30	23:30	0	0	0	0	
SZ008	王**	10:11	17:00	1		❷复制	30	
SZ009	林**	8:24	17:30	0	0	0	0	
SZ010	刘**	9:01	19:00	0	31	0	0	

步骤06　计算加班小时数。❶在单元格I5中输入公式"=IF(D5>$J$2,IF(MINUTE(D5)>=MINUTE($J$2),HOUR(D5)-HOUR($J$2),HOUR(D5)-HOUR($J$2)-1),0)"，按下【Enter】键，计算公式结果，❷复制公式，计算所有员工的加班小时数，如下图所示。

I5　=IF(D5>$J$2,IF(MINUTE(D5)>=MINUTE($J$2),HOUR(D5)-HOUR($J$2),HOUR(D5)-HOUR($J$2)-1),0)

员工姓名	上班打卡时间	下班打卡时间	迟到时间统计		早退时间统计		加班时间统计	
			小时	分钟	小时	分钟	小时	分钟
张**	9:00	17:31	❶输入并计算				0	
李**	8:30	17:00	0	0	0	30	0	
周**	8:20	18:00	0	0	0	0	0	
吴**	9:10	20:00	0	40	0	0	1	
甘**	9:20	22:23	0	50	0	0	3	
冯**	10:00	18:59	1	30	0	0	0	
江**	8:30	23:30	0	0	0	0	5	
王**	10:11	17:00	1	41	❷复制		0	
林**	8:24	17:30	0	0	0	0	0	
刘**	9:01	19:00	0	31	0	0	0	

步骤07　计算加班分钟数。❶在单元格J5中输入公式"=IF(D5>$J$2,IF(MINUTE(D5)>=MINUTE($J$2),MINUTE(D5)-MINUTE($J$2),MINUTE(D5)+60-MINUTE($J$2)),0)"，按下【Enter】键，计算公式结果，❷复制公式，计算所有员工的加班分钟数，如右图所示。

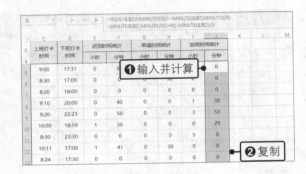

2.2.3　设置与打印工作表

本小节介绍如何为工作表设置相关格式，使其更加完善和美观，以及如何打印工作表。

步骤01　添加边框线。选中单元格区域A5:J14，❶在"开始"选项卡下的"字体"组中单击"边框"右侧的下三角按钮，❷在展开的列表中单击"所有框线"选项，如下图所示。

步骤02　设置表格背景颜色。继续选中单元格区域A5:J14，❶在"开始"选项卡下的"字体"组中单击"填充颜色"右侧的下三角按钮，❷在展开的列表中选择合适的颜色，如下图所示。

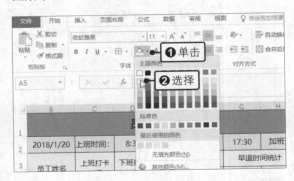

步骤03　启用视图菜单设置功能。设置完成后，单元格区域A5:J14显示相应的设置效果，单击"文件"按钮，如下图所示。

步骤04　设置Excel选项。在展开的视图菜单中单击"选项"命令，如下图所示。

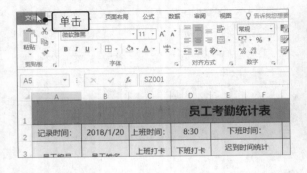

步骤05　设置隐藏零值。弹出"Excel选项"对话框，❶切换到"高级"选项卡，❷在"此工作表的显示选项"选项组中取消勾选"在具有零值的单元格中显示零"复选框，如下左图所示。设置完成后，单击"确定"按钮。

步骤06 查看零值隐藏结果。返回工作表，此时可以看到单元格中的零值被隐藏显示，如下右图所示。

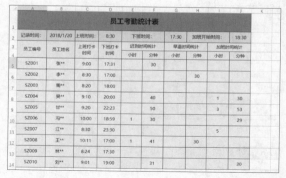

步骤07 设置打印区域。❶选中单元格区域A1:J14，❷在"页面布局"选项卡下的"页面设置"组中单击"打印区域"按钮，❸在展开的列表中单击"设置打印区域"选项，如下图所示。

步骤08 启用打印设置功能。适当调整表格行高，单击"文件"按钮，在展开的视图菜单中单击"打印"命令，如下图所示。

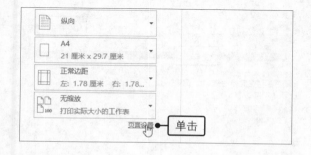

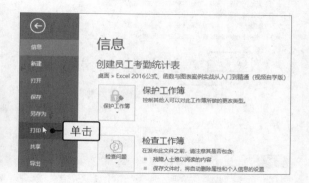

步骤09 启用页面设置功能。打开"打印"面板，在"设置"组中单击"页面设置"按钮，如下图所示。

步骤10 设置页面。弹出"页面设置"对话框，❶在"页面"选项卡下单击"横向"单选按钮，❷设置"缩放比例"为120%，如下图所示。

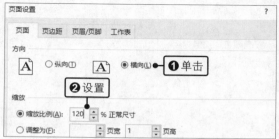

步骤11 设置页边距。❶切换到"页边距"选项卡，❷在"居中方式"选项组中勾选"水平"与"垂直"复选框，如下左图所示。

步骤12 自定义页眉。❶切换到"页眉/页脚"选项卡，❷单击"自定义页眉"按钮，如下右图所示。

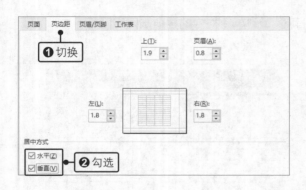

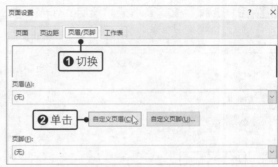

步骤13 添加页眉。跳转至"页眉"对话框，❶在"中"文本框中输入需要添加的页眉文本内容，❷选中输入的文本，单击"格式文本"按钮，如下图所示。

步骤14 设置字体格式。跳转至"字体"对话框，❶在"字体"列表框中单击"微软雅黑"选项，❷在"大小"列表框中单击"12"，如下图所示。设置完成后，单击"确定"按钮。

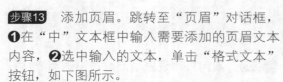

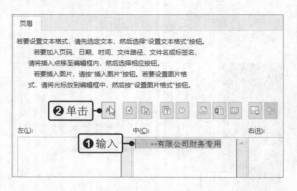

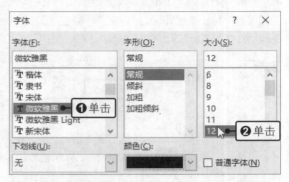

步骤15 完成页眉设置。返回"页眉"对话框，查看设置后的页眉字体格式效果，单击"确定"按钮，如下图所示。

步骤16 设置页脚。返回"页面设置"对话框，❶在"页眉/页脚"选项卡下单击"页脚"右侧的下三角按钮，❷在展开的列表中单击"第1页，共?页"选项，如下图所示。设置完成后，单击"确定"按钮。

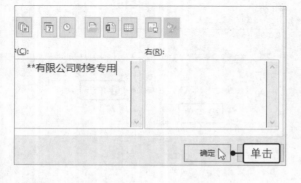

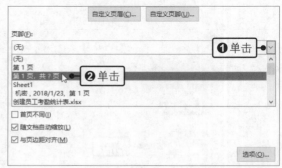

步骤17 查看打印设置效果。返回"打印"面板，预览工作表的打印效果，如下左图所示。

步骤18 设置打印份数。在"打印"面板中，添加好打印机，❶设置打印"份数"为10，❷单击"打印"按钮，如下右图所示，即可打印相关文件。

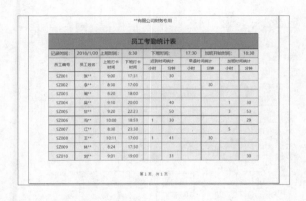

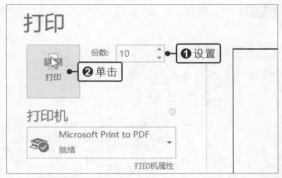

2.3　创建周产量与工时统计分析表

在实际工作中，企业为了控制产品的生产进度，常常需要制定相应的生产计划。此外，为了提高员工的工作效率，管理人员需要对每个员工的工作时间及相应的生产产量进行统计分析，从而了解不同员工的工作情况。本实例中记录了某员工一周的工作产量及工作时间情况，需要在扣除每天一小时的午餐时间后，对员工的工作情况进行统计分析。

◎　原始文件：下载资源\实例文件\第2章\原始文件\创建周产量与工时统计分析表.xlsx
◎　最终文件：下载资源\实例文件\第2章\最终文件\创建周产量与工时统计分析表.xlsx

2.3.1　根据日期生成星期

当需要在表格中输入较多的星期数据时，可使用公式快速完成。下面介绍在已知员工工作日期的情况下，如何使用公式生成对应的星期。

步骤01　选中单元格。打开原始文件，查看表格中已输入的数据信息，选中单元格B3，如下图所示。

步骤02　插入函数。❶在"公式"选项卡下的"函数库"组中单击"日期和时间"按钮，❷在展开的列表中单击WEEKDAY选项，如下图所示。

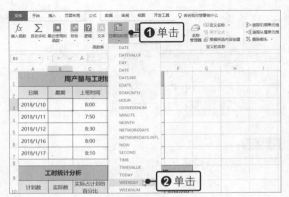

步骤03　设置函数参数。弹出"函数参数"对话框，❶分别设置相应的参数，❷单击"确定"按钮，如下左图所示。

步骤04 复制公式。返回工作表，向下拖动鼠标复制公式，返回不同日期对应的星期，如下右图所示。

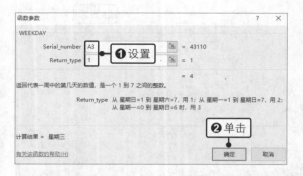

重点函数介绍：WEEKDAY 函数

  WEEKDAY 函数用于返回某个日期对应一周中的第几天。其语法结构为 WEEKDAY(serial_number,return_type)。参数 serial_number 指定要处理的日期；参数 return_type 指定一个表示返回值与星期对应关系的数字，为 1 或省略时表示返回值 1～7 对应星期日～星期六，为 2 时表示返回值 1～7 对应星期一～星期日，为 3 时表示返回值 0～6 对应星期一～星期日。

步骤05 设置数字格式。❶选中单元格区域 B3:B7，❷在"开始"选项卡下的"数字"组中单击对话框启动器按钮，如下图所示。

步骤06 设置日期类型。弹出"设置单元格格式"对话框，❶在"数字"选项卡下的"分类"列表框中单击"日期"选项，❷在右侧的"类型"列表框中单击"星期三"选项，如下图所示。设置完成后，单击"确定"按钮。

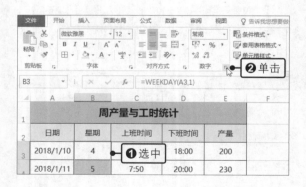

步骤07 显示星期。返回工作表，可以看到单元格区域B3:B7中显示的星期，如右图所示。

2.3.2　工时统计分析

下面介绍如何使用公式计算员工的实际工时及实际工时占计划工时的比例。

步骤01　计算实际工时。❶在单元格B11中输入公式"=HOUR(D3)-HOUR(C3)-1+IF((MINUTE(D3)-MINUTE(C3))>=30,0.5,0)"，按下【Enter】键，计算公式结果，❷复制公式，计算其他天数的实际工时，如下图所示。

步骤02　计算比例。❶在单元格C11中输入公式"=B11/A11"，按下【Enter】键，计算公式结果，❷复制公式，计算其他天数的实际工时占计划工时的比例，如下图所示。

| 提示 | 计算实际工时 |

在计算实际工时时，公式"=HOUR(D3)-HOUR(C3)-1+IF((MINUTE(D3)-MINUTE(C3))>=30,0.5,0)"中的"HOUR(D3)-HOUR(C3)-1"表示扣除一个小时午餐时间后的实际工作小时数。

步骤03　设置百分比样式。❶选中单元格区域C11:C15，❷在"开始"选项卡下的"数字"组中单击"百分比样式"按钮，如下图所示。

步骤04　增加小数位数。继续选中单元格区域C11:C15，在"开始"选项卡下的"数字"组中单击"增加小数位数"按钮，增加显示的小数位数，如下图所示。

步骤05　查看设置效果。设置百分比样式和增加小数位数后的效果如右图所示。

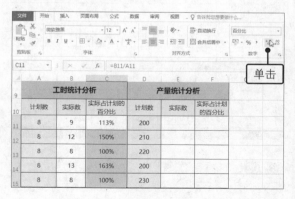

2.3.3 产量统计分析

下面介绍如何使用公式计算员工的实际产量占计划产量的比例，并对工作表标签进行设置，使其更加完善。

步骤01 计算实际产量。选中并复制单元格区域E3:E7中的实际产量数据，粘贴到单元格区域E11:E15，如下图所示。

步骤02 计算比例。❶在单元格F11中输入公式"=E11/D11"，按下【Enter】键，计算公式结果，❷复制公式，计算其他天数的实际产量占计划产量的比例，如下图所示。计算完成后，设置单元格百分比样式效果。

2018/1/16	星期二	8:10	17:10	220	

工时统计分析			产量统计分析		
计划数	实际数	实际占计划的百分比	计划数	实际数	实际占计划的百分比
8	9	112.5%	200	200	
8	12	150.0%	210	230	
8	8	100.0%	220	190	
8	13	162.5%	200	250	
8	8	100.0%	230	220	

粘贴

F11 =E11/D11

2018/1/16	星期二	8:10	17:10	220	

工时统计分析			产量统计分析		
计划数	实际数	实际占计划的百分比	计划数	实际数	实际占计划的百分比
8	9	112.5%	❶输入并计算		1
8	12	150.0%	210	230	1.0952381
8	8	100.0%	220	190	0.8636364
8	13	162.5%	20		1.25
8	8	100.0%	230	220	0.9565217

❷复制

步骤03 重命名工作表。完成统计分析表的制作后，将工作表重命名为"周产量与工时统计分析"，如下图所示。

步骤04 设置工作表标签颜色。❶右击"周产量与工时统计分析"工作表标签，❷在弹出的快捷菜单中单击"工作表标签颜色"命令，❸在展开的列表中选择合适的颜色，如下图所示。

计划数	实际数	实际占计划的百分比	计划数	实际数
8	9	112.5%	200	200
8	12	150.0%	210	230
8	8	100.0%	220	190
8	13	162.5%	200	250
8	8	100.0%	230	220

周产量与工时统计分析 —— 重命名

就绪

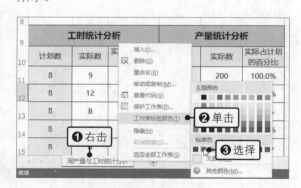

步骤05 查看工作表标签效果。设置好工作表标签颜色后，查看设置效果，如右图所示。适当调整表格格式，完成统计表制作。

工时统计分析			产量统计分析		
计划数	实际数	实际占计划的百分比	计划数	实际数	实际占计划的百分比
8	9	112.5%	200	200	100.0%
8	12	150.0%	210	230	109.5%
8	8	100.0%	220	190	86.4%
8	13	162.5%	200	250	125.0%
8	8	100.0%	230	220	95.7%

周产量与工时统计分析

就绪

专栏 加密工作簿

当编制的工作簿中含有重要的数据信息时，为了保证工作簿的安全性和完整性，可以对工作簿进行加密保护操作。加密后的工作簿只有在输入了正确的密码后才可以打开并编辑。下面介绍如何设置加密工作簿。

◎ 原始文件：下载资源\实例文件\第2章\原始文件\加密工作簿.xlsx
◎ 最终文件：下载资源\实例文件\第2章\最终文件\加密工作簿.xlsx

步骤01 打开视图菜单。打开原始文件，单击窗口左上角的"文件"按钮，如下图所示，打开视图菜单。

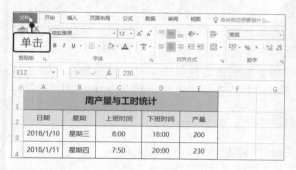

步骤02 启用工作簿加密功能。❶在"信息"面板中单击"保护工作簿"按钮，❷在展开的列表中单击"用密码进行加密"选项，如下图所示。

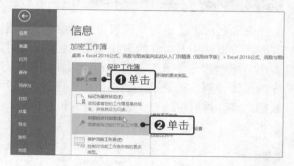

步骤03 输入密码。弹出"加密文档"对话框，❶在"密码"文本框中输入密码"123"，❷单击"确定"按钮，如下图所示。

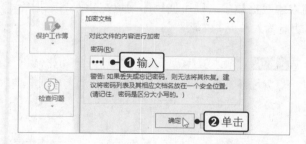

步骤04 确认密码。跳转至"确认密码"对话框，❶在"重新输入密码"文本框中输入密码"123"，❷单击"确定"按钮，如下图所示。

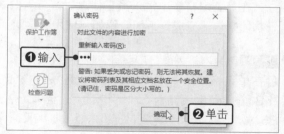

步骤05 查看工作簿加密效果。返回视图菜单，可以看见"信息"面板中的"保护工作簿"选项添加了黄色背景，如下图所示。

步骤06 打开加密的工作簿。保存并关闭工作簿后，再次打开时会弹出"密码"对话框，❶在"密码"文本框中输入"123"，❷单击"确定"按钮，如下图所示，即可打开加密的工作簿。

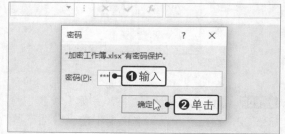

第3章 查找与引用函数在公式中的应用

查找与引用函数用于查找工作表的特定数据或引用特定单元格。当需要在工作表中进行复杂条件的查找时，可以灵活套用多个查找与引用函数。合理地使用查找与引用函数，可以方便地对工作表中的数据进行查询，从而极大地提高工作效率。

3.1 创建员工资料查询表

企业在对员工进行管理时，常常会输入大量的资料信息。当管理人员需要调阅某位员工的资料时，可以使用 Excel 的查找功能，但这一功能在存有大量数据的表格中使用起来会很不方便。本小节将创建一个员工资料查询表，在该表中可通过下拉列表选择员工编号，直接查看与编号对应的员工资料。实现这一功能的核心原理是使用 Excel 中的查找与引用函数，查找表格中不同的数据内容，再引用到查询表中相应的位置。

◎ 原始文件：下载资源\实例文件\第3章\原始文件\创建员工资料查询表.xlsx
◎ 最终文件：下载资源\实例文件\第3章\最终文件\创建员工资料查询表.xlsx

3.1.1 输入员工资料表中的数据信息

在员工资料表中输入员工信息时，若需要输入的数据较多，则可使用序列填充功能与数据验证功能来快速完成。下面介绍如何使用数据验证功能输入单元格内容。

步骤01 输入策划部员工编号。打开原始文件，❶在单元格B3中输入"A001"，❷按住单元格B3右下角的填充柄不放，拖动鼠标至单元格B5，如下图所示，填充策划部其他员工编号。

步骤02 输入其他部门员工编号。使用相同的方法，输入其他部门员工编号，如下图所示。

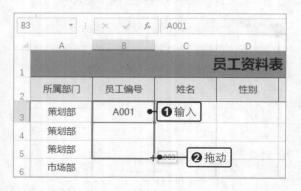

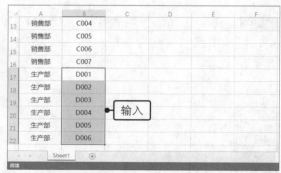

步骤03 启用数据验证功能。完善工作表中除员工"职务"之外的数据信息，❶选中单元格区域E3:E22，❷在"数据"选项卡下的"数据工具"组中单击"数据验证"按钮，如下左图所示。

步骤04　设置序列来源。弹出"数据验证"对话框，❶在"设置"选项卡下的"验证条件"选项组中设置"允许"为"序列"，❷在"来源"文本框中输入序列内容，并用英文状态下的逗号进行分隔，如下右图所示。

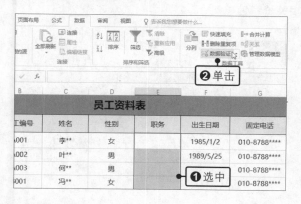

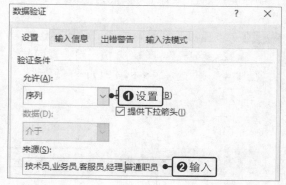

步骤05　设置输入信息。❶切换到"输入信息"选项卡，❷确保勾选"选定单元格时显示输入信息"复选框，❸在"输入信息"文本框中输入需要显示的提示信息，如下图所示。设置完成后，单击"确定"按钮。

步骤06　显示提示信息。返回工作表，选中任一设置了数据验证的单元格，将会显示提示信息，如下图所示。

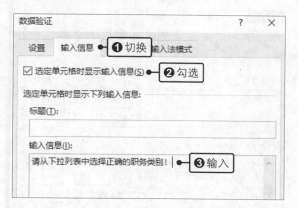

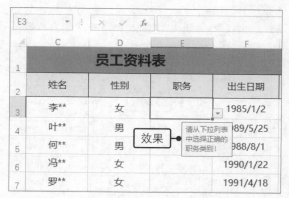

步骤07　使用数据验证功能输入员工职务信息。❶单击单元格E3右侧的下三角按钮，❷在展开的列表中选择需要输入的数据信息，如"经理"，如下图所示。

步骤08　查看输入效果。以相同的方法输入其余员工的职务信息，并设置好表格格式，如下图所示。

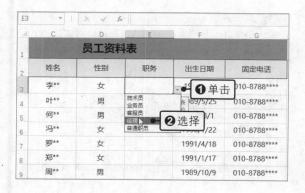

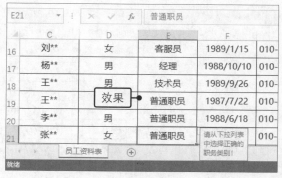

3.1.2　制作员工资料查询表

　　下面介绍如何使用数据验证功能引用单元格内容，以及使用公式设置员工资料查询条件。通过制作完成的查询表，可以很方便地查询员工的相关资料信息。

步骤01　创建员工资料查询表。❶新建工作表"员工资料查询表"，❷输入员工资料查询表相关项目内容，设置好表格格式，如下图所示。

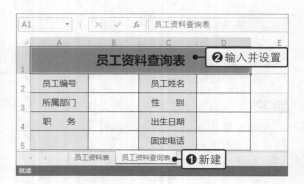

步骤02　定义名称。❶在工作表"员工资料表"中选中单元格区域A3:A22，❷在"公式"选项卡下的"定义的名称"组中单击"定义名称"按钮，如下图所示。

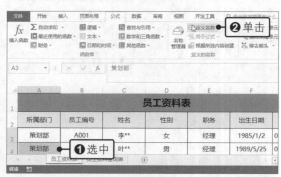

步骤03　新建名称。弹出"新建名称"对话框，❶在"名称"文本框中输入"所属部门"，❷单击"确定"按钮，如下图所示。

步骤04　新建名称。❶定义单元格区域B3:B22的名称为"员工编号"，❷单击"确定"按钮，如下图所示。

步骤05　新建名称。❶定义单元格区域C3:C22的名称为"姓名"，❷单击"确定"按钮，如下图所示，完成名称的定义。

步骤06　管理名称。❶切换到工作表"员工资料查询表"，❷在"公式"选项卡下单击"名称管理器"按钮，如下图所示。

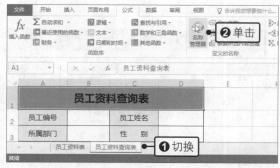

步骤07 查看已有名称。弹出"名称管理器"对话框,可以看到已定义的名称内容,如下图所示。查看后单击"关闭"按钮,返回工作表。

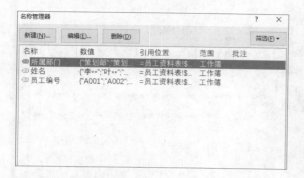

步骤08 启用数据验证功能。❶在工作表"员工资料查询表"中选中单元格B2,❷在"数据"选项卡下的"数据工具"组中单击"数据验证"按钮,如下图所示。

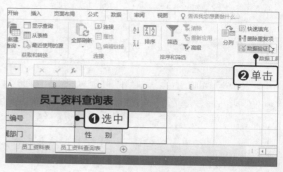

步骤09 设置数据验证条件。弹出"数据验证"对话框,❶在"设置"选项卡下的"验证条件"选项组中设置"允许"为"序列",❷在"来源"文本框中输入"=员工编号",如下图所示。设置完成后,单击"确定"按钮。

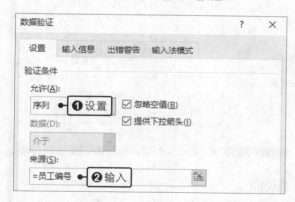

步骤10 使用数据验证。返回工作表,❶单击单元格B2右侧的下三角按钮,❷在展开的列表中选择需要查询的员工编号,如"B001",如下图所示。

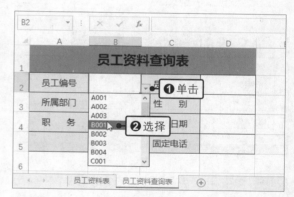

步骤11 插入函数。选中单元格D2,❶在"公式"选项卡下的"函数库"组中单击"查找与引用"按钮,❷在展开的列表中单击VLOOKUP选项,如下图所示。

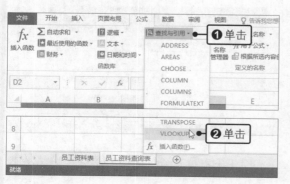

步骤12 设置函数参数。弹出"函数参数"对话框,分别设置函数的参数,如下图所示。设置完成后,单击"确定"按钮。

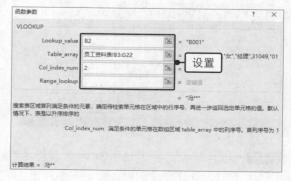

重点函数介绍：VLOOKUP 函数

　　VLOOKUP 函数用于搜索数据表首列满足条件的元素，确定该元素在区域中的行序号，再返回该行中指定列处单元格的值。其语法结构为 VLOOKUP(lookup_value,table_array,col_index_num,range_lookup)。参数 lookup_value 指定需要在数据表首列进行搜索的值，可以是数值、引用或字符串；参数 table_array 指定需要在其中搜索数据的数据表，可以是对区域或区域名称的引用；参数 col_index_num 指定要返回的单元格在 table_array 中的列序号，首列序号为 1；参数 range_lookup 指定在查找时要求精确匹配还是大致匹配，如果为 FALSE，则为大致匹配，如果为 TRUE 或忽略，则为精确匹配。

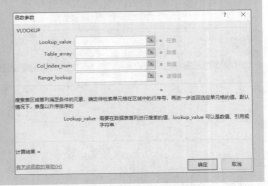

步骤13 返回员工姓名。返回工作表，在单元格 D2 中可看到已返回员工编号相应的员工姓名，并可在编辑栏中查看公式内容，如下图所示。

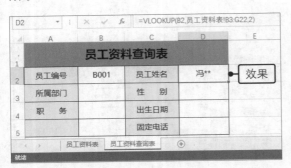

步骤14 引用员工性别。在单元格 D3 中输入公式"=VLOOKUP(B2,员工资料表!B3:G22,3)"，按下【Enter】键，计算公式结果，如下图所示。

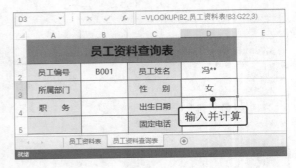

步骤15 引用出生日期。在单元格 D4 中输入公式"=VLOOKUP(B2,员工资料表!B3:G22,5)"，按下【Enter】键，计算公式结果，并将其设置为短日期格式，如下图所示。

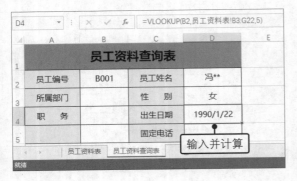

步骤16 引用固定电话。在单元格 D5 中输入公式"=VLOOKUP(B2,员工资料表!B3:G22,6)"，按下【Enter】键，计算公式结果，如下图所示。

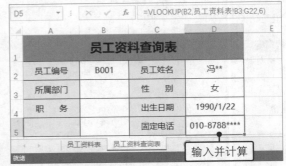

步骤17 引用职务。在单元格 B4 中输入公式"=VLOOKUP(B2,员工资料表!B3:G22,4)"，按下【Enter】键，计算公式结果，如下左图所示。

步骤18 引用所属部门。在单元格B3中输入公式"=INDEX(所属部门,MATCH(员工资料查询表!B2,员工编号,0))",按下【Enter】键,计算公式结果,如下右图所示。

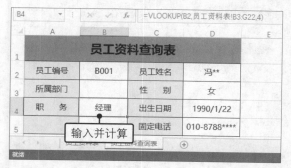

步骤19 选择编号。此时可以使用数据验证功能选择需要查询的员工编号,❶单击单元格B2右侧的下三角按钮,❷在展开的列表中单击C001选项,如下图所示。

步骤20 显示查询结果。工作表中显示数据查询结果,即员工编号为C001的员工所对应的员工姓名、出生日期等相关信息,如下图所示。

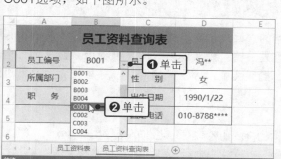

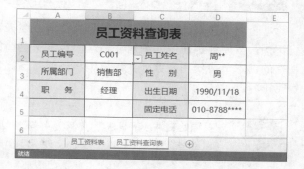

重点函数介绍:INDEX 函数

INDEX 函数有两种形式:数组型和向量型。

数组型 INDEX 函数的功能是返回列表或数组中的元素值。其语法结构为 INDEX(array,row_num,column_num)。参数 array 指定单元格区域或数组常量;参数 row_num 指定数组中要返回的行序号;参数 column_num 指定数组中要返回的列序号。

向量型 INDEX 函数的功能是在给定的单元格区域中,返回特定行列交叉处单元格的值或引用。其语法结构为 INDEX(reference,row_num,column_num,area_num)。参数 reference 指定对一个或多个单元格区域的引用;参数 row_num 指定目标单元格在引用区域中的行序号;参数 column_num 指定目标单元格在引用区域中的列序号;参数 area_num 指定所要返回的行列交叉点位于引用区域组中的第几个区域,第一个区域为 1,第二个区域为 2,依次类推。

51

重点函数介绍：MATCH 函数

MATCH 函数用于返回符合特定值顺序的项在数组中的相对位置。其语法结构为 MATCH (lookup_value,lookup_array,match_type)。参数 lookup_value 指定在数组中所要查找匹配的值，可以是数值、文本或逻辑值；参数 lookup_array 指定含有要查找值的连续单元格、一个数组或对某个数组的引用；参数 match_type 指定 -1、0 或 1，即指定将 lookup_value 与 lookup_array 中的数值进行匹配的方式。

本实例中在计算员工所属部门时不使用 VLOOKUP 函数，是因为该函数只能对指定数据表首列数据进行查找。使用 MATCH 函数则是返回与指定值匹配的数组中元素的相应位置，可与 INDEX 函数结合使用，返回数据区域中相对应的值。

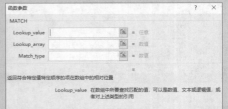

3.2 创建销售员奖金与等级评比表

企业销售人员的薪酬通常是与其销售业绩挂钩的，因此，常常需要统计各个销售人员的销售记录，以便评定他们的销售业绩。假定某企业销售人员销售提成的百分比是根据销售量来划分档次的，本节将使用函数公式计算销售提成百分比、提成奖金，评定销售等级，并根据奖金高低进行排名。

◎ 原始文件：下载资源\实例文件\第3章\原始文件\创建销售员奖金与等级评比表.xlsx
◎ 最终文件：下载资源\实例文件\第3章\最终文件\创建销售员奖金与等级评比表.xlsx

3.2.1 员工奖金等级评定

通过对员工奖金等级的评定，企业能快速分析员工的工作情况。下面介绍如何使用不同的函数进行销售提成奖金计算和等级评定。

步骤01 查看表格数据。打开原始文件，在工作表中查看已输入的员工姓名及销售量数据，如下图所示。

步骤02 计算销售提成百分比。❶在单元格 C3 中输入公式"=CHOOSE(IF(B3<1000,1, IF(B3<2000,2,IF(B3<3000,3,IF(B3<4000,4,IF (B3<5000,5, 6))))),0,1%,2%,3%,4%,5%)"，按下【Enter】键，计算公式结果，❷复制公式，计算其余员工的销售提成百分比，如下图所示。

销售员奖金评定				
销售员	销售量	提成百分比	提成奖金	奖金等级
邓**	900			
程**	1200			
宋**	5400			
张**	3200			查看
周**	3900			
林**	2500			
王**	1900			
杨**	5300			

=CHOOSE(IF(B3<1000,1,IF(B3<2000,2,IF(B3<3000,3,
IF(B3<4000,4,IF(B3<5000,5,6)))),0,1%,2%,3%,4%,5%)

销售员奖金评定				
销售员	销售量	提成百分比	提成奖金	奖金等级
邓**	900	0		❶输入并计算
程**	1200	0.01		
宋**	5400	0.05		
张**	3200	0.03		
周**	3900	0.03		
林**	2500	0.02		
王**	1900	0.01		❷复制
杨**	5300	0.05		

重点函数介绍：CHOOSE 函数

CHOOSE 函数用于根据给定的索引值，从参数表中选出相应值或操作。其语法结构为 CHOOSE(index_num,value1,value2,…)。参数 index_num 指定所选参数值在参数表中的位置，必须是介于 1 ～ 254 之间的数值，或是返回值介于 1 ～ 254 之间的引用或公式；参数 value1,value2,… 指定 1 ～ 254 个数值参数、单元格引用、已定义名称、公式、函数或 CHOOSE 中选定的文本参数。

在本实例中输入的公式 "=CHOOSE(IF(B3<1000,1,IF(B3<2000,2,IF(B3<3000,3,IF(B3<4000,4,IF(B3<5000,5,6)))),0,1%,2%,3%,4%,5%)"，意义为销售量低于 1000 时提成百分比为 0，销售量在 1000 ～ 2000 之间（不含 2000）时提成百分比为 1%，销售量在 2000 ～ 3000 之间（不含 3000）时提成百分比为 2%，销售量在 3000 ～ 4000 之间（不含 4000）时提成百分比为 3%，销售量在 4000 ～ 5000 之间（不含 5000）时提成百分比为 4%，销售量在 5000 及以上时提成百分比为 5%。

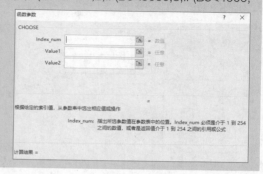

步骤03 设置百分比样式。❶选中单元格区域 C3:C10，❷在 "开始" 选项卡下的 "数字" 组中单击 "百分比样式" 按钮，如下图所示。

步骤04 计算提成奖金。❶在单元格D3中输入公式 "=B3*C3"，按下【Enter】键，计算公式结果，❷复制公式，计算其余员工销售提成的奖金，如下图所示。

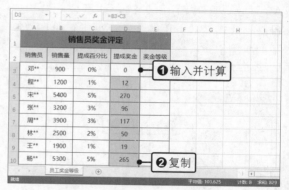

步骤05 计算奖金等级。❶在单元格E3中输入公式 "=CHOOSE(IF(D3<100,1,IF(D3<200,2,3)),"三级","二级","一级")"，按下【Enter】键，计算公式结果，❷复制公式，计算其余员工销售提成的奖金等级，如右图所示。

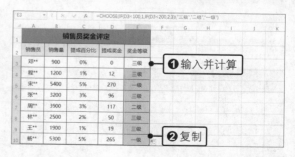

提示　判断奖金等级

在本实例中输入的公式 "=CHOOSE(IF(D3<100,1,IF(D3<200,2,3))," 三级 "," 二级 "," 一级 ")"，表示奖金等级的设置为：提成奖金低于 100 的为三级，提成奖金在 100 ～ 200 之间（不含 200）的为二级，提成奖金在 200 及以上的为一级。

3.2.2　按奖金高低排列员工姓名

完成员工奖金等级评定后，还可按照奖金高低对员工姓名进行排名。下面介绍如何使用函数公式按提成奖金的高低排列员工姓名。

步骤01　新建工作表。❶新建工作表"员工奖金排序"，❷输入奖金排序相关项目内容，设置好表格格式，如下图所示。

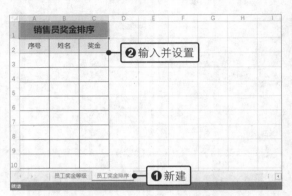

步骤02　输入序号。❶在工作表"员工奖金排序"的单元格A3中输入"1"，❷设置自动填充序列至单元格A10，如下图所示。

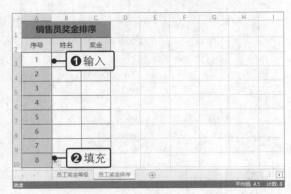

步骤03　计算奖金排序。❶在单元格C3中输入公式"=LARGE(员工奖金等级!$D$3:$D$10,A3)"，按下【Enter】键，计算公式结果，❷复制公式，对员工的奖金高低进行排序，如下图所示。

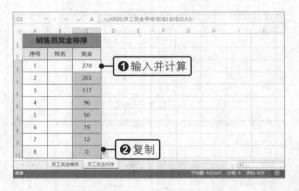

步骤04　返回员工姓名。❶在单元格B3中输入公式"=INDEX(员工奖金等级!$A$3:$A$10,MATCH(C3,员工奖金等级!$D$3:$D$10,0))"，按下【Enter】键，计算公式结果，❷复制公式，返回员工姓名，如下图所示。

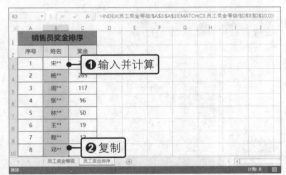

重点函数介绍：LARGE 函数

LARGE 函数用于返回数据组中第 k 个最大值。其语法结构为 LARGE(array,k)。参数 array 指定要提取第 k 个最大值的数值数组或数值区域；参数 k 指定要返回的最大值在数组或区域中的位置（从第 1 个最大值开始）。

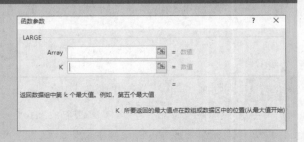

3.3 创建产品销售额查询表

　　假设已在销售额统计表中记录了各月份不同产品的销售情况，若需要查询产品在不同月份的销售额，可以使用公式进行检索。本节介绍如何使用范围交叉运算符，根据交叉引用的数据内容返回选定区域中对应的数值。

◎ 原始文件：下载资源\实例文件\第3章\原始文件\创建产品销售额查询表.xlsx
◎ 最终文件：下载资源\实例文件\第3章\最终文件\创建产品销售额查询表.xlsx

3.3.1 设置查询下拉列表

　　下面介绍如何创建产品销售额查询表，并在指定单元格中使用数据验证功能，引用其他单元格区域的内容。

步骤01　查看表格数据。打开原始文件，查看原始数据信息，如下图所示。

步骤02　计算合计值。❶选中单元格B16，❷在"公式"选项卡下的"函数库"组中单击"自动求和"下方的下三角按钮，❸在展开的列表中单击"求和"选项，如下图所示。

步骤03　自动输入公式。在单元格B16中显示自动求和公式的内容，❶按下【Enter】键，计算公式结果，❷向右复制公式，计算各个产品的合计值，如下图所示。

步骤04　启用数据验证功能。❶选中单元格J4，❷在"数据"选项卡下的"数据工具"组中单击"数据验证"右侧的下三角按钮，❸在展开的列表中单击"数据验证"选项，如下图所示。

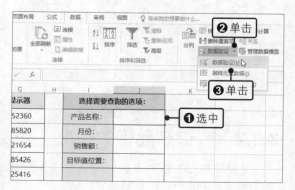

步骤05 设置序列来源。弹出"数据验证"对话框，❶在"设置"选项卡下的"验证条件"选项组中设置"允许"为"序列"，❷单击"来源"文本框右侧的折叠按钮，如下图所示。

步骤06 引用来源。❶返回工作表，拖动鼠标选中单元格区域B3:G3，❷单击"数据验证"对话框中的折叠按钮，如下图所示。

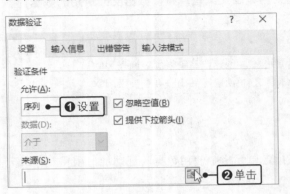

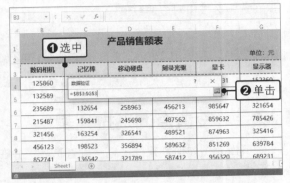

步骤07 完成数据验证设置。返回"数据验证"对话框，可看到设置的"来源"，单击"确定"按钮，如下图所示。

步骤08 设置数据验证条件。选中单元格J5，打开"数据验证"对话框，❶设置"允许"为"序列"，❷设置"来源"为单元格区域A4:A15，如下图所示。设置完成后，单击"确定"按钮。

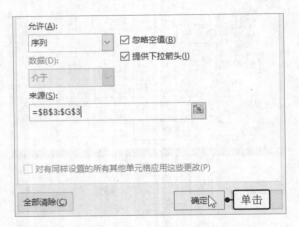

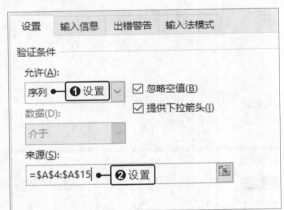

步骤09 使用数据验证。返回工作表，❶单击设置了数据验证的单元格右侧的下三角按钮，❷在展开的列表中可选择需要查询的数据，如右图所示。

3.3.2 查询产品相关信息

设置好查询下拉列表后，本小节接着使用查找与引用函数，返回查询的目标值及其所在的单元格地址，从而实现信息的快速查找。

步骤01 引用销售额。在单元格J6中输入公式 "=VLOOKUP(J5,A3:G16,MATCH(J4,A3:G3,,))"，按下【Enter】键，计算公式结果，如下图所示。

步骤02 计算目标值所在位置。在单元格J7中输入公式 "=ADDRESS(SUMPRODUCT((A3:G16=J6)*ROW(A3:G16)),SUMPRODUCT((A3:G16=J6)*COLUMN(A3:G16)),4)"，按下【Enter】键，计算公式结果，如下图所示。

重点函数介绍：ROW 函数

ROW 函数用于返回一个引用的行号。其语法结构为 ROW(reference)。参数 reference 为准备获取其行号的单元格或连续单元格区域，如果忽略，则返回该函数所在单元格的行号。

重点函数介绍：COLUMN 函数

COLUMN 函数用于返回一个引用的列号。其语法结构为 COLUMN(reference)。参数 reference 为准备获取其列号的单元格或连续单元格区域，如果忽略，则返回该函数所在单元格的列号。

步骤03 查看公式使用结果。设置单元格J4中的数据内容为"显卡"，设置单元格J5中的数据内容为"7月"，则单元格J6中返回销售额为956320，单元格J7中返回目标值位置为F10，如下图所示。

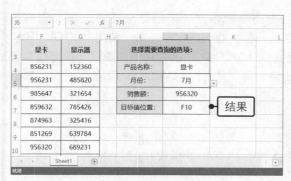

步骤04 启用条件格式功能。❶选中单元格区域A3:G16，❷在"开始"选项卡下的"样式"组中单击"条件格式"按钮，❸在展开的列表中依次单击"突出显示单元格规则>等于"选项，如下图所示。

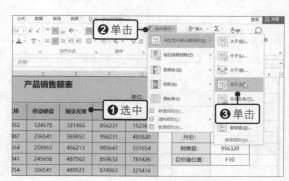

重点函数介绍：ADDRESS 函数

ADDRESS 函数用于创建一个以文本方式表示的对工作簿中某一单元格的引用。其语法结构为 ADDRESS(row_num,column_num,abs_num,A1,sheet_text)。参数 row_num 指定引用单元格的行号；参数 column_num 指定引用单元格的列号；参数 abs_num 指定引用类型，绝对引用 =1，绝对行 / 相对列引用 =2，相对行 / 绝对列引用 =3，相对引用 =4；参数 A1 用逻辑值指定引用样式，A1 样式 =1、TRUE 或省略，R1C1 样式 =0 或 FALSE；参数 sheet_text 指定用作外部引用的工作表名称。

本实例中的公式"=ADDRESS(SUMPRODUCT((A3:G16=J6)*ROW(A3:G16)),SUMPRODUCT((A3:G16=J6)*COLUMN(A3:G16)),4)"返回指定值在查找范围中的单元格地址。其中，"SUMPRODUCT((A3:G16=J6)*ROW(A3:G16))"返回目标值所在区域的行号，"SUMPRODUCT((A3:G16=J6)*COLUMN(A3:G16))"返回目标值所在区域的列号，"4"指引用的方式为相对引用。

步骤05 设置条件格式。弹出"等于"对话框，❶设置指定单元格为 J6，❷设置格式为"浅红填充色深红色文本"，❸单击"确定"按钮，如下图所示。

步骤06 查看格式效果。返回工作表，查看应用条件格式的单元格，发现与目标值位置相符合，如下图所示。

产品销售额表

单位：元

月份	数码相机	记忆棒	移动硬盘	刻录光驱	显卡	显示器
1月						152360
2月						485820
3月						321654
4月						785426
5月						325416
6月	456123	198523	356894	589632	851269	639784
7月	852741	136542	321789	587412	956320	689231

❷设置
❶设置
❸单击 确定 取消

刻录光驱	显卡	显示器	选择需要查询的选项：	
321456	856231	152360	产品名称	显卡
369852	956231	485820	月份	7月
456213	985647	321654	销售额	956320
487562	859632	785426	目标值位置	F10
489521	874963	325416		
589632	851269	639784		
587412	956320	效果		

J7 fx =ADDRESS(SUMPRODUCT((A3:G16=J6)*ROW(A3:G16)),SUMPRODUCT((A3:G16=J6)*COLUMN(A3:G16)),4)

专栏　HLOOKUP函数的使用

在制作员工资料查询表时，常常需要查找与引用原始数据表中的数据信息。本章介绍了 VLOOKUP 函数的使用方法，除了可以使用此函数进行数据的引用外，还可以使用 HLOOKUP 函数引用需要的数据内容。与 VLOOKUP 函数不同的是，HLOOKUP 函数用于在表格或数组的首行查找指定值，并返回表格或数组当前列中指定行的值。其查找方向与 VLOOKUP 函数不同，它是在竖直方向上进行查找的。

◎ 原始文件：下载资源\实例文件\第3章\原始文件\ HLOOKUP函数的使用.xlsx
◎ 最终文件：下载资源\实例文件\第3章\最终文件\ HLOOKUP函数的使用.xlsx

步骤01 查看员工资料表。打开原始文件，可以看到该员工资料表与3.1节中的员工资料表不同的是，表格中的员工资料呈竖向排列，如下图所示。

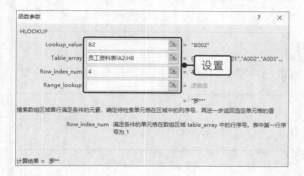

步骤02 插入函数。❶切换到"员工资料查询表"，❷在单元格D2中输入"=HLOOKUP()"，❸单击"插入函数"按钮，如下图所示。

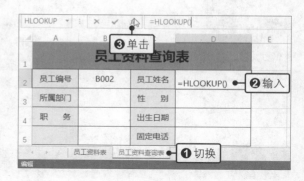

步骤03 设置函数参数。弹出"函数参数"对话框，设置相应的参数，如下图所示。设置完成后，单击"确定"按钮。

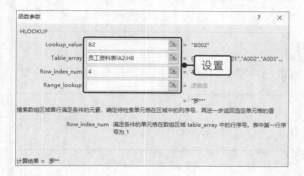

步骤04 查看数据引用结果。返回工作表，可以看到单元格D2中引用了对应的员工姓名，如下图所示。

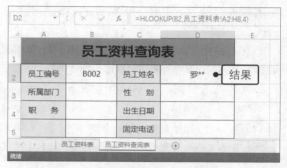

步骤05 继续引用数据。使用相同的方法，继续引用单元格数据，完成员工资料查询表中其他公式的编辑，并查看员工编号为"A001"时的数据信息，如右图所示。

重点函数介绍：HLOOKUP 函数

　　HLOOKUP 函数用于在表格或数组的首行搜索值，然后返回表格或数组当前列中指定行的值。其语法结构为 HLOOKUP(lookup_value,table_array,row_index_num,range_lookup)。参数 lookup_value 指定在表格的首行中查找的值，可以是数值、引用或字符串；参数 table_array 指定需要在其中进行查找的表格或数组；参数 row_index_num 指定满足条件的单元格在 table_array 中的行序号；参数 range_lookup 为逻辑值，如果为 TRUE 或忽略，则在查找时采用近似匹配，如果为 FALSE，则在查找时采用精确匹配。

第4章 数学和三角函数在公式中的应用

数学和三角函数是 Excel 函数中的常用函数类型之一，可用于解决日常生活和工作中的一些数学运算问题，并能有效提高运算效率。本章以实例为基础，介绍数学和三角函数在实际工作中的应用，从而帮助用户进一步了解函数的功能与用法。

4.1 创建快递寄件明细表

在制表过程中常常会遇到需要在指定条件下对相关数据明细进行求和、计算乘积等情况，此时就可以应用 Excel 函数中的数学函数，实现快速而准确的计算。

本节将以某快递公司的部分寄件明细为例，使用公式对其中的寄件运费项目与不同省份寄件总重量进行计算，并使用 Excel 的高级筛选功能对寄件明细中的贵重物品寄件进行筛选和复制，完成工作表的制作。

在本实例中，寄件运费分为首重费用和续重费用两部分。首重费用是指 1 kg 以内物品所收的运费，根据收件地址的变化而有所不同，已事先在表格中填好。续重费用则是指对物品超过 1 kg 的部分加收的费用，收取标准为每超重 1 kg 加收 6 元，不足 1 kg 的仍按 1 kg 计费。

◎ 原始文件：下载资源\实例文件\第4章\原始文件\创建快递寄件明细表.xlsx
◎ 最终文件：下载资源\实例文件\第4章\最终文件\创建快递寄件明细表.xlsx

4.1.1 计算续重费用与寄件总运费

下面使用数学函数快速计算快递寄件的续重费用和总运费，并对表格中的数据按照寄件重量进行升序排列。具体操作方法如下。

步骤01 查看原始数据。打开原始文件，查看表格中同一日期的寄件明细，如下图所示。

步骤02 计算续重费用。❶在单元格H3中输入公式"=(ROUNDUP(F3,0)-1)*6"，按下【Enter】键，计算公式结果，❷复制公式，计算不同寄件的续重费用，如下图所示。

重点函数介绍：ROUNDUP 函数

ROUNDUP 函数用于将数字朝着远离 0 的方向进行向上舍入。其语法结构为 ROUNDUP (number,num_digits)。参数 number 指定需要向上舍入的任意实数；参数 num_digits 指定要将数字舍入到的位数，如果此参数为负数，则将小数舍入到小数点左边一位，如果参数为 0，则将小数舍入到最接近的整数。

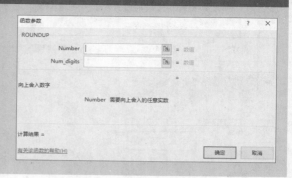

步骤03 计算不同寄件的总运费。❶在单元格I3中输入公式 "=G3+H3"，按下【Enter】键，计算公式结果，❷复制公式，计算不同寄件的总运费，如右图所示。

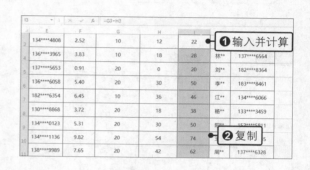

步骤04 排序数据。❶选中F列的任意单元格，❷在 "数据" 选项卡下的 "排序和筛选" 组中单击 "升序" 按钮，如下图所示。

步骤05 查看排序效果。设置完成后，表格按照F列中的数据进行升序排列，如下图所示。

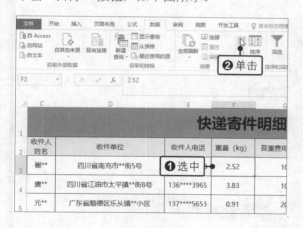

收件单位	收件人电话	重量（kg）	首重费用（元）	续重费用（元）	运费总计
广东省顺德区乐从镇**小区	137****5653	0.91	20	0	20
四川省南充市**街5号	134****4808	2.52	10	12	22
浙江省杭州市上城区**街道12号	130****8868	3.72	20	18	38
四川省江油市太平镇**街8号	136****3965	3.83	10	18	28
北京市海淀区**街道9号	134****0123	5.31	20	30	50
广东省白云区**大厦3楼	136****6058	5.40	20	30	50
四川省德阳市绵竹县**镇政府一楼	182****6354	6.45	10	36	46
山西省太原市小店区**小区一门	138****9989	7.65	20	42	62
四川省广元市旺苍县**街道18号	186****4365	8.39	10	48	58
北京市朝阳区**小区3幢	134****1136	9.82	20	54	74

快递寄件明细表

4.1.2　计算不同省份的寄件总重量

计算出快递寄件续重费用与总费用之后，下面介绍如何使用数学函数计算不同省份的寄件总重量。

步骤01 新建表格。在 "快递寄件明细表" 表格下方制作一个小表格，输入相关项目内容，调整表格格式，如下左图所示。

步骤02 插入函数。❶选中单元格B15，❷在"公式"选项卡下的"函数库"组中单击"数学和三角函数"按钮，❸在展开的列表中单击SUMIF选项，如下右图所示。

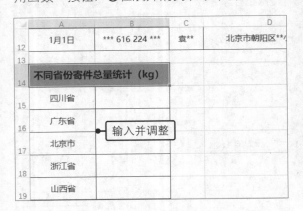

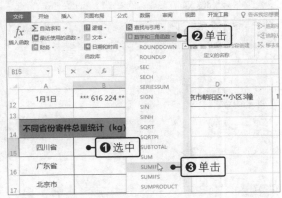

步骤03 设置函数参数。弹出"函数参数"对话框，❶设置相应的函数参数，❷单击"确定"按钮，如下图所示。

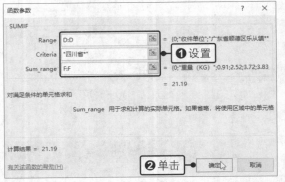

步骤04 查看参数设置结果。返回工作表，可看见单元格B15中显示了设置函数参数后得到的结果，如下图所示。

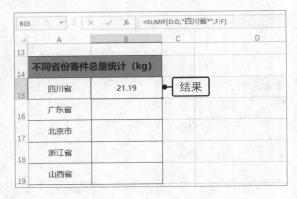

步骤05 计算广东省的寄件总重量。在单元格B16中输入公式"=SUMIF(D:D,"广东省*",F:F)"，按下【Enter】键，计算公式结果，如下图所示。

A	B	C
不同省份寄件总量统计（kg）		
四川省	21.19	
广东省	6.31	输入并计算
北京市		
浙江省		
山西省		

步骤06 计算其他省份的寄件总重量。使用相同的方法，计算其他省份的寄件总重量，结果如下图所示。

A	B	C	D
不同省份寄件总量统计（kg）			
四川省	21.19		
广东省	6.31		
北京市	15.13		
浙江省	3.72		
山西省	7.65	结果	

重点函数介绍：SUMIF 函数

SUMIF 函数用于对满足条件的单元格求和。其语法结构为 SUMIF(range,criteria,sum_range)。参数 range 指定用于条件判断的单元格区域；参数 criteria 指定以数字、表达式或文本形式定义的条件；参数 sum_range 指定求和计算的实际单元格，如果省略，将使用参数 range 中的单元格。

本实例中的公式"=SUMIF(D:D," 广东省 *",F:F)"，指计算收件地址以"广东省"开头的寄件重量之和。

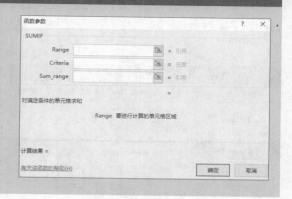

4.1.3　筛选满足条件的寄件信息

在制作表格时，常常会需要筛选出满足特定条件的数据，这时可以使用 Excel 中的筛选功能实现操作。

步骤01　设置筛选条件。❶在"不同省份寄件总量统计"表格下方输入筛选条件相关项目内容，调整表格格式，❷在单元格L23中输入筛选条件为"贵重"，如下图所示。

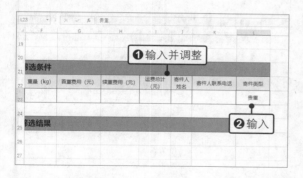

步骤02　启用高级筛选功能。❶在"快递信息明细表"表格中选中任意单元格，❷单击"数据"选项卡下"排序和筛选"组中的"高级"按钮，如下图所示。

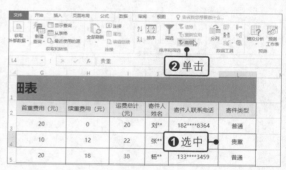

步骤03　设置列表区域。弹出"高级筛选"对话框，❶单击"将筛选结果复制到其他位置"单选按钮，❷单击"列表区域"文本框右侧的折叠按钮，如下图所示。

步骤04　引用列表区域。弹出"高级筛选-列表区域"对话框，❶返回工作表，拖动鼠标选中单元格区域A2:L12，❷单击文本框右侧的折叠按钮，如下图所示。

步骤05　设置条件区域。返回"高级筛选"对话框，单击"条件区域"文本框右侧的折叠按钮，如下图所示。

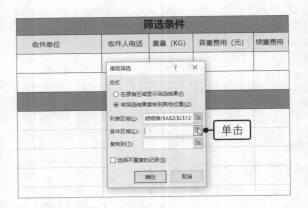

步骤06　引用条件区域。弹出"高级筛选-条件区域"对话框，❶返回工作表，拖动鼠标选中单元格区域A22:L23，❷单击文本框右侧的折叠按钮，如下图所示。

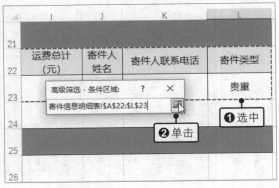

步骤07　设置复制区域。返回"高级筛选"对话框，单击"复制到"文本框右侧的折叠按钮，如下图所示。

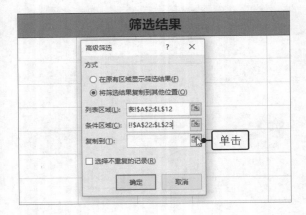

步骤08　引用复制区域。弹出"高级筛选-复制到"对话框，❶返回工作表，单击选中单元格A26，❷单击文本框右侧的折叠按钮，如下图所示。

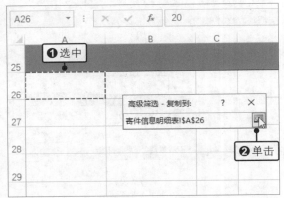

步骤09　完成高级筛选设置。返回"高级筛选"对话框，完成筛选条件的设置后，单击"确定"按钮，如下图所示。

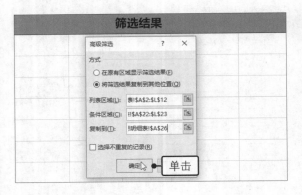

步骤10　复制筛选结果。在指定的复制区域中显示符合筛选条件的数据信息，如下图所示。

重量 (kg)	首重费用 (元)	续重费用 (元)	运费总计 (元)	寄件人姓名	寄件人联系电话	寄件类型
						贵重

筛选结果

重量 (kg)	首重费用 (元)	续重费用 (元)	运费总计 (元)	寄件人姓名	寄件人联系电话	寄件类型
2.52	10	12	22	张**	137****7563	贵重
5.31	20	30	50	阳**	152****5811	贵重
7.65	20	42	62	周**	137****6328	贵重

步骤11 新建工作表。❶新建一个名称为"贵重物品筛选表"的工作表，❷将筛选结果剪切至工作表"贵重物品筛选表"中，设置其标题内容与表格格式，最终效果如右图所示。

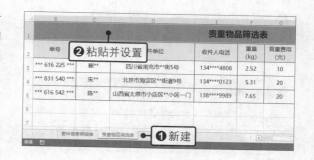

4.2 创建成本计算表

企业在生产经营过程中为了控制成本，需要对各种耗费进行计算、调节和监督。本节将制作一个成本计算表，计算各部门的各项成本合计值及计算成本与实际成本的差异率，并利用条件格式标记值得关注的差异率。

◎ 原始文件：下载资源\实例文件\第4章\原始文件\创建成本计算表.xlsx
◎ 最终文件：下载资源\实例文件\第4章\最终文件\创建成本计算表.xlsx

4.2.1 计算成本合计

下面介绍如何使用求和公式计算各车间的不同成本合计，以及所有车间的计算成本与实际成本合计。

步骤01 查看原始数据。打开原始文件，查看表格中记录的产品生产成本、制造费用、管理费用等相关信息，如下图所示。

步骤02 计算生产成本小计。❶选中单元格区域D4:F4，❷在"公式"选项卡下的"函数库"组中单击"自动求和"按钮，计算生产成本小计，如下图所示。复制公式，计算各个车间的生产成本小计。

序号	车间部门	姓名	生产成本				制造费用	管理费用	其他业务支出
			A产品	B产品	其他产品	小计			
1	一车间	计算成本	8391.75	5272.92	7648.68		18201.61	15310.00	5324.95
2		实际成本	7899.30	5678.39	7493.81		15488.13	14345.33	4888.89
3	二车间	计算成本	8539.30	5029.67	7983.71		17454.26	15091.41	7352.75
4		实际成本	8711.36	5825.67	7446.51		11097.15	19619.76	7069.54
5	三车间	计算成本	8011.37	5715.35	7724.06		16691.75	18560.75	5806.65
6		实际成本	8454.71	5676.74	7544.16		16706.94	17559.43	5524.38
7	四车间	计算成本	8679.19	5604.83	7196.54		16097.78	14085.01	7692.61
8		实际成本	8197.97	5415.13	7610.61		12610.35	11396.87	7586.41
9	五车间	计算成本	8058.04	5308.40	7832.93		18989.84	19208.55	5656.58
10		实际成本	7998.32	5601.19	7308.23		12832.27	11156.81	5486.93
11	六车间	计算成本	8031.48	5512.25	7368.16		15064.07	14312.55	5988.69
12		实际成本	7388.36	5715.64	7888.27		17351.01	15105.95	5706.23

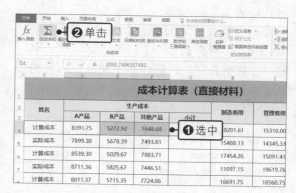

步骤03 计算成本合计。❶选中单元格区域G4:J4，❷单击"公式"选项卡下"函数库"组中的"自动求和"按钮，如下左图所示。

步骤04 查看成本合计结果。向下复制公式，计算各个车间的成本合计，效果如下右图所示。

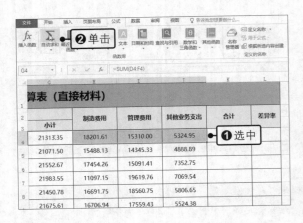

步骤05 插入函数。❶选中单元格D20，❷在"公式"选项卡下的"函数库"组中单击"数学和三角函数"按钮，❸在展开的列表中单击SUMIFS选项，如下图所示。

步骤06 设置函数参数。弹出"函数参数"对话框，分别设置相应的函数参数，如下图所示。设置完成后，单击"确定"按钮。

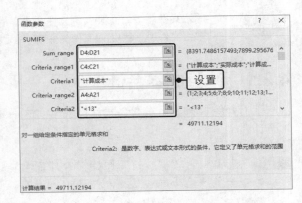

步骤07 计算所有车间各个项目的计算成本合计。❶在编辑栏更改公式中单元格的引用方式，更改后的公式为"=SUMIFS(D4:D21,$C$4:$C$21,"计算成本",$A$4:$A$21,"<13")"，按下【Enter】键，计算公式结果，❷向右复制公式，计算所有车间各个项目的计算成本合计，如下图所示。

步骤08 计算所有车间各个项目的实际成本合计。❶在单元格D21中输入公式"=SUMIFS(D4:D21,$C$4:$C$21,"实际成本",$A$4:$A$21,"<13")"，按下【Enter】键，计算公式结果，❷向右复制公式至K21，计算所有车间各个项目的实际成本合计，如下图所示。

重点函数介绍：SUMIFS 函数

　　SUMIFS 函数用于计算满足多个条件的全部参数的总和。其语法结构为 SUMIFS(sum_range, criteria_range1,criteria1,[criteria_range2,criteria2],…)。参数 sum_range 指定要求和的单元格区域；参数 criteria_range1 指定用于条件判断的单元格区域；参数 criteria1 指定数字、表达式或文本形式的条件，它定义了单元格求和的范围。SUMIFS 函数最多可以输入 127 个区域 / 条件对。

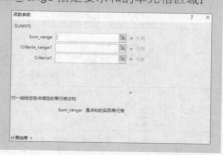

　　本实例中的公式"=SUMIFS(D4:D21, $C$4:$C$21,"计算成本 ",$A$4:$A$21,"<13")"，是对一至六车间在生产 A 产品时的计算成本进行求和。

4.2.2　计算成本差异率

　　下面介绍如何使用公式计算成本差异率。若所得结果为负数，表示该部门的实际成本比计算成本小，为节约差异；若所得结果为正数，表示该部门的实际成本比计算成本大，为超支差异。在计算完成后，还将设置单元格条件格式，突出显示值得关注的差异率。

步骤01　合并单元格。❶选中单元格区域 L4:L5，❷在"开始"选项卡下的"对齐方式"组中单击"合并后居中"按钮，如下图所示。使用相同方法合并其他需要合并的单元格。

步骤02　计算成本差异率。❶在合并后的单元格 L4 中输入公式"=(K5-K4)/K4"，按下【Enter】键，计算公式结果，❷向下复制公式至 L21，计算各个部门的成本差异率，如下图所示。

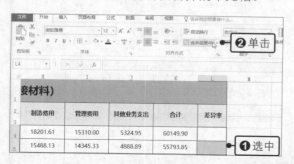

步骤03　设置百分比样式。❶选中单元格区域 L4:L21，❷在"开始"选项卡下的"数字"组中单击"百分比样式"按钮，如下图所示。

步骤04　增加小数位数。在"开始"选项卡下的"数字"组中连续单击两次"增加小数位数"按钮，如下图所示。

步骤05 启用条件格式功能。保持选中单元格区域L4:L21，❶在"开始"选项卡下的"样式"组中单击"条件格式"按钮，❷在展开的列表中依次单击"突出显示单元格规则>大于"选项，如下图所示。

步骤06 设置条件格式。弹出"大于"对话框，❶在文本框中输入"0"，❷设置单元格样式为"浅红填充色深红色文本"，❸单击"确定"按钮，完成设置，如下图所示。

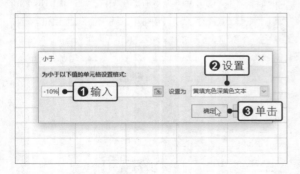

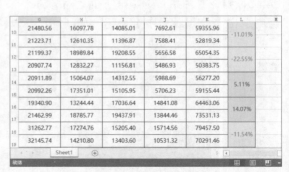

步骤07 设置条件格式。使用相同的方法，打开"小于"对话框，❶在文本框中输入"-10%"，❷设置单元格样式为"黄填充色深黄色文本"，❸单击"确定"按钮，完成设置，如下图所示。

步骤08 查看条件格式设置结果。设置完成后，选中的单元格区域按设置的格式突出显示符合条件的单元格，可以快速查看其中计算成本与实际成本差异较大的车间，如下图所示。

4.3 创建日销售额统计明细表

在本节中，假设已经创建了一个一段时期内的每日销售明细表，表中记录的销售数据包含日期、部门、产品名称、销售数量、单价等。现在需要方便地查看销售额的统计情况，能够选择要查看的日期，显示各部门销售各种产品的统计数据，以便进一步进行比较和分析。

◎ 原始文件：下载资源\实例文件\第4章\原始文件\创建日销售额统计明细表.xlsx
◎ 最终文件：下载资源\实例文件\第4章\最终文件\创建日销售额统计明细表.xlsx

4.3.1 创建原始数据表

下面介绍如何创建企业日销售额统计明细表，并使用数据验证、定义名称等功能对表格进行编辑。

步骤01　查看原始数据。打开原始文件，查看表格中记录的不同日期的产品销售情况，如下图所示。

步骤02　计算销售额。❶在单元格F2中输入公式"=D2*E2"，按下【Enter】键，计算公式结果，❷向下复制公式至单元格F39，计算不同日期的销售额，如下图所示。

步骤03　启用定义名称功能。在"公式"选项卡下的"定义的名称"组中单击"定义名称"按钮，如下图所示。

步骤04　新建名称。弹出"新建名称"对话框，❶在"名称"文本框中输入"日期"，❷设置"引用位置"为"=OFFSET(数据统计表!$A$1,1,,COUNTA(数据统计表!$A:$A)-1,)"，❸单击"确定"按钮，如下图所示。

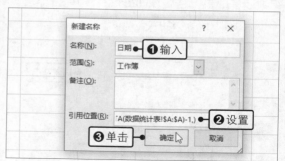

步骤05　新建名称。再次打开"新建名称"对话框，❶在"名称"文本框中输入"ma"，❷设置"引用位置"为"=MATCH(日期,日期)"，❸单击"确定"按钮，如下图所示。

步骤06　新建名称。打开"新建名称"对话框，❶在"名称"文本框中输入"x"，❷设置"引用位置"为"=ROUND(SUM(1/COUNTIF(日期,日期)),0)"，❸单击"确定"按钮，如下图所示。

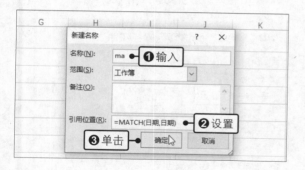

提示 定义"日期"名称

在定义"日期"名称时，设置"引用位置"为"=OFFSET(数据统计表 !$A$1,1,,COUNTA(数据统计表 !$A:$A)-1,)"。其中，"COUNTA(数据统计表 !$A:$A)-1"指定的是一个动态列表，由 A 列中的数据个数决定。整个公式的含义实际是在 A 列中定义一个动态名称区域。

提示 定义x名称

定义的 x 名称，实际是计算出 A 列中每一个唯一的日期值出现的次数。

步骤07 计算不重复日期。❶在单元格H2中输入公式"=IF(ROW($A1)<=x,INDEX(日期,SMALL(IF(ma=ROW(INDIRECT("1:"&ROWS(日期))),ROW(INDIRECT("1:"&ROWS(日期)))),ROW($A1))),"")"，按下【Ctrl+Shift+Enter】组合键，计算公式结果，❷向下复制公式，计算表格中出现的不重复的日期，并调整表格格式，如右图所示。

步骤08 启用定义名称功能。❶选中公式计算结果所在的单元格区域H2:H22，❷单击"定义名称"按钮，如下图所示。

步骤09 新建名称。打开"新建名称"对话框，❶在"名称"文本框中输入"查询日期"，❷设置"引用位置"为单元格区域H2:H22，❸单击"确定"按钮，如下图所示。

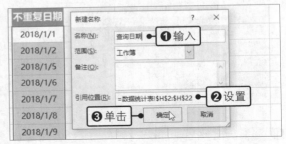

步骤10 设置数据验证。❶在工作表"明细查询表"中选中单元格E2，❷在"数据"选项卡下的"数据工具"组中单击"数据验证"按钮，如下图所示。

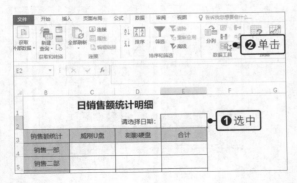

步骤11 设置数据验证条件。弹出"数据验证"对话框，❶在"设置"选项卡下设置"允许"为"序列"，❷设置"来源"为"=查询日期"，如下图所示。设置完成后，单击"确定"按钮。

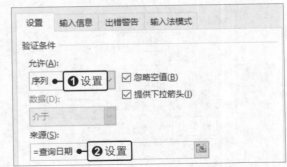

步骤12　使用数据验证功能。返回工作表，❶单击单元格E2右侧的下三角按钮，❷在展开的列表中可选择需要查询的日期，如右图所示。

4.3.2　制作销售额明细查询表

下面介绍如何使用公式计算产品的日销售额，并使用数据验证功能快速查看指定日期的销售额明细数据。

步骤01　计算产品的日销售额。切换到工作表"明细查询表"，在单元格C4中输入公式"=SUMPRODUCT((数据统计表!\$A\$2:\$A\$39=明细查询表!\$E\$2)*1,(数据统计表!\$B\$2:\$B\$39=明细查询表!\$B4)*1,(数据统计表!\$C\$2:\$C\$39=明细查询表!C\$3)*1,数据统计表!\$F\$2:\$F\$39)"，按下【Enter】键，计算公式结果，如下图所示。

步骤02　复制公式。分别向右、向下复制公式，计算各个产品在各个销售部门的日销售额，如下图所示。

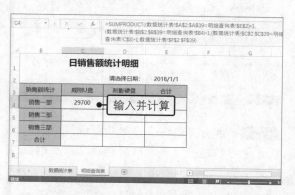

步骤03　使用自动求和功能。❶选中单元格区域E4:E6，❷在"公式"选项卡下的"函数库"组中单击"自动求和"按钮，如下左图所示。

步骤04　计算合计。❶选中单元格区域C7:E7，❷在"公式"选项卡下的"函数库"组中单击"自动求和"按钮，如下右图所示。

步骤05 选择查询日期。完成表格数据的计算后，可以选择日期以查询相应数据，❶单击单元格E2右侧的下三角按钮，❷在展开的列表中选择需要查看的日期选项，如"2018/1/7"，如下图所示。

步骤06 查看统计明细数据。"日销售额统计明细"表格中显示指定查询日期的销售数据，如下图所示。

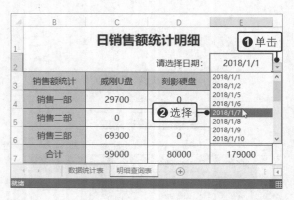

步骤07 隐藏工作表。❶右击"数据统计表"工作表标签，❷在弹出的快捷菜单中单击"隐藏"命令，如下图所示。

步骤08 查看工作表。设置完成后，可以看到工作表"数据统计表"被隐藏，工作簿窗口中仅显示需要的工作表，如下图所示。

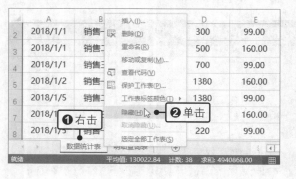

专栏　自定义筛选数据

在筛选表格数据时，除了可以使用高级筛选功能外，还可以使用自动筛选功能，自定义筛选的条件。下面介绍具体的操作方法。

◎ 原始文件：下载资源\实例文件\第4章\原始文件\自定义筛选数据.xlsx
◎ 最终文件：下载资源\实例文件\第4章\最终文件\自定义筛选数据.xlsx

步骤01　启用筛选功能。打开原始文件，❶选中标题行中的任意单元格，❷在"数据"选项卡下的"排序和筛选"组中单击"筛选"按钮，如下图所示。

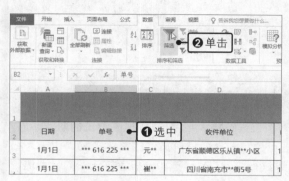

步骤02　自定义筛选功能。❶单击单元格L2右侧的下三角按钮，❷在展开的列表中依次单击"文本筛选>自定义筛选"选项，如下图所示。

步骤03　自定义筛选方式。弹出"自定义自动筛选方式"对话框，❶设置自定义筛选条件的"寄件类型"为"等于""贵重"，❷单击"确定"按钮，完成设置，如下图所示。

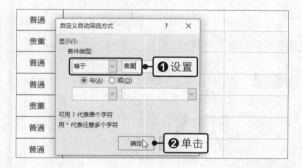

步骤04　显示筛选结果。工作表显示满足自定义条件的筛选结果，如下图所示。

读书笔记

第5章 统计函数在公式中的应用

统计函数是用于对数据区域进行统计分析的函数，如在提供一组给定的数据后进行平均值、最大值或最小值的计算，或进行回归分析和各种分布分析等。当表格中含有大量的数据信息时，可以使用统计函数对数据进行数据统计，并通过不同数据的最值、平均值等数据信息，快速分析各项数据的趋势。

5.1 创建员工考核指标分析表

企业在提高经营效率的同时，还需要不定期地对员工进行培训与考核，以提高员工的职业素质。在考核完成后，企业还需要根据考核成绩对员工进行评定，从而了解员工的整体情况。由于考核项目较多，因此可以对不同考核项目的相关分数结果进行统计，并计算和分析考核成绩的最大值、最小值、众数、中位数等相关数据信息。

◎ 原始文件：下载资源\原始文件\第5章\原始文件\创建员工考核指标分析表.xlsx
◎ 最终文件：下载资源\原始文件\第5章\最终文件\创建员工考核指标分析表.xlsx

5.1.1 分析考核成绩中的最值

下面介绍如何创建员工考核指标分析表，并使用不同的统计函数计算员工考核成绩中的最值。

步骤01 查看表格数据。打开原始文件，查看表格中记录的员工考核成绩相关数据信息，如下图所示。

步骤02 插入函数。❶选中单元格G3，❷在"公式"选项卡下的"函数库"组中单击"其他函数"按钮，❸在展开的列表中依次单击"统计>MAX"函数，如下图所示。

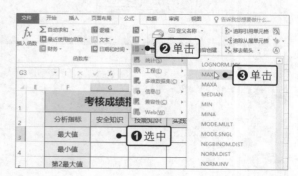

步骤03 设置函数参数。弹出"函数参数"对话框，设置函数的参数，如下左图所示。设置完成后，单击"确定"按钮。

步骤04 查看计算结果。返回工作表，单元格G3中显示公式计算结果，在编辑栏中可查看公式内容，如下右图所示。

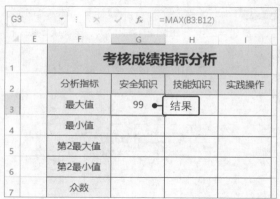

重点函数介绍：MAX 函数

　　MAX 函数用于返回一组数值中的最大值，忽略逻辑值及文本。其语法结构为 MAX(number1,number2,…)。参数指定准备从中求取最大值的 1 ～ 255 个数值、空单元格、逻辑值或文本数值。

步骤05　复制公式。向右拖动鼠标复制公式，计算不同项目考核成绩的最大值，如下图所示。

步骤06　计算最小值。❶在单元格G4中输入公式"=MIN(B3:B12)"，按下【Enter】键，计算公式结果，❷向右复制公式，计算不同项目考核成绩的最小值，如下图所示。

G3	fx	=MAX(B3:B12)		
E	F	G	H	I / J

考核成绩指标分析			
分析指标	安全知识	技能知识	实践操作
最大值	99	90	98
最小值			
第2最大值			
第2最小值			
众数			

复制

G4	fx	=MIN(B3:B12)		
E	F	G	H	I / J

考核成绩指标分析			
分析指标	安全知识	技能知识	实践操作
最大值	99	90	98
最小值	36	55	35
第2最大值			
第2最小值			
众数			

❶输入并计算　❷复制

重点函数介绍：MIN 函数

　　MIN 函数用于返回一组数值中的最小值，忽略逻辑值及文本。其语法结构为 MIN(number1,number2,…)。参数指定准备从中求取最小值的 1 ～ 255 个数值、空单元格、逻辑值或文本数值。

步骤07　计算第2最大值。❶在单元格G5中输入公式"=LARGE(B3:B12,2)"，按下【Enter】键，计算公式结果，❷向右复制公式，计算不同项目考核成绩的第2最大值，如下图所示。

步骤08　计算第2最小值。❶在单元格G6中输入公式"=SMALL(B3:B12,2)"，按下【Enter】键，计算公式结果，❷向右复制公式，计算不同项目考核成绩的第2最小值，如下图所示。

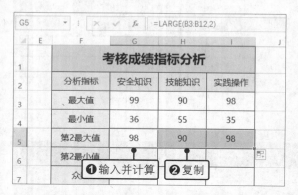

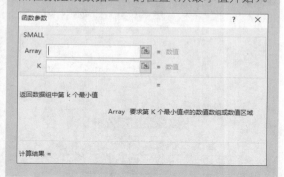

重点函数介绍：LARGE 函数

LARGE 函数用于返回数据组中第 k 个最大值。其语法结构为 LARGE(array,k)。参数 array 指定用于计算第 k 个最大值点的数值数组或数值区域；参数 k 指定要返回的最大值点在数组或数据区中的位置（从最大值开始）。

重点函数介绍：SMALL 函数

SMALL 函数用于返回数据组中第 k 个最小值。其语法结构为 SMALL(array,k)。参数 array 指定用于计算第 k 个最小值点的数值数组或数值区域；参数 k 指定要返回的最小值点在数组或数据区中的位置（从最小值开始）。

5.1.2　众数、中位数、平均值的计算

下面介绍如何使用统计函数分析计算员工考核成绩中的众数、中位数和平均数数据信息。

步骤01　计算众数。❶在单元格G7中输入公式"=MODE(B3:B12)"，按下【Enter】键，计算公式结果，❷向右复制公式，计算不同项目考核成绩的众数，如下左图所示。由于安全知识考核成绩无众数，单元格G7中无法返回正确值，此时可以将其设置为"无"。

步骤02　计算中位数。❶在单元格G8中输入公式"=MEDIAN(B3:B12)"，按下【Enter】键，计算公式结果，❷向右复制公式，计算不同项目考核成绩的中位数，如下右图所示。

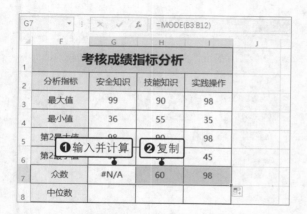

G7		fx	=MODE(B3:B12)	

考核成绩指标分析

分析指标	安全知识	技能知识	实践操作
最大值	99	90	98
最小值	36	55	35
第2最大值	98	90	98
第2最小值			45
众数	#N/A	60	98
中位数			

❶输入并计算　❷复制

G8		fx	=MEDIAN(B3:B12)	

考核成绩指标分析

分析指标	安全知识	技能知识	实践操作
最大值	99	90	98
最小值	36	55	35
第2最大值	98	90	98
第2最小值	50	56	45
众数			98
中位数	76	69	69.5

❶输入并计算　❷复制

重点函数介绍：MODE 函数

MODE 函数用于返回一组数据或数据区域中的众数，即出现频率最高的数。其语法结构为 MODE(number1,number2,…)。参数指定 1 ～ 255 个数值、名称、数组或对数值的引用，用以求众数。

此函数与 Excel 2007 和早期版本兼容。
返回一组数据或数据区域中的众数(出现频率最高的数)

Number1: number1,number2,… 是 1 到 255 个数值、名称、数组或对数值的引用，用以求众数

重点函数介绍：MEDIAN 函数

MEDIAN 函数用于返回一组数据的中值。其语法结构为 MEDIAN(number1,number2,…)。参数指定 1 ～ 255 个数字、名称、数组或对数值的引用。

返回一组数的中值

Number1: number1,number2,… 是用于中值计算的 1 到 255 个数字、名称、数组，或者是数值引用

步骤03 计算平均值。❶在单元格G9中输入公式"=AVERAGE(B3:B12)"，按下【Enter】键，计算公式结果，❷向右复制公式，计算不同项目考核成绩的平均值，如下图所示。

步骤04 计算25%处的数据。❶在单元格G10中输入公式"=QUARTILE(B3:B12,1)"，按下【Enter】键，计算公式结果，❷向右复制公式，计算不同项目考核成绩的四分位数值，如下图所示。

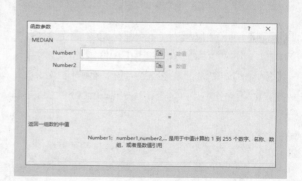

G9		fx	=AVERAGE(B3:B12)	

F	G	H	I
最小值	36	55	35
第2最大值	98	90	98
第2最小值	50	56	45
众数	无	60	98
中位数			69.5
平均值	73.7	71.4	69.6
25%处数据			
75%处数据			

❶输入并计算　❷复制

G10		fx	=QUARTILE(B3:B12,1)	

F	G	H	I
最小值	36	55	35
第2最大值	98	90	98
第2最小值	50	56	45
众数	无	60	98
中位数	76	69	69.5
平均值			69.6
25%处数据	61.25	60	56.25
75%处数据			

❶输入并计算　❷复制

重点函数介绍：AVERAGE 函数

AVERAGE 函数用于返回参数的算术平均值，参数可以是数值或包含数值的名称、数组或引用。其语法结构为 AVERAGE(number1, number2,…)。参数指定 1 ～ 255 个数值或包含数值的名称、数组或引用。

重点函数介绍：QUARTILE 函数

QUARTILE 函数用于返回一组数据的四分位点。其语法结构为 QUARTILE(array,quart)。参数 array 指定计算其四分位点的数值数组或数值区域；参数 quart 指定数字，按四分位从小到大依次为 0 ～ 4。

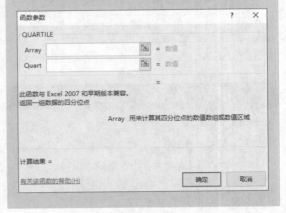

步骤05 计算75%处的数据。❶在单元格G11中输入公式"=QUARTILE(B3:B12,3)"，按下【Enter】键，计算公式结果，❷向右复制公式，计算不同项目考核成绩的四分位数值，如下图所示。

步骤06 计算标准偏差。❶在单元格G12中输入公式"=STDEV(B3:B12)"，按下【Enter】键，计算公式结果，❷向右复制公式，计算不同项目考核成绩的标准偏差，如下图所示。

	F	G	H	I	J
7	众数	无	60	98	
8	中位数	76	69	69.5	
9	平均值	73.7	71.4	69.6	
10	25%处数据	61.25	60	56.25	
11	75%处			85.5	
12	标准偏差	21.234406	14.49291	21.63947	
13					

重点函数介绍：STDEV 函数

STDEV 函数用于估算基于给定样本的标准偏差。其语法结构为 STDEV(number1,number2,…)。参数指定与总体抽样样本相应的 1 ～ 255 个数值，可以是数值，也可以是包含数值的引用。

5.2　创建企业生产产量预测表

　　企业在生产经营的过程中，时常需要根据已有的产量情况对未来产量进行预测分析。预测生产产量是实际工作中较为常见的一种数据预测，它需要根据已知的某一段时间内的实际产量，预测未来一段时间内可能生产的产量。常见的数据预测方法有两种：一种是线性预测法，另一种是指数预测法。在 Excel 中，可以根据实际需要选择合适的函数进行数据预测。

◎　原始文件：下载资源\原始文件\第5章\原始文件\创建企业生产产量预测表.xlsx
◎　最终文件：下载资源\原始文件\第5章\最终文件\创建企业生产产量预测表.xlsx

5.2.1　线性预测产量分析法

　　下面介绍如何创建企业生产产量预测表，并使用统计函数对需要预测的数据进行线性预测分析。

步骤01　查看表格数据。打开原始文件，查看表格中记录的企业上半年的生产产量情况，如下图所示。

步骤02　输入统计分析项目。❶在单元格A9、A10中分别输入"回归统计值："和"LINEST函数分析"，设置好表格格式，❷选中单元格区域A11:B15，如下图所示。

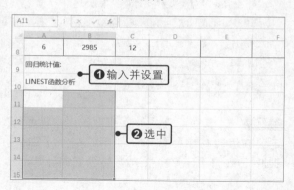

步骤03　插入函数。❶切换到"公式"选项卡，❷单击"插入函数"按钮，如下图所示。

步骤04　选择函数类别。弹出"插入函数"对话框，❶单击"或选择类别"右侧的下三角按钮，❷在展开的列表中单击"统计"选项，如下图所示。

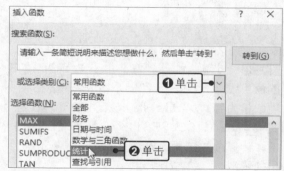

步骤05 选择函数。在"选择函数"列表框中单击LINEST选项，如下图所示。设置完成后，单击"确定"按钮。

步骤06 设置函数参数。跳转至"函数参数"对话框，分别设置相应的函数参数，如下图所示。设置完成后，单击"确定"按钮。

重点函数介绍：LINEST 函数

LINEST 函数用于返回线性回归方程的参数。其语法结构为 LINEST(known_y's,known_x's,const,stats)。参数 known_y's 指定满足线性拟合直线 $y=mx+b$ 的一组已知的 y 值；参数 known_x's 指定满足线性拟合直线 $y=mx+b$ 的一组已知的 x 值，为可选的参数；参数 const 指定逻辑值，用以指定是否要强制常数 b 为 0，如果 const=TRUE 或忽略，则 b 取正常值，如果 const=FALSE，则 $b=0$；参数 stats 指定逻辑值，如果返回附加的回归统计值，返回 TRUE，如果返回系数 m 和常数 b，返回 FALSE。

步骤07 计算数组公式。返回工作表，将光标定位在编辑栏中，如下图所示，按下【Ctrl+Shift+Enter】组合键，完成数组公式的计算。

步骤08 查看公式计算结果。设置好表格格式，计算结果如下图所示。

步骤09 计算线性预测值。由于单元格B11中的值为线性方程 $y=mx+b$ 的系数 m，单元格A11中的值为常数 b，❶因此在单元格D3中输入公式"=\$A\$11*C3+\$B\$11"，按下【Enter】键，计算公式结果，❷复制公式，计算不同月份的预测值，如右图所示。

5.2.2　指数预测产量分析法

下面介绍如何使用统计函数对需要预测的数据进行指数预测分析。

步骤01　设置LOGEST函数分析。❶在单元格D10中输入"LOGEST函数分析"，设置好表格格式，❷选中单元格区域D11:E15，如下图所示。

步骤02　使用函数分析。在编辑栏中输入公式"=LOGEST(B3:B8,A3:A8,,1)"，按下【Ctrl+Shift+Enter】组合键完成计算，在选定单元格区域中显示公式计算结果，如下图所示。

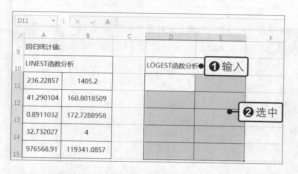
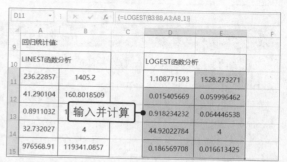

重点函数介绍：LOGEST 函数

LOGEST 函数用于返回指数回归拟合曲线方程的参数。其语法结构为 LOGEST(known_y's, known_x's,const,stats)。参数 known_y's 指定满足指数回归拟合曲线 $y=bm^x$ 的 y 值；参数 known_x's 指定满足指数回归拟合曲线 $y=bm^x$ 的 x 值，为可选参数；参数 const 指定逻辑值，用以指定是否要强制常数 b 为 0，如果 const=TRUE 或忽略，则 b 取正常值，如果 const=FALSE，则 b=1；参数 stats 指定逻辑值，如果返回附加的回归统计值，则返回 TRUE，如果返回系数 m 和常数 b，则返回 FALSE 或忽略。

步骤03　计算指数预测值。由于计算结果中单元格E11的数值为方程 $y=bm^x$ 的系数 m，单元格D11中的数值为常数 b，❶因此在单元格E3中输入公式"=$E$11*$D$11^C3"，按下【Enter】键，计算公式结果，❷复制公式，计算不同月份的指数预测产量结果，如右图所示。

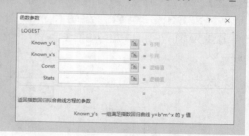

5.2.3　数组公式预测产量分析法

下面介绍如何使用数组公式对需要预测的数据进行线性数组预测与指数数组预测。

步骤01　计算线性数组预测。❶选中单元格区域F3:F8，❷在编辑栏中输入公式"=TREND(B3:B8,A3:A8,C3:C8)"，如下左图所示。

步骤02　计算数组公式结果。完成公式的输入后，按下【Ctrl+Shift+Enter】组合键计算公式，单元格区域F3:F8中显示线性数组预测结果，如下右图所示。

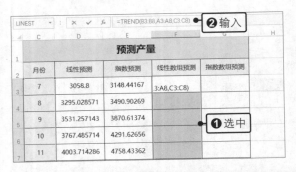

重点函数介绍：TREND 函数

TREND 函数用于返回线性回归拟合直线的一组纵坐标值，即 y 值。其语法结构为 TREND (known_y's,known_x's,new_x's,const)。参数 known_y's 指定满足线性拟合直线 $y=mx+b$ 的一组已知的 y 值；参数 known_x's 指定满足线性拟合直线 $y=mx+b$ 的一组已知的 x 值，为可选参数；参数 new_x's 指定一组新 x 值，希望通过 TREND 函数推算出相应的 y 值；参数 const 指定逻辑值，用以指定是否要强制常数 b 为 0，如果 const=TRUE 或忽略，则 b 取正常值，如果 const=FALSE，则 $b=0$。

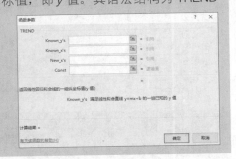

步骤03 计算指数数组预测。❶选中单元格区域 G3:G8，❷在编辑栏中输入公式"=GROWTH (B3:B8,A3:A8,C3:C8)"，如下图所示。

步骤04 计算数组公式结果。完成公式的输入后，按下【Ctrl+Shift+Enter】组合键计算公式，单元格区域 G3:G8 中显示指数数组预测结果，如下图所示。

重点函数介绍：GROWTH 函数

GROWTH 函数用于返回指数回归拟合曲线的一组纵坐标值，即 y 值。其语法结构为 GROWTH (known_y's,known_x's,new_x's,stats)。参数 known_y's 指定满足指数回归拟合曲线 $y=bm^x$ 的 y 值；参数 known_x's 指定满足指数回归拟合曲线 $y=bm^x$ 的 x 值，为可选参数；参数 new_x's 指定一组新 x 值，希望通过 GROWTH 函数推算出相应的 y 值；参数 const 指定逻辑值，用以指定是否要强制常数 b 为 1，如果 const=TRUE 或忽略，则 b 取 1，如果 const=FALSE，则 b 按正常方式计算。

步骤05 判断预测结果。❶在单元格E16中输入"结果："，设置好单元格格式，❷在单元格F16中输入公式 "=IF(A14>D14,"线性预测法","指数预测法")&"更接近真实""，如下图所示。

步骤06 显示判断结果。按下【Enter】键，完成公式的计算，单元格F16中显示公式计算结果，如下图所示。

步骤07 隐藏行。❶选中表格中的第9～15行单元格并右击，❷在弹出的快捷菜单中单击"隐藏"命令，如下图所示。

步骤08 查看表格效果。此时选中行的单元格被隐藏，适当调整表格格式，查看制作好的企业产量预测表，效果如下图所示。

5.3 创建员工销售情况统计分析表

在实际工作中，除了需要将企业每天的销售情况进行记录外，还需要根据记录的数据信息对销售情况进行统计与分析。通常情况下，可以将一段时间内的销售情况进行记录和统计，计算各个销售人员的销售数量并进行排名，从而对企业的整体销售状况有更加直观的了解，能帮助企业采取相应措施，有效提高销售量。

◎ 原始文件：下载资源\原始文件\第5章\原始文件\创建员工销售情况统计分析表.xlsx
◎ 最终文件：下载资源\原始文件\第5章\最终文件\创建员工销售情况统计分析表.xlsx

5.3.1 销售数据统计与分析

下面介绍如何创建员工销售情况统计分析表，并使用不同的统计函数对销售记录表中的数据进行统计计算，了解企业员工的具体销售情况。

步骤01 查看表格数据。打开原始文件，查看表格中记录的销售情况相关数据信息，创建销售统计分析表格，如下左图所示。

步骤02 计算销售量。在单元格F3中输入公式"=SUMIF(B3:B17,E3,C3:C17)"，按下【Enter】键，计算公式结果，如下右图所示。

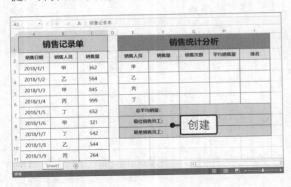

步骤03 复制公式。❶在编辑栏中更改公式为"=SUMIF($B$3:$B$17,E3,$C$3:$C$17)"，按下【Enter】键，计算公式结果，❷向下复制公式，计算不同员工的销售量，如下图所示。

步骤04 插入函数。❶选中单元格G3，❷在"公式"选项卡下的"函数库"组中单击"其他函数"按钮，❸在展开的列表中单击"统计>COUNTIF"选项，如下图所示。

步骤05 设置函数参数。弹出"函数参数"对话框，❶设置不同的函数参数，❷单击"确定"按钮，如下图所示。

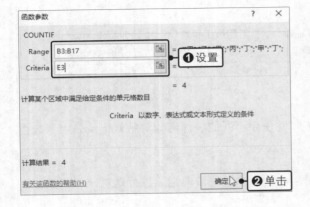

步骤06 复制公式。返回工作表，❶在编辑栏中将公式更改为"=COUNTIF($B$3:$B$17,E3)"，按下【Enter】键，计算公式结果，❷向下复制公式，计算不同员工的销售次数，如下图所示。

重点函数介绍：COUNTIF 函数

COUNTIF 函数用于计算某个单元格区域中满足给定条件的单元格数目。其语法结构为 COUNTIF(range,criteria)。参数 range 指定要计算其中满足给定条件单元格数目的单元格区域；参数 criteria 指定以数字、表达式或文本形式定义的条件。

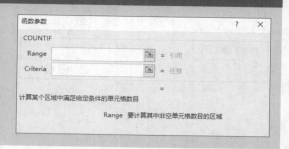

步骤07 计算平均销售量。❶在单元格H3中输入公式"=F3/G3"，按下【Enter】键，计算公式结果，❷复制公式，计算不同员工的平均销售量，如下图所示。

步骤08 计算总平均销量。在单元格G7中输入公式"=AVERAGE(C3:C17)"，按下【Enter】键，计算公式结果，如下图所示。

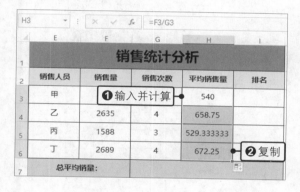

5.3.2 销售员工评定与排名

下面介绍如何使用统计函数根据销售量对销售员工进行排名，并通过对单元格格式的设置，完成表格的制作。

步骤01 启用条件格式功能。❶选中单元格区域H3:H6，❷在"开始"选项卡下的"样式"组中单击"条件格式"按钮，❸在展开的列表中依次单击"突出显示单元格规则>大于"选项，如右图所示。

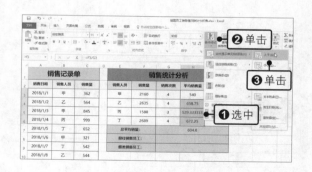

步骤02 设置条件格式。弹出"大于"对话框，❶设置引用单元格G7中的数值，❷设置单元格样式为"浅红填充色深红色文本"，❸单击"确定"按钮，如下左图所示。

步骤03 查看格式效果。返回工作表，可以看到大于总平均销量的单元格显示了设置的格式效果，如下右图所示。

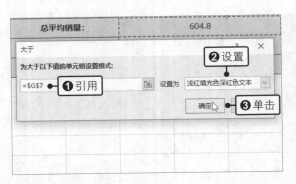

步骤04 计算最佳销售员工。在单元格G8中输入公式"=INDEX(E3:H6,MATCH(MAX(H3:H6),H3:H6),1)"，按下【Enter】键，计算公式结果，如下图所示。

步骤05 计算最差销售员工。在单元格G9中输入公式"=INDEX(E3:H6,MATCH(MIN(H3:H6),H3:H6,0),1)"，按下【Enter】键，计算公式结果，如下图所示。

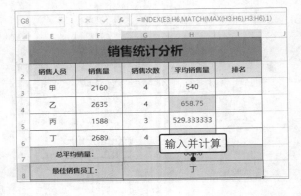

步骤06 插入函数。❶选中单元格I3，❷在"公式"选项卡下的"函数库"组中单击"其他函数"按钮，❸在展开的列表中依次单击"统计>RANK.AVG"选项，如下图所示。

步骤07 设置函数参数。弹出"函数参数"对话框，设置相应的参数，如下图所示。设置完成后，单击"确定"按钮。

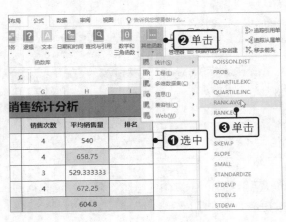

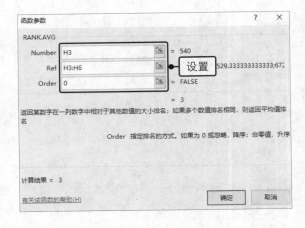

步骤08 更改单元格引用方式。返回工作表，❶在编辑栏中更改公式中单元格的引用方式，更改后的公式为"=RANK.AVG(H3,$H$3:$H$6,0)"，按下【Enter】键，计算公式结果，❷向下复制公式，计算各个员工的排名，如下左图所示。

步骤09　查看表格。完成销售统计分析表的制作后，查看统计分析的相关数据，如下右图所示。

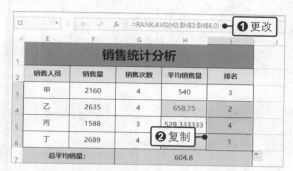

重点函数介绍：RANK.AVG 函数

RANK.AVG 函数用于返回某数字在一列数字中相对于其他数值的大小排名，如果多个数值排名相同，则返回平均值排名。其语法结构为 RANK.AVG (number,ref,order)。参数 number 指定数字；参数 ref 指定一组数或对一个数据列表的引用，非数字值将被忽略；参数 order 指定排名的方式，如果为 0 或忽略，则为降序，如果为非零值，则为升序。

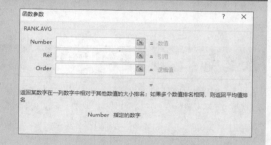

专栏　统计单元格个数

在实际工作中，常常需要对众多的数据进行统计，计算出各项数据的相关数量，此时可以通过使用统计函数对选定单元格的个数按不同的类型进行统计，从而快速查看数据记录情况。下面以制作材料购置进度表为例，介绍如何使用统计函数统计不同类型的单元格个数，从而了解材料购置进度。

◎　原始文件：下载资源\原始文件\第5章\原始文件\统计单元格个数.xlsx
◎　最终文件：下载资源\原始文件\第5章\最终文件\统计单元格个数.xlsx

步骤01　创建表格。打开原始文件，查看材料购置数据，创建"购置进度统计"表格，输入相关项目内容，设置好表格格式，如下图所示。

步骤02　统计单元格个数。在单元格I2中输入公式"=ROWS(B3:E13) *COLUMNS(B3:E13)"，按下【Enter】键，计算公式结果，查看材料购置种类的总数目，如下图所示。

步骤03 计算非空值单元格的个数。在单元格 I3中输入公式"=COUNTA(B3:E13)"，按下 【Enter】键，计算公式结果，查看已购置材料 种类的数目，如下图所示。

步骤04 计算空值单元格的个数。在单元格I4 中输入公式"=COUNTBLANK(B3:E13)"，按 下【Enter】键，计算公式结果，查看未购置材 料种类的数目，如下图所示。

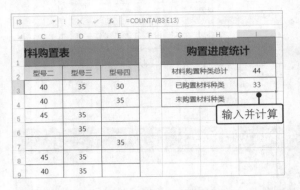

重点函数介绍：COUNTA 函数

COUNTA 函数用于计算单元格区域中 的非空单元格个数。其语法结构为 COUNTA (value1,value2,…)。参数指定要计数的 1～255 个单元格区域。

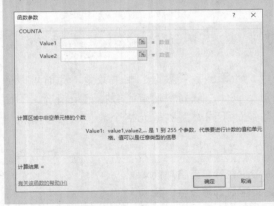

重点函数介绍：COUNTBLANK 函数

COUNTBLANK 函数用于计算某个区域 中空单元格的数目。其语法结构为 COUNT-BLANK(range)。参数 range 指定要计算空单 元格数目的区域。

读书笔记

财务函数在公式中的应用

在企业经营管理中，常常会涉及财务计算问题，如企业的贷款偿还方案、固定资产折旧计算等，此时手动进行计算不仅烦琐，而且容易出现错误。本章将介绍如何在 Excel 中使用财务函数对企业资金进行统计与分析，使公司的财务管理更加简单，从而帮助财务人员提高工作效率。

6.1 创建贷款方案分析表

当企业增加投资扩大生产时，如果遇到资金不足的情况，需要采用贷款的方式进行资金的筹集。在选择贷款方式时，企业需要考虑自身的可承受还款额，因此需要分析在不同利率及不同还款期限下的还款额，并选择对企业最有利的贷款方式，从而减轻企业的还款压力，有效扩大生产。

◎ 原始文件：下载资源\实例文件\第6章\原始文件\创建贷款方案分析表.xlsx
◎ 最终文件：下载资源\实例文件\第6章\最终文件\创建贷款方案分析表.xlsx

6.1.1 不同利率与还款期限下的月还款额计算

下面介绍如何创建贷款方案分析表，并使用不同的财务函数计算不同利率与不同还款期限下的月还款额。

步骤01 查看表格数据。打开原始文件，已知企业需要贷款150000元，假定贷款年限为10年，年利率为5%，如下图所示。

步骤02 插入函数。❶选中单元格A6，计算月还款额，❷在"公式"选项卡下的"函数库"组中单击"财务"按钮，❸在展开的列表中单击PMT选项，如下图所示。

步骤03 设置函数参数。弹出"函数参数"对话框，设置相应的函数参数，如下左图所示。设置完成后，单击"确定"按钮。

步骤04 查看计算结果。返回工作表，单元格A6中显示公式计算结果，即月还款额，如下右图所示。

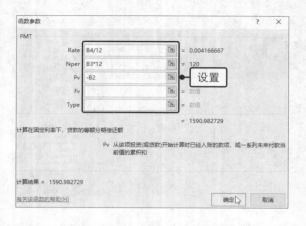

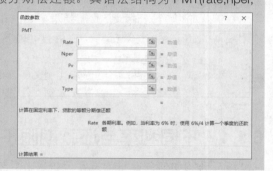

重点函数介绍：PMT 函数

　　PMT 函数用于计算在固定利率下，贷款的等额分期偿还额。其语法结构为 PMT(rate,nper, pv,fv,type)。参数 rate 指定各期利率；参数 nper 指定贷款的付款总期数；参数 pv 指定现值，或一系列未来付款的当前值的累积和，也称为本金；参数 fv 指定未来值，或在最后一次付款后可以获得的现金余额，如果忽略 fv，则认为此值为 0；参数 type 指定数字 0 或 1，用于指定各期的付款时间是在期初还是期末，如果为 0 或忽略，则在期末付款，如果为 1，则在期初付款。

步骤05 使用模拟运算表。❶选中单元格区域 A6:F12，❷在"数据"选项卡下的"预测"组中单击"模拟分析"按钮，❸在展开的列表中单击"模拟运算表"选项，计算在不同利率与不同还款期限下的月还款额，如下图所示。

步骤06 设置模拟运算表。弹出"模拟运算表"对话框，❶设置"输入引用行的单元格"为B3、"输入引用列的单元格"为B4，❷单击"确定"按钮，如下图所示。

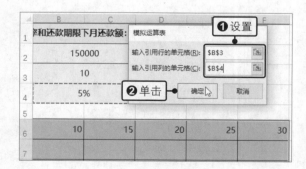

步骤07 查看计算结果。返回工作表，单元格区域A6:F12中显示模拟运算结果，即在不同利率及还款期限下的月还款额，如下左图所示。

步骤08 设置货币格式。❶选中单元格区域B7:F12并右击，❷在弹出的浮动工具栏中单击"会计数字格式"右侧的下三角按钮，❸在展开的列表中单击"￥中文（中国）"选项，如下右图所示。

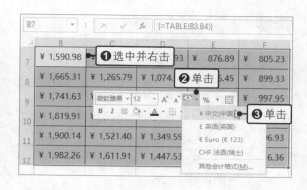

A6		fx	=PMT(B4/12,B3*12,-B2)		
	B	C	D	E	F
5					
6	10	15	20	25	30
7	1590.9827	1186.1904	989.93361	876.88506	805.23243
8	1665.3075	1265.7852	1074.6466	966.4521	800.33570
9	1741.6272	1348.2424	1162.9484	1060.1688	结果
10	1819.9139	1433.4781	1254.6601	1157.7243	1100.6469
11	1900.1366	1521.3999	1349.5889	1258.7945	1206.9339

步骤09 减少小数位数。❶按住【Ctrl】键不放，同时选中单元格A6与单元格区域B7:F12并右击，❷在浮动工具栏中连续单击两次"减少小数位数"按钮，调整单元格数据显示的小数位数，效果如下图所示。

步骤10 设置条件格式。选中单元格区域B7:F12，❶在"开始"选项卡下的"样式"组中单击"条件格式"按钮，❷在展开的列表中依次单击"突出显示单元格规则>介于"选项，如下图所示。

A6		fx	=PMT(B4/12,B3*12,-B2)		
	A	B	C	D	E	F
6	¥1,591		选中并右击	20	25	30
7	5%	¥1,591	¥1,186	¥990	¥877	¥805
8	6%				¥966	¥899
9	7%	¥1,742	¥1,348	¥1,163	¥1,060	¥998
10	8%	¥1,820	¥1,433	❷单击	¥1,158	¥1,101
11	9%	¥1,900	¥1,521	¥1,350	¥1,259	¥1,207
12	10%	¥1,982	¥1,612	¥1,448	¥1,363	¥1,316

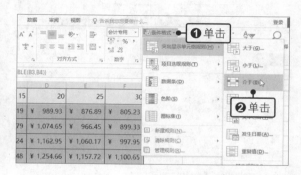

步骤11 设置条件个数。根据企业的可承受月还款额，❶在第一个文本框中输入"¥1200"，在第二个文本框中输入"¥1300"，❷设置格式为"绿填充色深绿色文本"，❸单击"确定"按钮完成设置，如下图所示。

步骤12 显示条件格式。返回工作表，符合条件的单元格区域显示指定的单元格格式效果，如下图所示。

B7		fx	{=TABLE(B3,B4)}		
	B	C	D	E	F
6	10	15	20	25	30
7	¥ 1,590.98	¥ 1,186.19	¥ 989.93	¥ 876.89	¥ 805.23
8	¥ 1,665.31	¥ 1,265.79	¥ 1,074.65	¥ 966.45	¥ 899.33
9	¥ 1,741.63	¥ 1,348.24	¥ 1,162.95	¥ 1,060.17	¥ 997.95
10	¥ 1,819.91	¥ 1,433.48	¥ 1,254.66	¥ 1,157.72	效果
11	¥ 1,900.14	¥ 1,521.40	¥ 1,349.59	¥ 1,258.79	¥ 1,206.93
12	¥ 1,982.26	¥ 1,611.91	¥ 1,447.53	¥ 1,363.05	¥ 1,316.36

6.1.2 固定利率与还款期限下的年还款额计算

计算出不同利率与不同还款期限下的月还款额后，下面介绍如何使用财务函数计算固定利率与还款期限下的年还款额。

步骤01 新建工作表。从符合条件的计算结果可以得出，企业可选择在可承受还款额的情况下，采用利率较低、还款时间较短的方式还款，即选择利率6%、还款期限为15年的方式，❶单击"新工作表"按钮，新建工作表，❷在工作表Sheet2中输入相关项目内容，设置好表格格式，如下图所示。

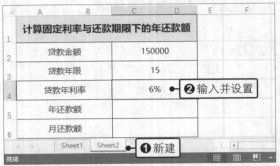

步骤02 计算年还款额。在单元格C5中输入公式"=PMT(C4,C3,-C2)"，按下【Enter】键，计算公式结果，即在固定利率及还款期限下的年还款额，如下图所示。

步骤03 计算月还款额。在单元格B6中输入公式"=C5/12"，按下【Enter】键，计算公式结果，如下图所示。

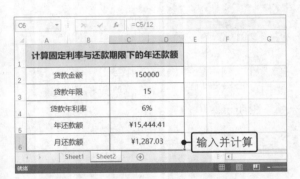

步骤04 编辑年还款额计算表。在表格中编辑不同年限还款本金与利息计算表，输入相应的标题内容，设置1～15个还款年限，并调整好表格格式，如下图所示。

步骤05 输入函数。❶在单元格G3中输入"=PPMT()"，❷单击"插入函数"按钮，如下图所示。

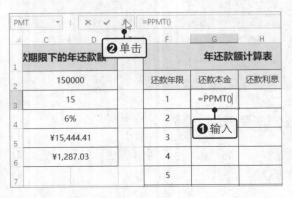

步骤06 编辑参数。弹出"函数参数"对话框，设置相应的函数参数，如下图所示。设置完成后，单击"确定"按钮。

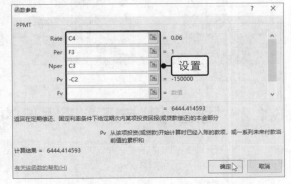

重点函数介绍：PPMT 函数

PPMT 函数用于计算在定期偿还、固定利率条件下给定期次内某项投资回报（或贷款偿还）的本金部分。其语法结构为 PPMT(rate,per,nper,pv,fv,type)。参数 rate 指定各期利率；参数 per 用于计算其本金数额的期数，必须介于 1 和付款总期数 nper 之间；参数 nper 指定贷款的付款总期数；参数 pv 指定现值，或一系列未来付款的当前值的累积和，也称为本金；参数 fv 指定未来值，或在最后一次付款后可以获得的现金余额；参数 type 指定还款时间是在期初还是期末，0 或忽略代表在期末付款，1 代表在期初付款。

参数 rate、per 和 nper 的单位必须一致。若 rate 为月利率，per 和 nper 必须为月数；若 rate 为年利率，则 per 和 nper 必须为年数。

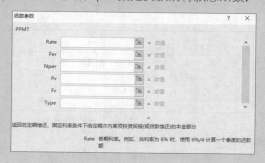

步骤07 计算不同年限的还款本金。返回工作表，❶在编辑栏中将单元格G3中的公式更改为"=PPMT($C$4,F3,$C$3,-$C$2)"，按下【Enter】键，计算公式结果，❷向下复制公式至G17，计算不同年限的还款本金，如下图所示。

步骤08 计算还款利息。❶在单元格H3中输入公式"=IPMT($C$4,F3,$C$3,-$C$2)"，按下【Enter】键，计算公式结果，❷向下复制公式至H17，计算不同年限的还款利息，如下图所示。

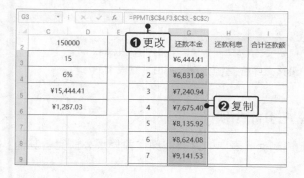

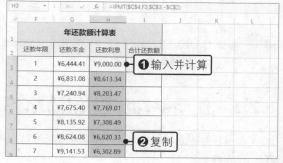

重点函数介绍：IPMT 函数

IPMT 函数用于返回在定期偿还、固定利率条件下给定期次内某项投资回报的利息部分。其语法结构为 IPMT(rate,per,nper,pv,fv,type)。参数 rate 指定各期利率；参数 per 用于计算其本金数额的期数，必须介于 1 和付款总期数 nper 之间；参数 nper 指定贷款的付款总期数；参数 pv 指定现值，或一系列未来付款的当前值的累积和，也称为本金；参数 fv 指定未来值，或在最后一次付款后获得的现金余额，如果忽略 fv，则 fv=0；参数 type 指定还款时间是在期初还是期末，0 或忽略代表在期末付款，1 代表在期初付款。

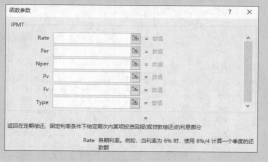

步骤09 计算不同年限的合计还款额。❶在单元格I3中输入公式"=G3+H3"，按下【Enter】键，计算公式结果，❷向下复制公式至I17，计算不同年限的合计还款额，如下图所示。

步骤10 减少小数位数。将工作表中的货币数据全部减少两位小数，适当调整表格格式，完成表格制作，最终效果如下图所示。

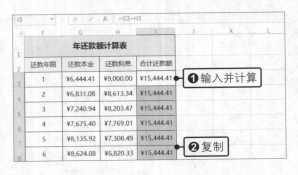

6.2 创建固定资产折旧计算表

固定资产是企业垫支于劳动手段上的资金，是企业经营资产的主要组成部分。固定资产的使用寿命是有限的，在其使用年限内，固定资产会逐年因有形或无形的损耗，而失去其服务潜力。因此企业通常需要将固定资产成本在其有限的使用年限内转换为费用，这个过程就是固定资产折旧。在计算固定资产折旧额时，可选择的方法有多种，如平均年限折旧法、固定余额递减折旧法、双倍余额递减折旧法等。针对不同的固定资产及使用年限，可以选择合适的计算方法进行折旧计算。

◎ 原始文件：下载资源\实例文件\第6章\原始文件\创建固定资产折旧计算表.xlsx
◎ 最终文件：下载资源\实例文件\第6章\最终文件\创建固定资产折旧计算表.xlsx

6.2.1 使用平均年限折旧法计算月折旧额

下面介绍如何使用平均年限折旧法计算固定资产折旧表中的月折旧额，并使用公式完善其他数据的计算。

步骤01 查看原始表格。打开原始文件，查看原始表格数据，选中单元格C4，如下图所示。

步骤02 冻结窗格。❶在"视图"选项卡下的"窗口"组中单击"冻结窗格"按钮，❷在展开的列表中单击"冻结拆分窗格"选项，如下图所示。

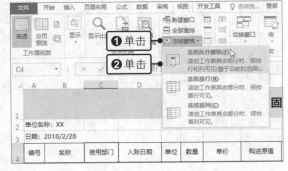

提示　取消冻结窗格

　　冻结窗格能使工作表的某一区域在滚动到工作表的另一区域时仍保持可见，它可以便于查看数据。若需要取消冻结窗格，可以通过在"视图"选项卡下的"窗口"组中单击"冻结窗格 > 取消冻结窗格"选项来实现。

步骤03　输入数据。使用平均年限折旧法可以计算固定资产的月折旧额，首先在表格中输入相关数据内容，如下图所示。

步骤04　计算预计净残值。冻结首行，❶在单元格K5中输入公式"=H5*J5"，按下【Enter】键，计算公式结果，❷复制公式，计算不同设备的预计净残值，如下图所示。

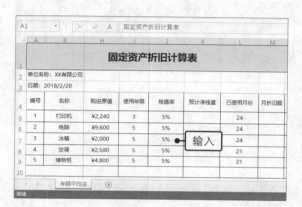

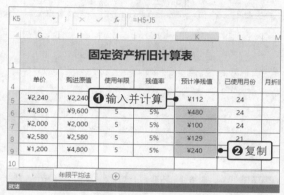

步骤05　插入函数。❶选中单元格M5，计算月折旧额，❷在"公式"选项卡下的"函数库"组中单击"财务"按钮，❸在展开的列表中单击SLN选项，如下图所示。

步骤06　设置函数参数。弹出"函数参数"对话框，设置相应的函数参数，如下图所示。设置完成后，单击"确定"按钮。

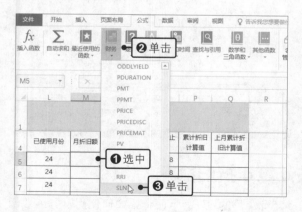

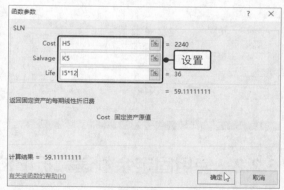

步骤07　复制公式。返回工作表，单元格M5中显示公式计算结果，向下复制公式，计算不同设备的月折旧额，如下左图所示。

步骤08　计算净值。锁定单元格I2，使用"冻结拆分窗格"功能将其冻结，❶在单元格N5中输入公式"=H5-L5*M5"，按下【Enter】键，计算公式结果，❷复制公式，计算不同设备的净值，如下右图所示。

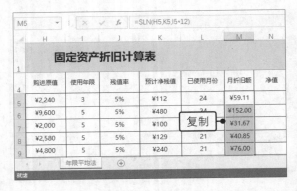

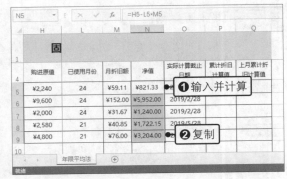

重点函数介绍：SLN 函数

SLN 函数用于返回固定资产的每期线性折旧费。其语法结构为 SLN(cost,salvage,life)。参数 cost 指定固定资产原值；参数 salvage 指定固定资产使用年限终了时的估计残值；参数 life 指定固定资产进行折旧计算的周期总数，也称为固定资产的生命周期。

步骤09 计算累计折旧计算值。❶在单元格P5中输入公式"=M5*L5"，按下【Enter】键，计算公式结果，❷复制公式，计算不同设备的累计折旧计算值，如下图所示。

步骤10 计算上月累计折旧计算值。❶在单元格Q5中输入公式"=P5-M5"，按下【Enter】键，计算公式结果，❷复制公式，计算不同设备的上月累计折旧计算值，如下图所示。

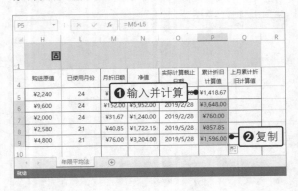

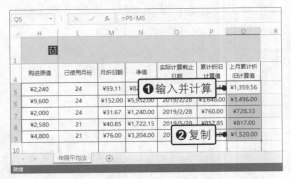

6.2.2 使用固定余额递减折旧法计算年折旧额

假设有一辆使用年限为 10 年、已使用时间为 5 年 6 个月的汽车，下面介绍如何使用财务函数，通过固定余额递减折旧法计算该汽车的年折旧额。

步骤01 输入表格数据。❶新建一个名称为"固定余额递减法"的工作表，❷在工作表中新建表格，输入相关项目的数据信息，并设置好表格格式，如下左图所示。

步骤02 插入函数。❶选中单元格B6，❷在"公式"选项卡下的"函数库"组中单击"财务"按钮，❸在展开的列表中单击DB选项，如下右图所示。

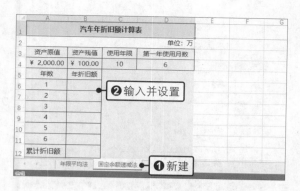

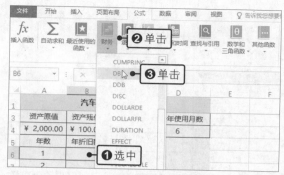

步骤03　设置函数参数。弹出"函数参数"对话框,设置相应的函数参数,如下图所示。设置完成后,单击"确定"按钮。

步骤04　复制公式。返回工作表,❶在编辑栏中将公式更改为"=DB($A$4,$B$4,$C$4,A6,$D$4)",更改其中单元格的引用方式,按下【Enter】键,计算公式结果,❷向下复制公式至B10,计算不同年限的折旧值,如下图所示。

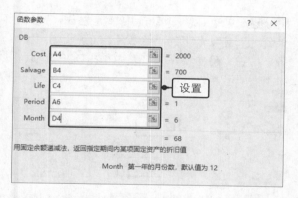

重点函数介绍:DB 函数

　　DB 函数使用固定余额递减法,返回指定期间内某项固定资产的折旧值。其语法结构为 DB (cost,salvage,life,period,month)。参数 cost 指定固定资产原值;参数 salvage 指定固定资产使用年限终了时的估计残值;参数 life 指定固定资产进行折旧计算的周期总数,也称固定资产的生命周期;参数 period 指定进行折旧计算的期次,必须与前者使用相同的单位;参数 month 指定第一年的月份数,默认为 12。

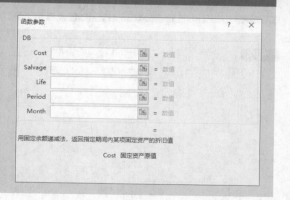

步骤05　计算最后一期的折旧额。由于使用固定余额递减法计算,因此每一期的折旧额都不一样,在单元格B11中输入公式"=A4-B4-SUM(B6:B10)",按下【Enter】键,计算公式结果,如下左图所示。

步骤06　计算累计折旧额。在单元格B12中输入公式"=SUM(B6:B11)",按下【Enter】键,计算公式结果,如下右图所示。从中可以得出累计折旧额与资产残值总和等于固定资产原值。

6.2.3 使用双倍余额递减法计算年折旧额

假设企业有一套价值 8000 元、已使用 4 年的办公桌，下面介绍如何使用财务函数，通过双倍余额递减折旧法计算该办公桌的年折旧额。

步骤01 输入表格数据。❶新建一个名称为"双倍余额递减法"的工作表，❷在工作表中创建表格，输入相关项目的数据信息，并设置好表格格式，如下图所示。

步骤02 插入函数。❶选中单元格B5，❷在"公式"选项卡下的"函数库"组中单击"财务"按钮，❸在展开的列表中单击DDB选项，如下图所示。

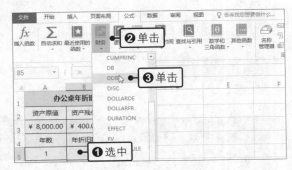

步骤03 设置参数。弹出"函数参数"对话框，设置相应的函数参数，如下图所示。设置完成后，单击"确定"按钮。

步骤04 复制公式。返回工作表，❶在编辑栏中将公式更改为"=DDB($A$3,$B$3,$C$3,A5,2)"，更改其中单元格的引用方式，按下【Enter】键，计算公式结果，❷向下复制公式至B8，计算不同年限的折旧值，如下图所示。

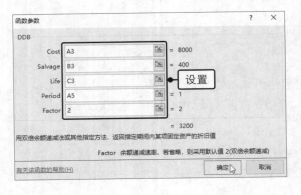

重点函数介绍：DDB 函数

DDB 函数用双倍余额递减法或其他指定方法，返回指定期间内某项固定资产的折旧值。其语法结构为 DDB(cost,salvage,life,period,factor)。参数 cost 指定固定资产原值；参数 salvage 指定固定资产使用年限终了时的估计残值；参数 life 指定固定资产进行折旧计算的周期总数，也称固定资产的生命周期；参数 period 指定进行折旧计算的期次，必须与前者使用相同的单位；参数 factor 指定余额递减速率，如果忽略，则使用默认值 2，表示双倍余额递减。

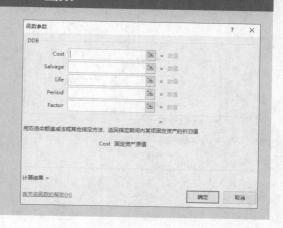

步骤05　计算累计折旧额。在单元格B9中输入公式 "=SUM(B5:B8)"，按下【Enter】键，计算公式结果，如右图所示。

6.2.4　使用年限总和折旧法计算年折旧额

假设有一台价值 20000 元、已使用 3 年的相机，下面介绍如何使用财务函数，通过年限总和折旧法计算该相机的年折旧额。

步骤01　输入表格数据。❶新建一个名称为 "年限总和折旧法" 的工作表，❷在工作表中创建表格，输入相关项目的数据信息，并设置好表格格式，如下图所示。

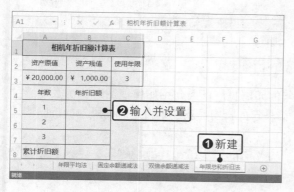

步骤02　插入函数。❶选中单元格B5，❷在 "公式" 选项卡下的 "函数库" 组中单击 "财务" 按钮，❸在展开的列表中单击SYD选项，如下图所示。

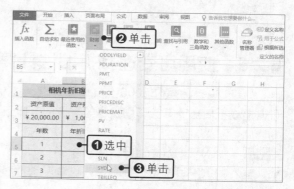

步骤03　设置参数。弹出 "函数参数" 对话框，设置相应的函数参数，如下左图所示。设置完成后，单击 "确定" 按钮。

步骤04 复制公式。返回工作表，❶在编辑栏中更改公式为"=SYD($A$3,$B$3,$C$3,A5)"，按下【Enter】键，计算公式结果，❷向下复制公式至B7，计算不同年限的折旧值，如下右图所示。

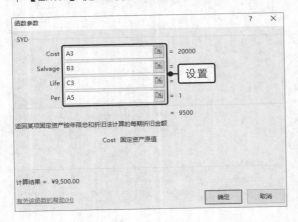

步骤05 计算累计折旧额。在单元格B8中输入公式"=SUM(B5:B7)"，按下【Enter】键，计算公式结果，如右图所示。

重点函数介绍：SYD 函数

SYD 函数用于返回某项固定资产按年限总和折旧法计算的每期折旧金额。其语法结构为 SYD(cost,salvage,life,per)。参数 cost 指定固定资产原值；参数 salvage 指定固定资产使用年限终了时的估计残值；参数 life 指定固定资产进行折旧计算的周期总数，也称固定资产的生命周期；参数 per 指定进行折旧计算的期次，必须与前者使用相同的单位。

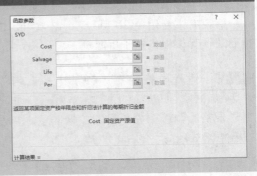

6.2.5 使用可变递减折旧法计算折旧额

假设有一台价值 85000 元、使用年限为 10 年的印刷机，下面介绍如何使用财务函数，通过可变递减折旧法计算该印刷机在第一天的折旧额、第一年的折旧额及在某特定时间段内的折旧额。

步骤01 输入表格数据。❶新建一个名称为"可变递减折旧法"的工作表，❷在工作表中创建表格，输入相关项目的数据信息，并设置好表格格式，如下左图所示。

步骤02 插入函数。❶选中单元格C4，❷在"公式"选项卡下的"函数库"组中单击"财务"按钮，❸在展开的列表中单击VDB选项，如下右图所示。

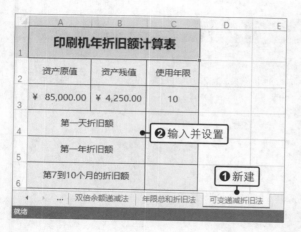

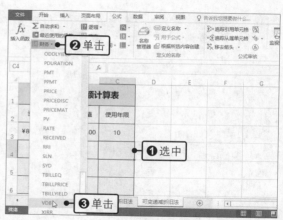

步骤03 设置参数。弹出"函数参数"对话框，设置相应的函数参数，如下图所示。设置完成后，单击"确定"按钮。

步骤04 查看计算结果。返回工作表，查看印刷机第一天的折旧额的计算结果，如下图所示。

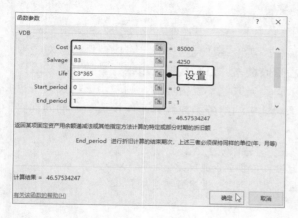

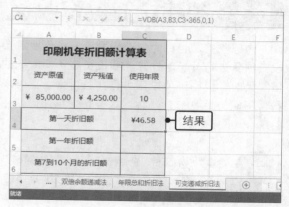

步骤05 计算第一年的折旧额。在单元格C5中输入公式"=VDB(A3,B3,C3*12,0,12)"，按下【Enter】键，计算公式结果，如下图所示。

步骤06 计算指定期间的折旧额。在单元格C6中输入公式"=VDB(A3,B3,C3*12,7,10)"，按下【Enter】键，计算公式结果，如下图所示。

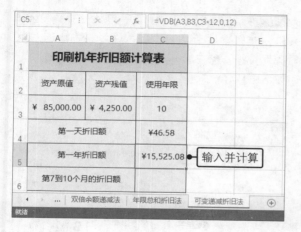

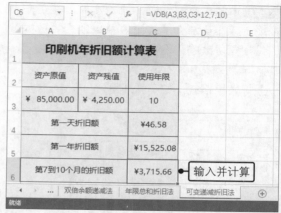

重点函数介绍：VDB 函数

VDB 函数用于返回某项固定资产用余额递减法或其他指定方法计算的特定或部分时期的折旧额。其语法结构为 VDB(cost,salvage,life,start_period,end_period,factor,no_switch)。参数 cost 指定固定资产原值；参数 salvage 指定固定资产使用年限终了时的估计残值；参数 life 指定固定资产进行折旧计算的周期总数，也称固定资产的生命周期；参数 start_period 指定进行折旧计算的开始期次；参数 end_period 指定进行折旧计算的结束期次；参数 factor 指定余额递减速率；参数 no_switch 为一逻辑值，指定当折旧额超出用余额递减法计算的水平时，是否转换成直线折旧法。在设置函数参数时，需注意 life、start_period、end_period 三个参数的单位要相同，如年、月等。

6.3 创建企业投资收益率表

内部收益率也称为内部报酬率。当企业需要投资购买设备加大生产时，可以使用函数对企业投资项目进行分析，计算该项投资在不同时期的投资收益率。当收益率大于银行贷款利率并且比值较大时，说明该项投资可行并且可为企业带来效率；当收益率呈负值时，则表示该项投资不可行，不能为企业带来效益。本节将介绍如何使用 Excel 中的财务函数计算不同投资项目的内部收益率。

◎ 原始文件：下载资源\实例文件\第6章\原始文件\创建企业投资收益率表.xlsx
◎ 最终文件：下载资源\实例文件\第6章\最终文件\创建企业投资收益率表.xlsx

6.3.1 根据收入计算内部收益率

下面介绍如何创建企业投资收益率表，并根据收入情况，使用财务函数对企业内部收益率进行计算。

步骤01 输入数据。打开原始文件，在工作表中输入用于计算企业投资收益率的相关数据，假设需要贷款购买设备，贷款额为200000元、贷款年利率为7%、再投资收益率为12%，并设置好表格格式，如下图所示。

步骤02 插入函数。❶选中单元格D5，❷在"公式"选项卡下的"函数库"组中单击"财务"按钮，❸在展开的列表中单击MIRR选项，如下图所示。

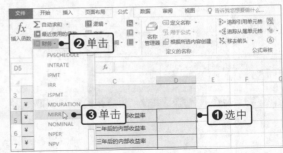

步骤03 设置函数参数。弹出"函数参数"对话框，设置相应的函数参数。设置完成后，单击"确定"按钮，如下图所示。

步骤04 查看计算结果。返回工作表，单元格D5中显示公式计算结果，如下图所示。

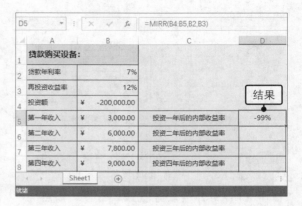

重点函数介绍：MIRR 函数

　　MIRR 函数用于返回在考虑投资成本及现金再投资利率下一系列分期现金流的内部报酬率。其语法结构为 MIRR (values,finance_rate,reinvest_rate)。参数 values 指定一个数组或对数字单元格区域的引用，代表固定期间内一系列支出（负数）及收入（正数）值；参数 finance_rate 指定现金流中投入资金的融资利率；参数 reinvest_rate 指定将各期收入净额再投资的报酬率。

步骤05 计算第二年的内部收益率。在单元格D6中输入公式"=MIRR(B4:B6,B2,B3)"，按下【Enter】键，计算公式结果，如下图所示。

步骤06 计算第三年的内部收益率。在单元格D7中输入公式"=MIRR(B4:B7,B2,B3)"，按下【Enter】键，计算公式结果，如下图所示。

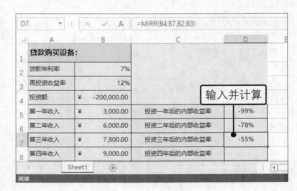

步骤07 计算第四年的内部收益率。在单元格D8中输入公式"=MIRR(B4:B8,B2,B3)"，按下【Enter】键，计算公式结果，如下左图所示。

步骤08 计算第五年的内部收益率。在单元格D9中输入公式"=MIRR(B4:B9,B2,B3)"，按下【Enter】键，计算公式结果，如下右图所示。

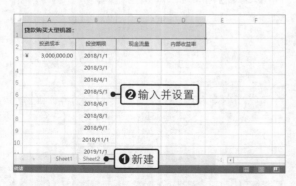

步骤09 计算第六年的内部收益率。在单元格 D10中输入公式"=MIRR(B4:B10,B2,B3)"，按下【Enter】键，计算公式结果，如右图所示。从计算结果可以得出，企业在贷款购买该设备后6年内的收益率都为负，因此该项投资不可行。

6.3.2　根据现金流计算内部收益率

根据现金流计算投资内部收益也是企业投资分析中非常重要的方法。下面介绍如何根据现金流情况，使用财务函数对企业内部收益率进行计算。

步骤01 输入数据。❶单击"新工作表"按钮，新建一个工作表，❷在新工作表中输入贷款购买大型机器的相关数据信息，并设置好表格格式，如下图所示。

步骤02 输入开始现金流量。由于投资初期贷款金额即为企业内部现金流，因此在单元格C3中输入公式"=-A3"，按下【Enter】键，计算公式结果，如下图所示。

步骤03 输入不同时期的现金流。在单元格区域C4:C11中输入不同时期的现金流量数据，如下左图所示。

步骤04 插入函数。❶选中单元格D3，❷在"公式"选项卡下的"函数库"组中单击"财务"按钮，❸在展开的列表中单击XIRR选项，如下右图所示。

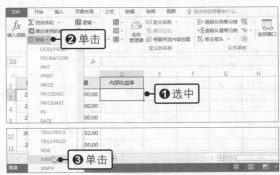

步骤05　设置函数参数。弹出"函数参数"对话框，设置相应的函数参数，如下图所示。设置完成后，单击"确定"按钮。

步骤06　查看计算结果。返回工作表，单元格 D3 中显示公式计算结果，如下图所示。

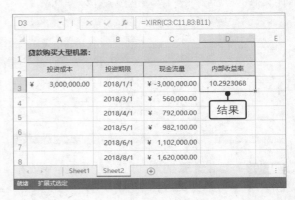

重点函数介绍：XIRR 函数

XIRR 函数用于返回现金流计划的内部回报率。其语法结构为 XIRR(values,dates,guess)。参数 values 指定一系列按日期对应付款计划的现金流；参数 dates 指定对应现金流付款的付款日期计划；参数 guess 指定一个认为接近 XIRR 结果的数字。

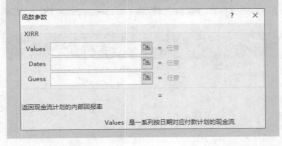

步骤07　设置百分比样式。保持单元格 D3 的选中状态，在"开始"选项卡下的"数字"组中单击"百分比样式"按钮，如下图所示。从计算结果可以看出，企业的内部收益率大于一般的贷款利率且为正值，所以此项投资为可行项目。

专栏　未来值计算

在使用 Excel 中的财务函数时，可以对不同类型的财务问题进行求解。本章介绍了如何创建贷款方案分析表，在固定存款方式下对个人账户进行存款或贷款偿还时，还可以通过财务函数计算未来值的相关金额数据。下面介绍如何计算在固定存款和固定利率的情况下某项投资的最终未来值金额。

◎ 原始文件：下载资源\实例文件\第6章\原始文件\未来值计算.xlsx
◎ 最终文件：下载资源\实例文件\第6章\最终文件\未来值计算.xlsx

步骤01 插入函数。打开原始文件，查看表格中的相关数据，❶在单元格B7中输入公式"=FV()"，❷单击"插入函数"按钮，如下图所示。

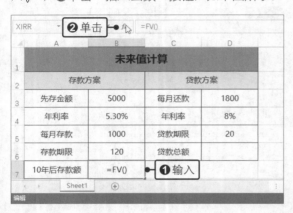

步骤02 设置函数参数。弹出"函数参数"对话框，设置相应的函数参数，如下图所示。设置完成后，单击"确定"按钮。

步骤03 查看计算结果。返回工作表，单元格B7中显示计算结果，如下图所示。

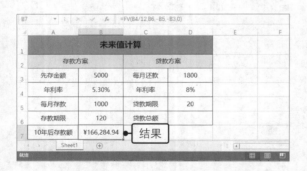

步骤04 计算贷款总额。在单元格D6中输入公式"=PV(D4/12,D5*12,-D3,0)"，按下【Enter】键，计算公式结果，如下图所示。

重点函数介绍：FV 函数

FV 函数用于根据固定利率计算投资的未来值。其语法结构为 FV(rate,nper,pmt,pv,type)。参数 rate 指定各期利率；参数 nper 指定年金的付款总期数；参数 pmt 指定各期所应支付的金额，在整个年金期间保持不变；参数 pv 指定现值，或一系列未来付款的当前值的累积和；参数 type 为数字 0 或 1，用以指定各期的付款时间是期初还是期末，1= 期初，0 或忽略 = 期末。

自定义VBA函数的应用

在使用函数进行数据计算的过程中，还可以加载宏函数，使创建的公式具有更大的灵活性。有时使用已定义好的工作表函数并不能解决实际工作中遇到的特殊问题，为了使公式具有更强大的功能，进一步提高工作效率，可以使用VBA创建自定义的工作表函数。

7.1 制作活动倒计时计时牌

在实际工作和生活中，常常需要计算某个日期的倒计时，以展示其重要性。本节以制作项目活动倒计时计时牌为例，介绍如何根据当前时间，计算距活动开始天数、小时数、分钟数及秒数时间，使这个日期受到更多关注。

◎ 原始文件：下载资源\实例文件\第7章\原始文件\制作活动倒计时计时牌.xlsx
◎ 最终文件：下载资源\实例文件\第7章\最终文件\制作活动倒计时计时牌.xlsm

7.1.1 计算倒计时时间

下面介绍如何制作倒计时计时牌，并根据活动的开始时间和当前时间，使用不同的函数公式计算倒计时的天数、小时数等数据。

步骤01 输入数据。打开原始文件，在工作表中输入楼盘开盘活动时间，制作倒计时计时牌，并设置好表格格式，如下图所示。

步骤02 计算当前时间。在单元格B2中输入公式"=NOW()"，按下【Enter】键，计算公式结果，如下图所示。

步骤03 启动单元格格式设置功能。❶选中单元格区域B1:B2，❷在"开始"选项卡下的"数字"组中单击对话框启动器，如右图所示。

步骤04 自定义数字格式。弹出"设置单元格格式"对话框，❶在"数字"选项卡下的"分类"列表框中单击"自定义"选项，❷在"类型"列表框中单击"yyyy-m-d hh:mm:ss"选项，如下图所示。设置完成后，单击"确定"按钮。

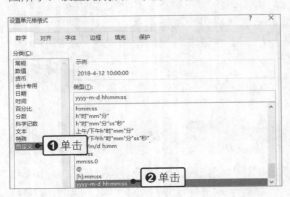

步骤06 计算倒计时的天数。在单元格B4中输入公式"=IF(TIME(HOUR(B1),MINUTE(B1),SECOND(B1))>TIME(HOUR(B2),MINUTE(B2),SECOND(B2)),DATE(YEAR(B1),MONTH(B1),DAY(B1))-DATE(YEAR(B2),MONTH(B2),DAY(B2)),DATE(YEAR(B1),MONTH(B1),DAY(B1))-DATE(YEAR(B2),MONTH(B2),DAY(B2))-1)"，按下【Enter】键，计算公式结果，如右图所示。

步骤07 计算倒计时的小时数。在单元格B5中输入公式"=IF(TIME(HOUR(B1),MINUTE(B1),SECOND(B1))>TIME(HOUR(B2),MINUTE(B2),SECOND(B2)),HOUR(TIME(HOUR(B1),MINUTE(B1),SECOND(B1))-TIME(HOUR(B2),MINUTE(B2),SECOND(B2))),HOUR(1-TIME(HOUR(B2),MINUTE(B2),SECOND(B2))+TIME(HOUR(B1),MINUTE(B1),SECOND(B1))))"，按下【Enter】键，计算公式结果，如下图所示。

步骤05 显示秒数。返回工作表，可以看到单元格区域B1:B2中显示的时间，如下图所示。

步骤08 计算倒计时的分钟数。在单元格B6中输入公式"=IF(TIME(HOUR(B1),MINUTE(B1),SECOND(B1))>TIME(HOUR(B2),MINUTE(B2),SECOND(B2)),MINUTE(TIME(HOUR(B1),MINUTE(B1),SECOND(B1))-TIME(HOUR(B2),MINUTE(B2),SECOND(B2))),MINUTE(1-TIME(HOUR(B2),MINUTE(B2),SECOND(B2))+TIME(HOUR(B1),MINUTE(B1),SECOND(B1))))"，按下【Enter】键，计算公式结果，如下图所示。

步骤09 计算倒计时的秒数。在单元格B7中输入公式"=IF(TIME(HOUR(B1),MINUTE(B1),SECOND(B1))>TIME(HOUR(B2),MINUTE(B2),SECOND(B2)),SECOND(TIME(HOUR(B1),MINUTE(B1),SECOND(B1))-TIME(HOUR(B2),MINUTE(B2),SECOND(B2))),SECOND(1-TIME(HOUR(B2),MINUTE(B2),SECOND(B2))+TIME(HOUR(B1),MINUTE(B1),SECOND(B1))))"，按下【Enter】键，计算公式结果，如右图所示。

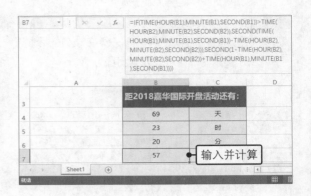

7.1.2 实现自动计时功能

倒计时计时牌的主要功能就在于它能自动更新时间，下面将介绍如何使用 VBA 函数功能使制作的倒计时计时牌显示自动更新效果。

步骤01 打开视图菜单。要使用VBA函数实现倒计时的自动计时功能，首先需要启用"开发工具"选项卡功能，单击"文件"按钮，如下图所示。

步骤02 启用Excel选项设置功能。在打开的视图菜单中单击"选项"命令，如下图所示。

步骤03 启用"开发工具"选项卡。弹出"Excel选项"对话框，❶切换到"自定义功能区"选项卡，❷在右侧的"主选项卡"列表框中勾选"开发工具"复选框，如下图所示。

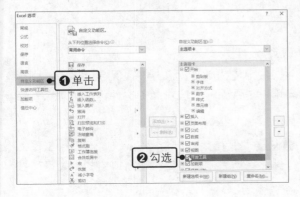

步骤04 打开VBA编辑器。设置完成后单击"确定"按钮，返回工作表，❶切换到"开发工具"选项卡，❷在"代码"组中单击Visual Basic按钮，如下图所示。

步骤05 插入模块。打开VBA编辑窗口，❶在菜单栏中单击"插入"按钮，❷在展开的列表中单击"模块"命令，如下图所示。

步骤06 编辑代码。打开"制作倒计时计时牌.xlsx-模块1（代码）"窗口，在窗口中输入代码内容，如下图所示。输入完毕后单击VBA编辑窗口中的"关闭"按钮，关闭VBA编辑器。

代码解析：自动更新时间代码

由于 NOW 函数并不会进行自动更新，因此制作的倒计时计时牌并不会自动更新显示时间，如果需要使倒计时计时牌具有动态的自动更新功能，则可以在 VBA 编辑窗口中输入如下代码内容。

```
Public Sub daojishi()
    Application.OnTime Now+TimeValue("00:00:01"),"daojishi"
    Application.Calculate
End Sub
```

步骤07 查看倒计时时间。返回工作表，可以看到在倒计时计时牌中的倒计时时间，并自动更新倒计时时间，效果如下图所示。

步骤08 设置显示选项。❶切换到"视图"选项卡，❷在"显示"组中取消勾选"网格线""标题""编辑栏"复选框，如下图所示。

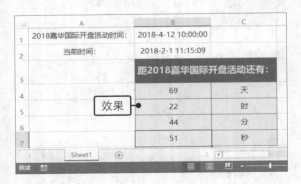

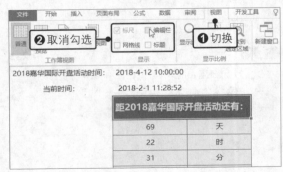

步骤09 保存工作簿。完成倒计时计时牌的编辑后，按下【Ctrl+S】组合键，保存工作簿，由于工作表中使用了宏，因此会弹出提示对话框，询问用户是否保存带宏功能的文件，单击"否"按钮，如下左图所示。

步骤10 保存工作簿。弹出"另存为"对话框，❶设置"保存类型"为"Excel启用宏的工作簿（*.xlsm）"，❷单击"保存"按钮，如下右图所示。保存完毕后，单击工作簿窗口中的"关闭"按钮，关闭工作簿。

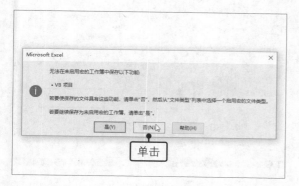

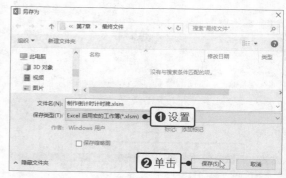

步骤11　启用宏。打开另存的工作簿"制作倒计时计时牌.xlsm"，单击"安全警告"栏中的"启用内容"按钮，如下图所示。

步骤12　查看倒计时计时牌效果。此时"安全警告"栏消失，查看倒计时计时牌效果，如下图所示。

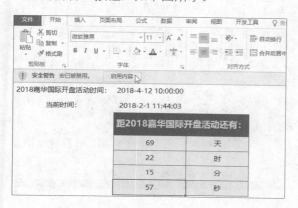

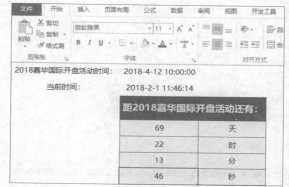

7.2　自定义函数保护工作表

当需要将一周内的工作内容进行详细指定与安排时，可以将具体的工作内容分别指定在以星期命名的工作表中，并结合使用自定义 VBA 函数功能，设置在当天打开当前星期的工作表，查看工作安排相关内容，并对其他工作表进行保护，约束对其他工作表的修改与编辑。

◎　原始文件：下载资源\实例文件\第7章\原始文件\自定义函数保护工作表.xlsx
◎　最终文件：下载资源\实例文件\第7章\最终文件\自定义函数保护工作表.xlsm

7.2.1　编辑工作安排表

下面介绍如何制作工作安排表，并使用工作表组合功能，同时在多个工作表中输入相同的数据内容。

步骤01　组合工作表。打开原始文件，可以看到工作簿中有7个以星期名称命名的工作表，按住【Ctrl】键的同时选中这7个工作表标签，将其组合为工作组，如下左图所示。

步骤02　同时输入数据。在任意工作表中输入工作安排表的相关项目，设置好表格格式，如下右图所示。

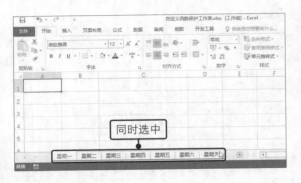 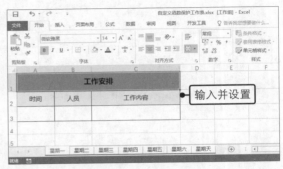

步骤03 完成多个工作表数据的输入。输入完成后，单击任意工作表标签，如"星期三"，取消工作表的组合状态，可以看到输入的相同数据内容，如下图所示。

步骤04 输入工作安排。❶分别在不同的工作表中输入每一天的工作安排内容，❷然后在"开发工具"选项卡下的"代码"组中单击Visual Basic按钮，如下图所示。

 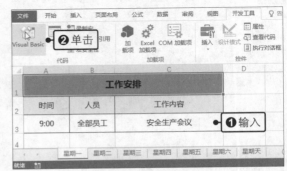

7.2.2 实现自动打开与保护工作表功能

下面介绍如何使用自定义 VBA 函数功能完成按日期保护工作表的制作，并在创建的工作簿中编辑 VBA 程序代码。

步骤01 打开代码编辑窗口。打开VBA编辑器后，在左侧的工程资源管理器中的"VBAProject(自定义函数保护工作表.xlsx)"选项下双击ThisWorkbook选项，如下图所示。

步骤02 编辑代码。在打开的代码窗口中输入代码，用于在工作簿被打开时自动执行，设置好工作表的保护密码，并通过调用Weekday函数获取系统的当前星期，如下图所示。

👍 **代码解析：获取当前日期系统**

```
Private Sub workbook_open()
    Dim passwd As String                    '定义密码
    passwd="123456"
    Dim result As Integer
    result=Weekday(Now)                     '获取当前系统的星期数
    Dim shtName As String                   '转换为字符串
    shtName =getname(result)
    MsgBox " 今天是 "&shtName               '显示当前星期数
```

步骤03 编辑代码。完成第一段代码的编辑后，继续输入代码，用于循环操作工作簿的每一张工作表，对其他日期的工作表进行保护，并为当天所对应的工作表撤销保护，如下图所示。

步骤04 编辑代码。继续输入代码，用于将Weekday函数返回的整数值转换为对应的星期数，如下图所示。

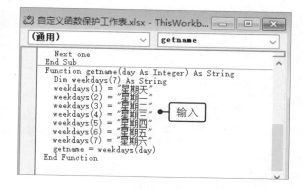

👍 **代码解析：保护工作表**

```
For Each one In Worksheets                   '依次访问各个工作表
  If one.Name <> shtName Then                '如果不是今天对应的工作表
    one.Protect Password:=passwd             '设置保护
  Else                                       '如果是今天对应的工作表
    one.Unprotect Password:=passwd           '解除保护并激活
    one.Activate
  End If
 Next one
End Sub
```

👍 **代码解析：返回日期数**

```
Function getname(day As Integer) As String   '将系统返回的数字星期数转换为字符串形式
  Dim weekdays(7) As String                  '定义字符串
  weekdays(1)=" 星期天 "
```

```
        weekdays(2)=" 星期一 "
        weekdays(3)=" 星期二 "
        weekdays(4)=" 星期三 "
        weekdays(5)=" 星期四 "
        weekdays(6)=" 星期五 "
        weekdays(7)=" 星期六 "
        getname = weekdays(day)              '返回对应的星期数
    End Function
```

步骤05 保存工作簿。按下【Ctrl+S】组合键，保存工作簿，由于启用了宏，此时会弹出提示对话框，询问用户是否保存带宏功能的文件，单击"否"按钮，如下图所示。

步骤06 保存工作簿。弹出"另存为"对话框，❶设置"保存类型"为"Excel启用宏的工作簿(*.xlsm)"，❷单击"保存"按钮，如下图所示。保存完毕后，依次关闭VBA编辑窗口与工作簿。

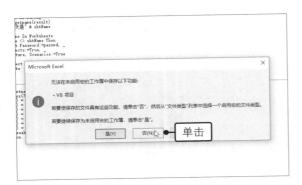

步骤07 启用宏。打开另存的工作簿"自定义函数保护工作表.xlsm"，单击"安全警告"栏中的"启用内容"按钮，如下图所示。

步骤08 提示当前日期。由于当前日期为星期五，因此弹出提示对话框，提示"今天是星期五"，单击"确定"按钮，如下图所示。

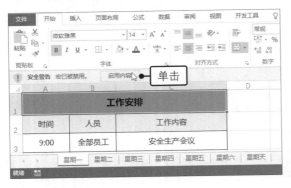

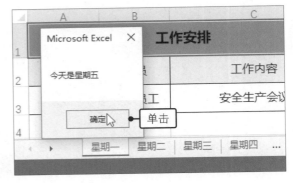

步骤09 查看表格效果。此时工作簿自动切换到工作表"星期五"中，可以查看星期五的工作安排，如下左图所示，其余工作表则被保护。

步骤10 更改工作表数据。切换到其他工作表，输入数据或更改单元格数据内容，则会弹出提示对话框，提示用户工作表已受保护，单击"确定"按钮，如下右图所示。

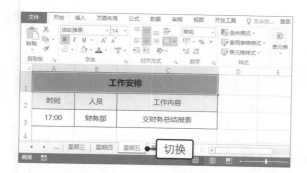

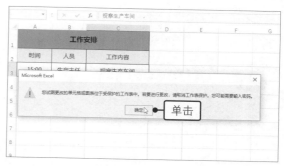

步骤11　撤销工作表保护。如果需要对某个已保护的工作表进行编辑，可对其撤销保护，❶切换到"审阅"选项卡，❷在"更改"组中单击"撤销工作表保护"按钮，如下图所示。

步骤12　输入撤销密码。弹出"撤销工作表保护"对话框，❶在"密码"文本框中输入设置的密码"123456"，❷单击"确定"按钮，取消对工作表的保护，如下图所示。即可对该工作表进行编辑。

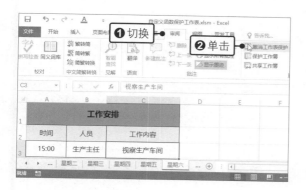

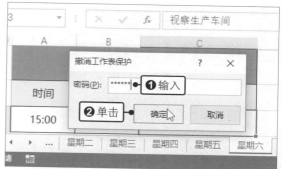

7.3 ▸ 自定义函数统计分析销售数据

　　Excel 常用于记录各类销售数据，当记录的数据信息较多时，如果使用人工手动的方式进行统计，则较为烦琐。因此可以使用 Excel 内置的公式来实现统计运算，同时采用 VBA 代码编辑来大大提高工作效率。本节中将介绍如何根据记录的各分店销售额来统计分店总数、上半年最高平均月销售额及分店名、最低平均月销售额及分店名、总销售额及各分店平均月销售额。

◎　原始文件：下载资源\实例文件\第7章\原始文件\自定义函数统计分析销售数据.xlsx
◎　最终文件：下载资源\实例文件\第7章\最终文件\自定义函数统计分析销售数据.xlsm

7.3.1　实现工作表自动统计功能

　　当工作表中所需记录的数据较多时，相应的数据统计的工作量也就更大。下面介绍如何使用自定义 VBA 函数功能快速统计与分析销售记录表。

步骤01　查看销售记录表。打开原始文件，查看已记录的全国各分店销售额数据信息，如下左图所示。

步骤02 编辑销售统计分析表。❶新建工作表"sheet2"，❷在工作表中输入需要统计的各项数据信息，设置好表格格式，如下右图所示。

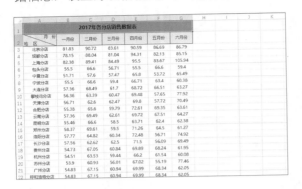

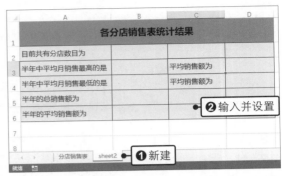

步骤03 打开VBA编辑器。❶切换到"开发工具"选项卡，❷在"代码"组中单击Visual Basic按钮，如下图所示。

步骤04 插入模块。打开VBA编辑窗口，❶在菜单栏中单击"插入"菜单，❷在展开的列表中单击"模块"命令，如下图所示。

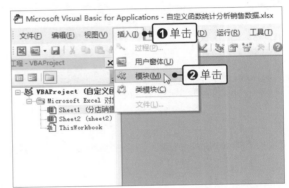

步骤05 编辑代码。打开"自定义函数统计分析销售数据.xlsx-模块1（代码）"窗口，输入用于实现"统计分店销售"子过程的第一部分代码，销售记录表中记录的各分店销售额精确到小数点后两位了，因此代码段1中用于存储销售额的变量均为Single类型，如下图所示。

步骤06 编辑代码。输入第二段代码，其中数组num(1)和num(2)分别用于存储最高平均月销售额和最低平均月销售额，且代码中使用了一个双重For循环，内层For循环用于实现计算各个分店在上半年的总销售额和平均月销售额，外层For循环用于控制实现计算各个分店的平均月销售额，如下图所示。

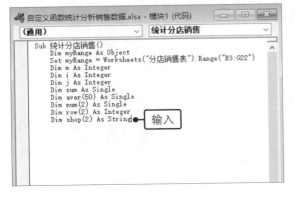

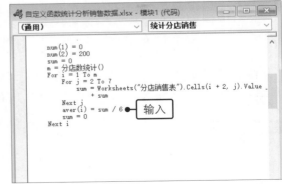

代码解析：统计分店销售数据

```
Sub 统计分店销售 ()
    Dim myRange As Object            '为对象赋值
    Set myRange = Worksheets(" 分店销售表 ").Range("B3:G22")
    Dim m As Integer
    Dim i As Integer
    Dim j As Integer
    Dim sum As Single
    Dim aver(50) As Single          '声明数组，用于存储各分店的平均月销售额
    Dim num(2) As Single            '声明数组，用于存储最高平均月销售额及最低平均月销售额
    Dim row(2) As Integer
    Dim shop(2) As String
```

代码解析：存储最高平均月销售额与最低平均月销售额

```
    num(1) = 0                      'num(1) 用于存储较大值
    num(2) = 200                    'num(2) 用于存储较小值
    sum = 0
    m = 分店数统计 ()               '调用函数"分店数统计"
    For i = 1 To m                  '计算各分店在上半年的平均月销售额
      For j = 2 To 7
        sum = Worksheets(" 分店销售表 ").Cells(i + 2, j).Value _
              + sum
      Next j
      aver(i) = sum / 6
      sum = 0
    Next i
```

步骤07 编辑代码。输入第三段代码，代码中使用For…Next控制实现从数组aver中找出最大值和最小值，即找出最高平均月销售额和最低平均月销售额，如下图所示。

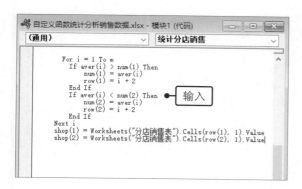

步骤08 编辑代码。输入第四段代码，代码中的For Each…Next语句实现了将myRange区域中各单元格的销售额存储到mon数组中，然后调用内置的Average函数计算参数的平均值，调用Sum函数计算参数的总和，如下图所示。

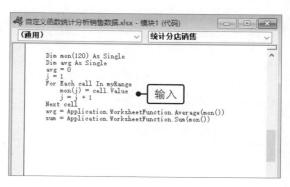

代码解析：查找最高月平均销售额与最低月平均销售额

```
For i = 1 To m                                '循环比较，找出最高和最低平均月销售额
  If aver(i) > num(1) Then                     'num(1) 存储较大值
    num(1) = aver(i)
    row(1) = i + 2
  End If
  If aver(i) < num(2) Then                     'num(2) 存储较小值
    num(2) = aver(i)
    row(2) = i + 2
  End If
Next i
shop(1) = Worksheets(" 分店销售表 ").Cells(row(1), 1).Value
'shop(1) 为平均月销售额最高的分店名
shop(2) = Worksheets(" 分店销售表 ").Cells(row(2), 1).Value
'shop(2) 为平均月销售额最低的分店名
```

 代码解析：存储销售额计算参数平均值与总和

```
Dim mon(120) As Single
Dim avg As Single
avg = 0
j = 1
For Each cell In myRange                       '对单元格区域 B3:G22 执行循环操作
  mon(j) = cell.Value
  j = j + 1
Next cell
avg = Application.WorksheetFunction.Average(mon())   '调用内置函数统计所有分店平均销售额
sum = Application.WorksheetFunction.Sum(mon())       '调用内置函数统计所有分店销售总额
```

步骤09 输入代码。输入第五段代码，用于实现使用对话框显示统计结果，并将统计结果填入工作表Sheet2中相应的位置，如下图所示。

步骤10 输入代码。输入第六段代码，用于实现"分店数统计"函数，如下图所示。输入完成后将工作簿另存为"Excel启用宏的工作簿（*.xlsm)"文档类型。

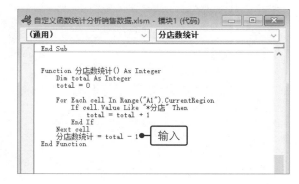

👍 **代码解析：使用对话框显示统计结果**

```
' 将统计结果填入 Sheet2 工作表中的相应位置
Worksheets("sheet2").Cells(2, 2) = m
Worksheets("sheet2").Cells(3, 2) = shop(1)
Worksheets("sheet2").Cells(3, 4) = num(1)
Worksheets("sheet2").Cells(4, 2) = shop(2)
Worksheets("sheet2").Cells(4, 4) = num(2)
Worksheets("sheet2").Cells(5, 2) = sum
Worksheets("sheet2").Cells(6, 2) = avg
MsgBox (" 目前共有分店数目为 : " & m _        ' 弹出对话框显示统计结果
    & Chr(13) & " 半年中平均月销售最高的是 :" _
    & shop(1) & num(1) & " 万 " _
    & Chr(13) & " 半年中平均月销售最低的是 :" _
    & shop(2) & num(2) & " 万 " _
    & Chr(13) & " 半年的总销售额为 : " & sum &" 万 "_
    & Chr(13) & " 半年的平均月销售额为 : " & avg & " 万 ")
End Sub
```

👍 **代码解析：统计分店数**

```
Function 分店数统计 () As Integer
    Dim total As Integer
    total = 0
    For Each cell In Range("A1").CurrentRegion
        If cell.Value Like "* 分店 " Then
            total = total + 1
        End If
    Next cell
    分店数统计 = total - 1
End Function
```

7.3.2　制作自动统计操作按钮

　　统计完数据信息后，下面介绍如何创建按钮控件，设置控件属性，并使系统自动生成提示对话框显示统计信息。

`步骤01`　插入控件。切换到工作表"分店销售表"，❶在"开发工具"选项卡下的"控件"组中单击"插入"按钮，❷在展开的列表中单击"表单控件"选项下的"按钮（窗体控件）"选项，如下左图所示。

步骤02 绘制按钮。拖动鼠标在工作表中绘制按钮，如下右图所示。

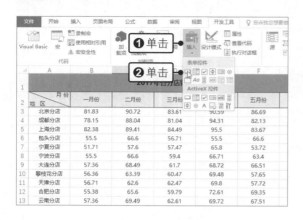

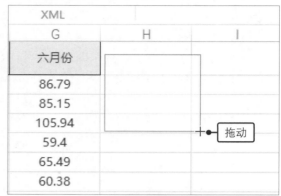

步骤03 指定宏。释放鼠标，弹出"指定宏"对话框，在"宏名"列表框中单击"统计分店销售"选项，如下图所示。单击"确定"按钮，完成设置。

步骤04 启用按钮文字编辑功能。返回工作表，❶右击控件按钮，❷在弹出的快捷菜单中单击"编辑文字"命令，如下图所示。

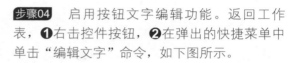

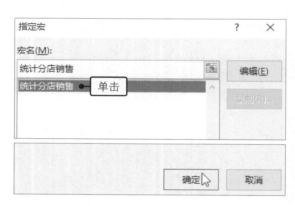

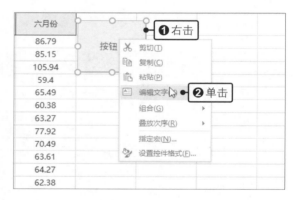

步骤05 编辑按钮标题。输入需要为控件按钮添加的标题文本内容，如下图所示。单击任意其他位置，完成按钮标题的编辑。

步骤06 设置控件格式。❶右击控件按钮，❷在弹出的快捷菜单中单击"设置控件格式"命令，如下图所示。

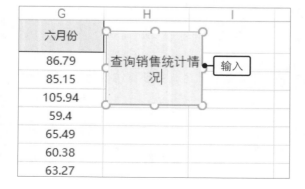

步骤07　设置字体。弹出"设置控件格式"对话框，❶在"字体"选项卡下设置"字体"为"华文细黑"、"字形"为"加粗"、"字号"为12，❷设置字体颜色为"深蓝"，如下图所示。设置完成后，单击"确定"按钮。

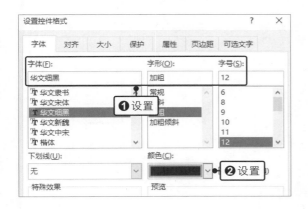

步骤08　查询销售统计情况。返回工作表，查看设置后的按钮格式效果，单击该控件按钮，即可查询销售统计情况，如下图所示。

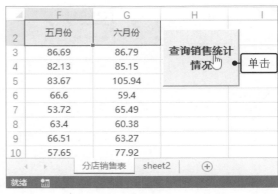

步骤09　显示查询结果。弹出提示对话框，显示统计所得的分店总数、最高月销售额及分店名、平均最低月销售额等相关信息，查看完成后单击"确定"按钮，如下图所示。

步骤10　自动填入数据。系统自动将统计的数据结果填入工作表sheet2的相应单元格中，最终效果如下图所示。

专栏　自定义函数合并字符串

　　在一些数据库系统中，为了便于操作，时常会将一些数据分开输入到不同的单元格中进行保存。当用户需要对这些分开保存的数据进行合并时，可以通过使用 & 或文本链接函数来实现。但如果需要合并的数据较多，则可以创建自定义函数来完成文本字符串的合并效果。下面介绍如何通过编辑自定义函数来合并字符串。

◎　原始文件：下载资源\实例文件\第7章\原始文件\自定义函数合并字符串.xlsx
◎　最终文件：下载资源\实例文件\第7章\最终文件\自定义函数合并字符串.xlsm

步骤01 打开VBA编辑器。打开原始文件，查看原始数据内容，❶切换到"开发工具"选项卡，❷在"代码"组中单击Visual Basic按钮，如下图所示。

步骤02 编辑代码。打开VBA编辑窗口，插入一个新模块，在模块代码窗口中输入自定义函数Combine的相关代码内容，如下图所示。输入完成后关闭VBA编辑器，另存文件为"自定义函数合并字符串.xlsm"。

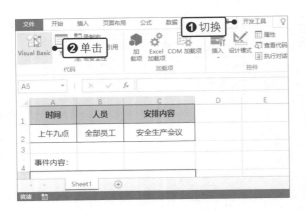

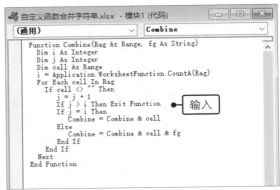

步骤03 编辑公式。返回工作表，在单元格A5中输入公式"=COMBINE(A2:C2,"")"，完成自定义函数参数的设置，如下图所示。

步骤04 自定义函数合并结果。公式输入完成后，按下【Enter】键，计算公式结果，工作表中显示合并字符串相关内容，如下图所示。

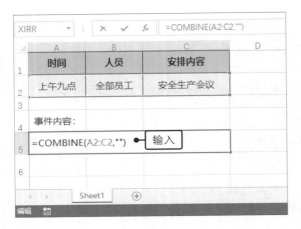

读书笔记

数组公式的应用

数组是由一组数据记录组成的数据集合，在 Excel 中常用的是一维和二维数组。一维数组可以存储在一行或一列数据范围内，二维数组存储在一个单元格区域范围内。在 Excel 公式的编辑中，可以直接使用数组元素，但在计算过程中需要使用【Ctrl+Shift+Enter】组合键来完成数组公式的计算。使用数组公式，将使公式的功能更加强大，方便完成复杂类型数据的计算。

8.1 创建销售成绩统计分析表

在统计销售情况时，常常需要对每日的销售额数据进行统计，再根据计算结果分析产品在销售过程中的具体销售情况。此时可以使用 Excel 中的数组公式，将统计的数据按指定的条件进行求和计算，或将统计的销售额进行等级排名等。

◎ 原始文件：下载资源\实例文件\第8章\原始文件\创建销售成绩统计分析表.xlsx
◎ 最终文件：下载资源\实例文件\第8章\最终文件\创建销售成绩统计分析表.xlsx

8.1.1 销售等级与排名统计

下面介绍如何使用数组公式计算销售成绩统计分析表中的销售额、销售等级与销售排名等项目数据，并对销售额进行显示条件设置。

步骤01 查看表格数据。打开原始文件，查看记录的销售数据相关信息，如下图所示。

步骤02 输入数组公式。❶选中单元格区域 D2:D16，❷在编辑栏中输入数组公式 "=B2:B16*C2:C16"，如下图所示。

提示 **数组公式**

输入数组公式 "=B2:B16*C2:C16" 时，首先需要选定结果单元格区域，再输入公式开始符号 "="，然后选中单元格区域 B2:B16 作为乘数，输入乘法运算符 "*"，再选中单元格区域 C2:C16 作为被乘数，即可完成数组公式的输入。

步骤03 计算公式。完成数组公式的输入后，按下【Ctrl+Shift+Enter】组合键，计算公式结果，如下图所示。此时在编辑栏中可以看到公式两端自动添加了大括号。

步骤04 设置货币格式。①选中单元格区域D2:D16，②在"开始"选项卡下的"数字"组中单击"数字格式"下三角按钮，③在展开的列表中单击"货币"选项，如下图所示。设置完成后，减少所有销售额数据的小数位数。

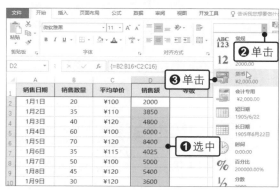

步骤05 更改数据。当用户需要更改数组公式计算结果中任意单元格的数据时，会弹出提示对话框，提示用户不能更改数组中的某一部分，单击"取消"按钮，停止数据更改，如下图所示。

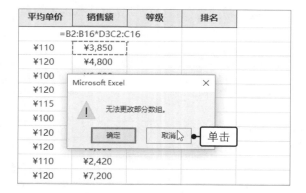

步骤06 计算等级。①选中单元格区域E2:E16，②在编辑栏中输入公式"=LOOKUP(D2:D16,{0,4000,5000,6000,7000,8000,9000},{"F","E","D","C","B","A"})"，按下【Ctrl+Shift+Enter】组合键，计算公式结果，如下图所示。

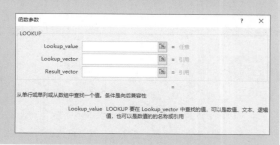

重点函数介绍：LOOKUP 函数

　　LOOKUP 函数用于从单行、单列或数组中查找一个值。其语法结构为 LOOKUP(lookup_value, lookup_vector, result_vector)。参数 lookup_value 指定要在 lookup_vector 中查找的值，可以是数值、文本、逻辑值，也可以是数值的名称或引用；参数 lookup_vector 指定包含单行或单列的单元格区域，其值为文本、数值或逻辑值，且以升序排序；参数 result_vector 指定包含单行或单列的单元格区域，与 lookup_vector 大小相同。

步骤07　计算排名。❶选中单元格区域F2:F16，❷在编辑栏中输入公式 "=LOOKUP(E2:E16,{"A", "B","C","D","E","F"},{"1","2","3","4","5","6"}))，按下【Ctrl+Shift+Enter】组合键，计算公式结果，如下图所示。

步骤08　设置条件格式。❶选中单元格区域D2:D16，❷在"开始"选项卡下的"样式"组中单击"条件格式"按钮，❸在展开的列表中依次单击"数据条>红色数据条"选项，如下图所示。

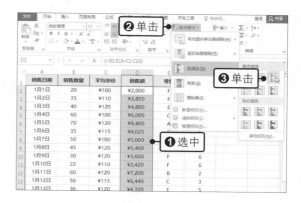

提示	常量数组

常量数组的各元素必须放在大括号内，各横向元素间用逗号分隔，纵向元素间用分号分隔。常量数组也可参与到函数或公式运算中。在步骤 07 的计算等级公式中，使用两个一维横向常量数组作为 LOOKUP 函数的两个参数运算时，函数在常量数组 {"A","B","C","D","E","F"} 中查找单元格区域 E2:E16 中的值，然后返回常量数组 {"1","2","3","4","5","6"} 中对应的值。需要注意的是，虽然在公式中包含了常量数组，但该公式并不是一个数组公式，因此在输入完成后按【Enter】键完成计算即可。

步骤09　显示条件格式。返回工作表，调整D列的列宽，可以看到选中单元格显示设置的数据条效果，如下图所示。

8.1.2　销售成绩分析

在创建销售成绩统计分析表时，用户可以根据需要灵活使用 Excel 中的数组公式功能，将计算结果按不同方式进行统计分析。

步骤01　销售成绩分析。在表格右侧输入销售成绩分析需要计算的相关项目内容，设置好表格格式，如下左图所示。

步骤02　定义名称。❶选中单元格区域D2:D16，❷在编辑栏前的名称框中输入需要定义的名称 "销售额"，如下右图所示。按下【Enter】键，完成名称的定义。

步骤03 计算最大5日的销售额。在单元格H2中输入公式"=SUM(LARGE(销售额,ROW(INDIRECT("1:5"))))"，按下【Ctrl+Shift+Enter】组合键，计算公式结果，如下图所示。

步骤04 计算最大10日的销售额。在单元格H3中输入公式"=SUM(LARGE(销售额,ROW(INDIRECT("1:10"))))"，按下【Ctrl+Shift+Enter】组合键，计算公式结果，如下图所示。

重点函数介绍：INDIRECT 函数

　　INDIRECT 函数用于返回文本字符串所指定的引用。其语法结构为 INDIRECT(ref_text, A1)。参数 ref_text 指定单元格引用，该引用所指向的单元格中存放有对另一单元格的引用，引用的形式为 A1、R1C1 或是名称。参数 A1 指定逻辑值，用以指明 ref_text 单元格中包含的引用方式，R1C1 格式 =FALSE，A1 格式 =TRUE 或忽略。

步骤05 计算最小5日的销售总额。在单元格H4中输入公式"=SUM(SMALL(销售额,ROW(INDIRECT("1:5"))))"，按下【Ctrl+Shift+Enter】组合键，计算公式结果，如下左图所示。

步骤06 计算最小10日的销售总额。在单元格H5中输入公式"=SUM(SMALL(销售额,ROW(INDIRECT("1:10"))))"，按下【Ctrl+Shift+Enter】组合键，计算公式结果，如下右图所示。

H4			fx	{=SUM(SMALL(销售额,ROW(INDIRECT("1:

	E	F	G	H
1	等级	排名	销售成绩分析：	
2	F	6	最大5日的销售额	33500
3	F	6	最大10日的销售额	58195
4	E	5	最小5日的销售额	15895
5	C	3	最小10日的销售额	
6	A	1	4000元到8000元的销售额	
7	E	5	小于4000元和大于8000元的销售额	
8	D	4		
9	D	4		
10	F	6		
11	F	6		

输入并计算

H5			fx	{=SUM(SMALL(销售额,ROW(INDIRECT("1:

	E	F	G	H
1	等级	排名	销售成绩分析：	
2	F	6	最大5日的销售额	33500
3	F	6	最大10日的销售额	58195
4	E	5	最小5日的销售额	15895
5	C	3	最小10日的销售额	40590
6	A	1	4000元到8000元的销售额	
7	E	5	小于4000元和大于8000元的销售额	
8	D	4		
9	D	4		
10	F	6		
11	F	6		

输入并计算

步骤07 计算销售额在4000元到8000元的销售额。在单元格H6中输入公式 "=SUM((销售额>=4000)*(销售额<=8000)*销售额)" ，按下【Ctrl+Shift+Enter】组合键，计算公式结果，如下图所示。

步骤08 计算销售额小于4000元和大于8000元的销售额。在单元格H7中输入公式 "=SUM(IF((销售额<4000)+(销售额>8000),销售额))" ，按下【Ctrl+Shift+Enter】组合键，计算公式结果，如下图所示。

H6			fx	{=SUM((销售额>=4000)*(销售额<=8000)*销

	E	F	G	H
1	等级	排名	销售成绩分析：	
2	F	6	最大5日的销售额	33500
3	F	6	最大10日的销售额	58195
4	E	5	最小5日的销售额	15895
5	C	3	最小10日的销售额	40590
6	A	1	4000元到8000元的销售额	53820
7	E	5	小于4000元和大于8000元的销售额	
8	D	4		
9	D	4		
10	F	6		
11	F	6		

输入并计算

H7			fx	{=SUM(IF((销售额<4000)+(销售额>8000),销

	E	F	G	H
1	等级	排名	销售成绩分析：	
2	F	6	最大5日的销售额	33500
3	F	6	最大10日的销售额	58195
4	E	5	最小5日的销售额	15895
5	C	3	最小10日的销售额	40590
6	A	1	4000元到8000元的销售额	53820
7	E	5	小于4000元和大于8000元的销售额	20270
8	D	4		
9	D	4		
10	F	6		
11	F	6		

输入并计算

步骤09 设置数字格式。❶选中单元格区域H2:H7，❷在 "开始" 选项卡下的 "数字" 组中单击 "数字格式" 右侧的下三角按钮，❸在展开的列表中单击 "货币" 选项，如下图所示。

步骤10 减少小数位数。❶选中单元格区域H2:H7，❷在 "开始" 选项卡下的 "数字" 组中单击两次 "减少小数位数" 按钮，完成销售成绩统计分析表的制作，如下图所示。

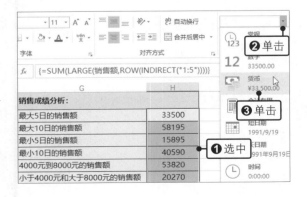

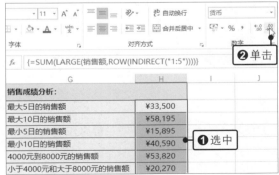

8.2 创建工作备忘录

Excel 提供了多项操作与设置功能，除了可以进行数据的统计与分析外，还可以灵活制作各类不同的日历、月历等电子表格类工具，从而帮助企业创建工作备忘录。本节将介绍如何使用 Excel 来创建可查询的个人全年工作计划备忘录。

◎ 原始文件：下载资源\实例文件\第8章\原始文件\创建工作备忘录.xlsx
◎ 最终文件：下载资源\实例文件\第8章\最终文件\创建工作备忘录.xlsx

8.2.1 创建日期查询数据

在工作备忘录中需要显示的通常有年份、月份、日期和星期，下面介绍如何使用数据验证功能创建日期查询数据。

步骤01 查看表格数据。打开原始文件，查看制作的月历查询表格，如下图所示。

步骤02 启用数据验证功能。❶选中单元格C1，❷在"数据"选项卡下的"数据工具"组中单击"数据验证"按钮，如下图所示。

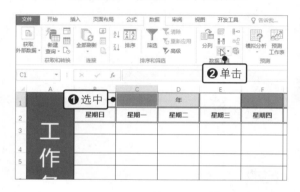

步骤03 设置验证条件。弹出"数据验证"对话框，❶在"设置"选项卡下的"验证条件"选项组中设置"允许"为"序列"，❷在"来源"文本框中输入数字2018至2022，并用英文状态下的逗号进行分隔，如右图所示。设置完成后，单击"确定"按钮。

步骤04 使用数据验证功能。❶单击单元格C1右侧的下三角按钮，❷在展开的列表中单击2018选项，如下左图所示。

步骤05 设置数据验证。选中单元格F1，打开"数据验证"对话框，❶在"设置"选项卡下的"验证条件"选项组中设置"允许"为"序列"，❷在"来源"文本框中输入数字1至12，并用英文状态下的逗号进行分隔，如下右图所示。设置完成后，单击"确定"按钮。

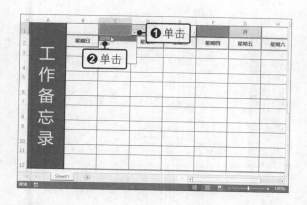

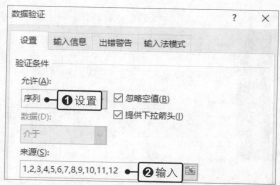

步骤06 使用数据验证功能。❶单击单元格F1右侧的下三角按钮，❷在展开的列表中单击需要的选项，如下图所示。

步骤07 设置字体大小。❶按住【Ctrl】键，同时选中单元格C1与单元格F1，❷在"开始"选项卡下的"字体"组中单击"加粗"按钮，❸在"字号"文本框中输入"18"，如下图所示。

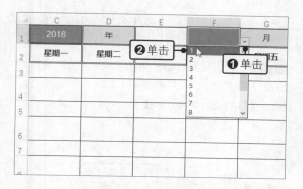

8.2.2 自动生成日期

创建好日期查询数据后，下面介绍如何制作从星期日开始的日历表，并运用 MONTH 函数、DATE 函数等函数实现日期自动生成功能，再在相应的单元格中输入工作日程的内容，最终完成工作备忘录的制作。

步骤01 计算日期。❶选中单元格区域B3:H3，❷在编辑栏中输入 "=IF(MONTH(DATE($C$1,$F$1,1))<>MONTH(DATE(C1,F1,1)-(WEEKDAY(DATE(C1,F1,1))-1)+{1,2,3,4,5,6,7}-1),"",DATE(C1,F1,1)-(WEEKDAY(DATE(C1,F1,1))-1)+{1,2,3,4,5,6,7}-1)"，按下【Ctrl+Shift+Enter】组合键，计算公式结果，如右图所示。

步骤02 计算日期。❶选中单元格区域B5:H5，❷在编辑栏中输入 "=H3+{1,2,3,4,5,6,7}"，按下【Ctrl+Shift+Enter】组合键，计算公式结果，如下左图所示。

步骤03 计算日期。❶选中单元格区域B7:H7，❷在编辑栏中输入 "=H5+{1,2,3,4,5,6,7}"，按下【Ctrl+Shift+Enter】组合键，计算公式结果，如下右图所示。

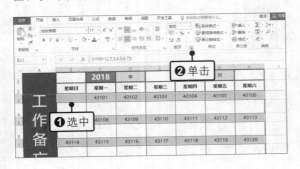

提示　生成日历公式

　　在编辑日历公式时，输入的公式是一个多单元格的数组公式，因此首先需要选定显示计算结果的单元格区域 B3:H3。公式中"(WEEKDAY(DATE(C1,F1,1))-1)"的作用是计算当前月份第一天距离最近一个星期日的相关天数。整个公式将当前日期的月份数与表达式"MONTH(DATE(C1,F1,1))-(WEEKDAY(DATE(C1,F1,1))-1)+{1,2,3,4,5,6,7}-1)"的值进行比较，如果不相等，则属于当月的日期，返回空值，反之返回表达式"DATE(C1,F1,1)-(WEEKDAY(DATE(C1,F1,1))-1)+{1,2,3,4,5,6,7}-1)"计算出的日期号。

步骤04　计算日期。选中单元格B3，使用"冻结窗格"功能冻结窗格，❶选中单元格区域B9:H9，❷在编辑栏中输入"=H7+{1,2,3,4,5,6,7}"，按下【Ctrl+Shift+Enter】组合键，计算公式结果，如下图所示。

步骤05　计算日期。❶选中单元格区域B11:H11，❷在编辑栏中输入"=H9+{1,2,3,4,5,6,7}"，按下【Ctrl+Shift+Enter】组合键，计算公式结果，如下图所示。

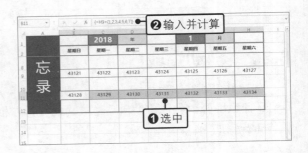

步骤06　启用数字格式设置功能。❶按住【Ctrl】键，同时选中单元格区域B3:H3、B5:H5、B7:H7、B9:H9、B11:H11，❷在"开始"选项卡下的"数字"组中单击对话框启动器，如下图所示。

步骤07　设置数字格式。弹出"设置单元格格式"对话框，❶在"数字"选项卡下的"分类"列表框中单击"自定义"选项，❷在"类型"文本框中输入"d"，设置以年月日中的日格式显示日期，如下图所示。

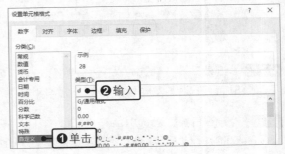

步骤08　设置填充。❶切换到"填充"选项卡，❷在"背景色"中选择合适的颜色，如右图所示。设置完成后，单击"确定"按钮。

步骤09　输入工作备忘记录。返回工作表，❶在单元格F1中设置需要的月份数据，如2月，❷在需要设置工作备忘的日期的下方单元格中输入备忘内容，设置好表格格式，如下图所示。以同样的方法在其他月份对应的日期数中输入工作备忘记录。

步骤10　查看工作备忘录制作效果。取消冻结单元格B3，在"视图"选项卡下的"显示"组中取消勾选"网格线"复选框，表格最终效果如下图所示。

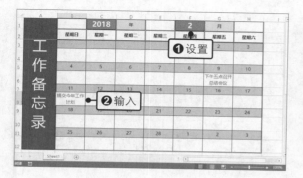

8.3　创建商品订单查询表

在实际工作中，常常需要记录商品的订货情况，如果记录的相关数据较为繁多，为了查询订单，可以创建商品订单查询表，从已登记订单记录表中按指定订单号查询相关客户信息及商品信息。在引用其他表格中的数据信息时，除了可以使用查找与引用函数，还可以灵活使用 Excel 中的数组公式来完成查询表的制作。

◎　原始文件：下载资源\实例文件\第8章\原始文件\创建商品订单查询表.xlsx
◎　最终文件：下载资源\实例文件\第8章\最终文件\创建商品订单查询表.xlsx

8.3.1　制作商品订单查询表

商品订单查询表需要实现的是在指定查询订单号的情况下，返回相应订单号下的商品及客户信息。下面介绍如何结合数据验证功能制作商品订单查询表。

步骤01　计算金额。打开原始文件，❶在单元格H2中输入公式"=F2*G2"，按下【Enter】键，计算公式结果，❷向下复制公式至单元格H48，如下左图所示。

步骤02　创建商品订单查询表。❶新建一个名称为"订单明细查询"的工作表，❷在表格中输入相关项目内容，设置好表格格式，如下右图所示。

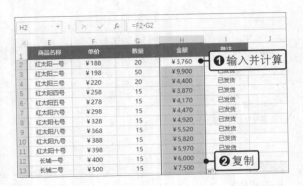

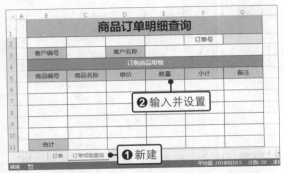

步骤03 输入不重复的订单号。❶在单元格I2中输入"20180001"，❷向下填充序列至单元格I20，完成不重复订单号的输入，如下图所示。

步骤04 启用数据验证功能。❶选中单元格G2，❷在"数据"选项卡下的"数据工具"组中单击"数据验证"按钮，如下图所示。

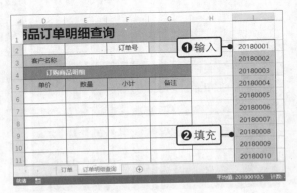

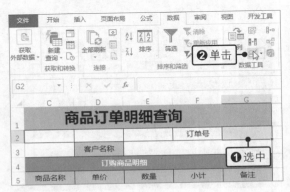

步骤05 设置数据验证条件。弹出"数据验证"对话框，❶在"设置"选项卡中设置"允许"为"序列"，❷单击"来源"文本框右侧的折叠按钮，如下图所示。

步骤06 设置数字格式。返回工作表，❶拖动鼠标选中单元格区域I2:I20，❷单击"数据验证"对话框中的折叠按钮，如下图所示。

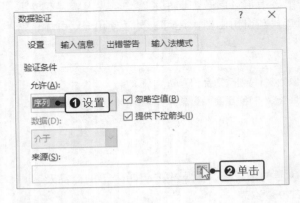

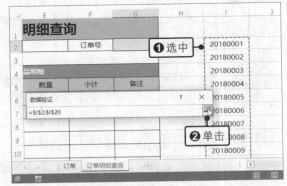

步骤07 完成数据验证设置。返回"数据验证"对话框，单击"确定"按钮，完成设置，如下左图所示。

步骤08 使用数据验证功能。❶单击单元格G2右侧的下三角按钮，❷在展开的列表中可选择需要输入的数据，如下右图所示。

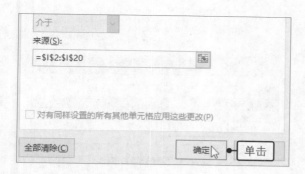

> **提示**　**引用数据来源**
>
> 设置数据验证为序列样式时，如果需要输入的来源数据较多，则可以直接引用工作表中已有的数据内容，直接作为序列内容，从而简化数据的输入过程。

8.3.2　返回订单明细

在制作商品订单查询表的过程中，可以使用数组公式完成表格数据的计算与引用。下面介绍如何使用数组公式引用数据，返回订单明细。

步骤01　输入函数。❶在单元格C3中输入"=VLOOKUP()"，❷单击编辑栏前的"插入函数"按钮，如下图所示。

步骤02　设置函数参数。弹出"函数参数"对话框，设置不同的函数参数，如下图所示。设置完成后，单击"确定"按钮。

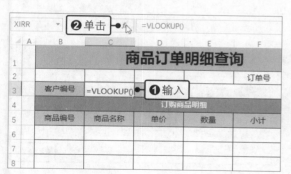

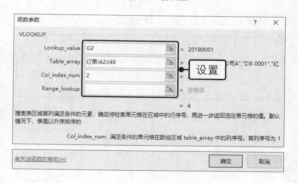

步骤03　计算客户编号。返回工作表，单元格C3中返回公式计算结果，如下图所示。

步骤04　计算客户名称。在单元格E3中输入公式"=VLOOKUP(G2,订单!A2:I48,3)"，按下【Enter】键，返回订单号对应的客户名称，如下图所示。

步骤05 提取订单号包含的商品编号。在单元格B6中输入公式 "=INDEX(订单!D$2:D$200,SMALL(IF(订单!$A$2:$A$48=订单明细查询!$G$2*1,ROW(订单!$B$2:$B$47)-1,190),ROW(订单明细查询!B1)))"，按下【Ctrl+Shift+Enter】组合键，计算公式结果，如右图所示。

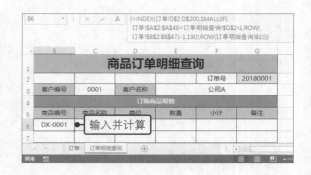

步骤06 返回不同商品的编号。向下复制公式，返回不同商品的编号，如下图所示。

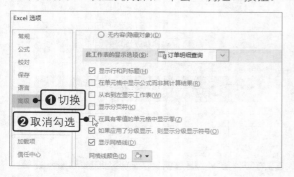

步骤07 返回指定订单号下不同商品的信息。❶选中单元格区域B6:B10，❷向右复制公式，返回指定订单号下不同的商品信息，如下图所示。

步骤08 返回备注。❶在单元格G6中输入公式 "=INDEX(订单!I$2:I$200,SMALL(IF(订单!$A$2:$A$48=订单明细查询!$G$2*1,ROW(订单!$B$2:$B$47)-1,190),ROW(订单明细查询!G2)))"，按下【Ctrl+Shift+Enter】组合键，计算公式结果，❷向下复制公式，返回不同商品编号的备注，如右图所示。

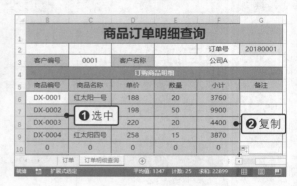

步骤09 设置Excel选项。打开"Excel选项"对话框，❶切换到"高级"选项卡，❷取消勾选"在具有零值的单元格中显示零"复选框，如下图所示。设置完成后，单击"确定"按钮。

步骤10 隐藏零值。返回工作表，可以看到表格中的零值被隐藏显示，效果如下图所示。

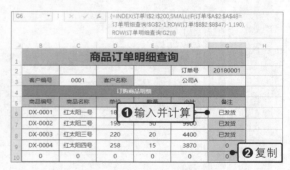

步骤11 计算数量合计。在单元格E11中输入公式"=SUM(IF($E$6:$E$10="",0,VALUE($E$6:$E$10)))"，按下【Ctrl+Shift+Enter】组合键，计算公式结果，如下图所示。

步骤12 计算小计合计。在单元格F11中输入公式"=SUM(IF(F6:F10="",0,VALUE(F6:F10)))"，按下【Ctrl+Shift+Enter】组合键，计算公式结果，如下图所示。

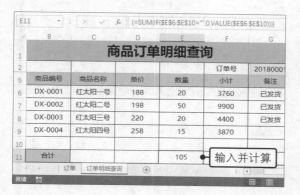

步骤13 选择查询数据。完成商品订单查询表的制作后，❶单击单元格G2右侧的下三角按钮，❷在展开的列表中选择需要查询的订单号，如下图所示。

步骤14 显示查询信息。指定查询订单号后，"商品订单明细查询"表格中显示查询到的相关数据信息，如下图所示。

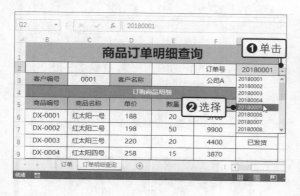

专栏　使用数组公式重新排序数据

在制作商品销售数据表格时，对表格中的数据进行排序处理，能更加清楚地查看商品销售情况，这样表格看起来也更加整齐。下面介绍如何使用数组公式重新排序数据。

◎ **原始文件：**下载资源\实例文件\第8章\原始文件\使用数组公式重新排序数据.xlsx
◎ **最终文件：**下载资源\实例文件\第8章\最终文件\使用数组公式重新排序数据.xlsx

步骤01 选定计算区域。打开原始文件，选中单元格区域F2:F16，如下左图所示。

步骤02 计算销售额排序。在编辑栏中输入公式"=INDEX($D$2:$D$16,MATCH(LARGE($D$2:$D$16,ROW()-1),$D$2:$D$16,0))"，按下【Ctrl+Shift+Enter】组合键，如下右图所示。

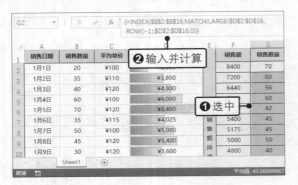

步骤03 计算销售数量排序。❶选中单元格区域G2:G16，❷在编辑栏中输入公式"=INDEX($B$2:$B$16,MATCH(LARGE($D$2:$D$16,ROW()-1),$D$2:$D$16,0))"，按下【Ctrl+Shift+Enter】组合键，计算公式结果，如下图所示。

步骤04 计算平均单价排序。❶选中单元格区域H2:H16，❷在编辑栏中输入公式"=INDEX($C$2:$C$16,MATCH(LARGE($D$2:$D$16,ROW()-1),$D$2:$D$16,0))"，按下【Ctrl+Shift+Enter】组合键，计算公式结果，如下图所示。

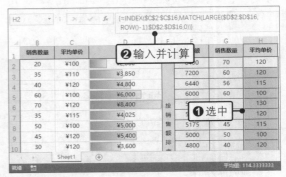

读书笔记

柱形图的应用

柱形图是最常用的图表类型之一，是用来显示一段时间内数据变化或描述各项目之间数据对比的图表。柱形图的子类型有簇状柱形图、堆积柱形图、百分比堆积柱形图、三维簇状柱形图、三维堆积柱形图、三维百分比堆积柱形图和三维柱形图。其中使用二维柱形图创建的图表更加方便精确对比，而使用三维柱形图显示数据对比更加形象。

9.1 创建销售业绩对比图表

为了更好地反映企业销售业绩在不同月份的对比情况，可以使用柱形图来表达不同时间内数据的变化情况。一般来说，时间系列对比关系的图表可以使用柱形图和折线图来表示，当时间点较多时，应选择折线图；而当时间点较少（小于 8 个）时，则选择柱形图较为合适。本节将介绍如何创建图表来分析对比企业上半年不同月份的销售情况，并根据需要对图表进行格式效果的设置，使其达到更美观的视觉效果。

◎ 原始文件：下载资源\实例文件\第9章\原始文件\创建销售业绩对比图表.xlsx
◎ 最终文件：下载资源\实例文件\第9章\最终文件\创建销售业绩对比图表.xlsx

9.1.1 制作销售业绩对比图表

下面介绍如何使用簇状柱形图工具，创建企业 2017 下半年的月销售情况对比图，并对其进行简单设置。

步骤01 查看原始数据。打开原始文件，查看工作表中记录的企业2017下半年销售记录数据，如下图所示。

步骤02 插入图表。❶选中单元格区域A2:B8，❷在"插入"选项卡下的"图表"组中单击"插入柱形图或条形图"按钮，❸在展开的列表中单击"簇状柱形图"选项，如下图所示。

步骤03 生成图表。在工作表中生成由选定数据创建的柱形图，调整图表位置方便编辑，效果如下图所示。

步骤04 设置图表标题。在图表的标题文本框中删除原有文本，输入新标题内容为"2017下半年月销售业绩对比图"，并设置标题文本的字体为"微软雅黑"，如下图所示。

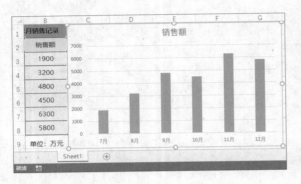

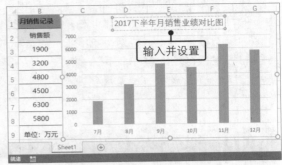

步骤05 删除纵坐标轴。❶选中图表，❷在"图表工具-设计"选项卡下的"图表布局"组中单击"添加图表元素"按钮，❸在展开的列表中依次单击"坐标轴>主要纵坐标轴"选项，如右图所示。

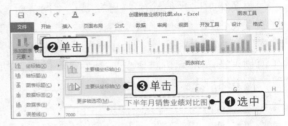

9.1.2　美化销售业绩对比图表

　　创建好销售业绩对比图表后，下面将介绍如何设置图表中不同对象元素的格式效果，最终完成整个图表的编辑与设置。

步骤01 设置数据系列格式。❶右击图表数据系列，❷在弹出的快捷菜单中单击"设置数据系列格式"命令，如下图所示。

步骤02 设置系列选项。打开"设置数据系列格式"窗格，在"系列选项"选项卡下的"系列选项"选项组中设置"分类间距"为80%，如下图所示。

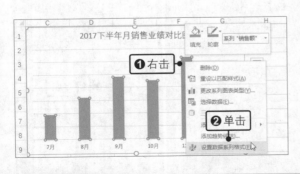

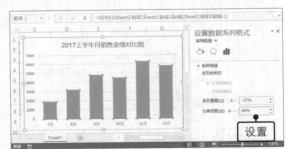

提示　选中图表对象

　　图表由多种不同的对象构成，如标题、图例、坐标轴等。若要对其中的对象进行操作或设置，需先选中对象。选中对象的方法有两种：第一种是直接在图表中单击某个对象，即可将其选中；第二种是在"图表工具 - 设计"选项卡下"当前所选内容"组中的"图表元素"下拉列表框中选择需要选中的对象。

步骤03　设置填充效果。❶切换到"填充与线条"选项卡，❷在"填充"选项组中单击"纯色填充"单选按钮，❸单击"颜色"右侧的下三角按钮，❹在展开的列表中选择合适的颜色，如下图所示。

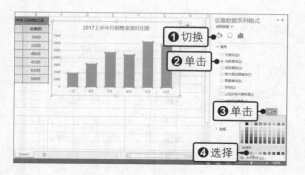

步骤04　设置三维格式。❶切换到"效果"选项卡，❷在"三维格式"选项组中单击"顶部棱台"按钮，❸在展开的列表中单击"圆"选项，如下图所示。设置完成后，单击"关闭"按钮。

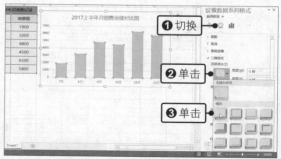

步骤05　查看图表。返回图表，查看设置数据系列格式后的图表效果，如下图所示。

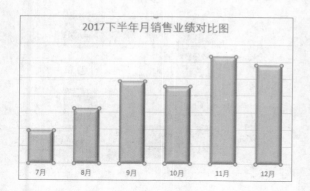

步骤06　添加数据标签。继续选中图表，❶在"图表工具-设计"选项卡下的"图表布局"组中单击"添加图表元素"按钮，❷在展开的列表中依次单击"数据标签>数据标签外"选项，如下图所示。

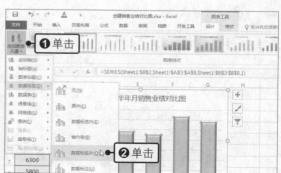

步骤07　设置艺术字样式。继续选中图表，❶切换到"图表工具-格式"选项卡，❷单击"艺术字样式"组中的快翻按钮，在展开的列表中单击合适的艺术字选项，如下图所示。

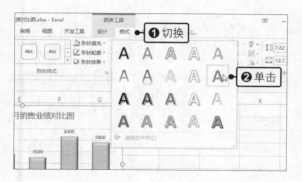

步骤08　设置文本填充颜色。选中图表标题，❶在"图表工具-格式"选项卡下的"艺术字样式"组中单击"文本填充"右侧的下三角按钮，❷在展开的列表中选择合适的颜色，如下图所示。

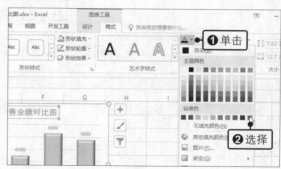

步骤09 设置文本效果。选中图表标题，❶在"图表工具-格式"选项卡下的"艺术字样式"组中单击"文本效果"按钮，❷在展开的列表中依次单击"发光>灰色-50%，11 pt发光，个性色3"选项，如下图所示。

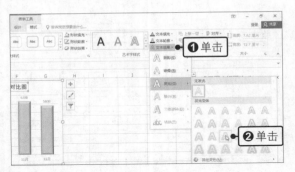

步骤10 设置绘图区形状样式。选中图表绘图区，❶切换到"图表工具-格式"选项卡，❷单击"形状样式"组中的快翻按钮，在展开的列表中单击合适的形状样式，如下图所示。

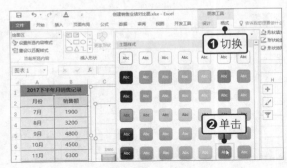

步骤11 设置图表区形状格式。❶选中整个图表，❷在"图表工具-格式"选项卡下的"形状样式"组中单击对话框启动器，如下图所示。

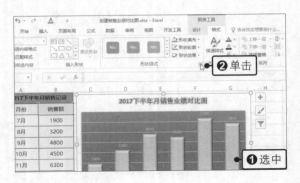

步骤12 设置纹理填充。打开"设置图表区格式"窗格，❶在"填充与线条"选项卡下的"填充"选项组中单击"图片或纹理填充"单选按钮，❷单击"纹理"右侧的下三角按钮，❸在展开的列表中单击"新闻纸"选项，如下图所示。

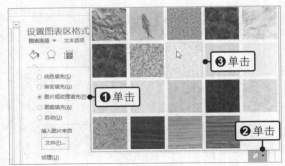

步骤13 设置边框样式。❶在"填充与线条"选项卡下的"边框"选项组中设置"宽度"为"5磅"，❷设置"复合类型"为"双线"类型，❸勾选"圆角"复选框，如下图所示。

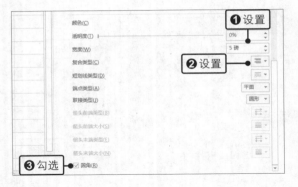

步骤14 设置阴影。❶切换到"效果"选项卡，❷在"阴影"选项组中单击"预设"右侧的下三角按钮，❸在展开的列表中单击"向右偏移"选项，如下图所示。设置完成后，单击"关闭"按钮。

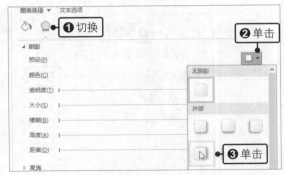

步骤15 调整图表大小。按住图表边缘位置不放，拖动鼠标调整图表大小至合适的效果，如下图所示。

步骤16 查看图表效果。释放鼠标，完成图表的设置，用户可以查看制作完成的图表效果，如下图所示。

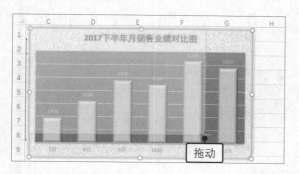

9.2 创建企业收支情况分析图表

若需要对企业收支情况进行统计分析，同样可以使用柱形图。通常情况下，企业的收支应达到平衡状态，并且支出应小于收入，这样才能保证企业的盈利状态。在使用柱形图分析企业收支情况时，需要注意将数据系列设置为重叠的效果，以方便对收入与支出进行比较分析。为了更好地了解收入与支出情况，还可以为图表添加形状图形，以便于对图表进行查看。

◎ 原始文件：下载资源\实例文件\第9章\原始文件\创建企业收支情况分析图表.xlsx
◎ 最终文件：下载资源\实例文件\第9章\最终文件\创建企业收支情况分析图表.xlsx

9.2.1 制作企业收支情况分析图表

下面介绍如何创建企业收支情况分析图表，并使用不同的设置功能设置图表的格式效果。设置好企业收支情况分析图表的格式效果后，为了让图表中产生的对比效果更明确，下面介绍如何更改图表在工作簿中的位置，从而完成图表的制作。

步骤01 查看原始数据。打开原始文件，查看工作表中记录的企业不同月份收支情况的相关数据，如下图所示。

步骤02 插入图表。❶选中单元格区域A2:M4，❷在"插入"选项卡下的"图表"组中单击"插入柱形图或条形图"按钮，❸在展开的列表中单击"簇状柱形图"选项，如下图所示。

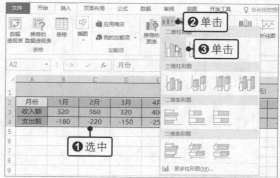

步骤03 生成图表。在工作表中生成由选定数据创建的柱形图，将其移动至合适的位置，效果如下图所示。

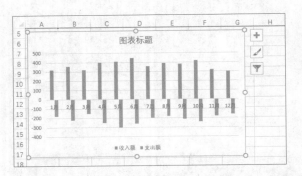

步骤04 设置坐标轴格式。❶选中图表，❷在"图表工具-设计"选项卡下的"图表布局"组中单击"添加图表元素"按钮，❸在展开的列表中依次单击"坐标轴>主要横坐标轴"选项，如下图所示，隐藏主要横坐标轴。

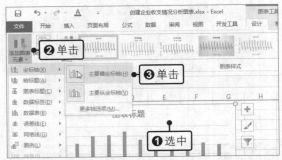

步骤05 启用坐标轴格式设置功能。继续选中图表，❶在"图表工具-设计"选项卡下的"图表布局"组中单击"添加图表元素"按钮，❷在展开的列表中依次单击"坐标轴>更多轴选项"选项，如下图所示。

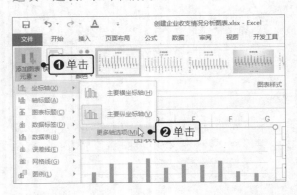

步骤06 设置坐标轴标签。打开"设置坐标轴格式"窗格，❶在"坐标轴选项"选项卡下的"标签"选项组中单击"标签位置"右侧的下三角按钮，❷在展开的列表中单击"低"选项，如下图所示。设置完成后，单击"关闭"按钮。

步骤07 设置数据系列格式。❶右击图表数据系列，❷在弹出的快捷菜单中单击"设置数据系列格式"命令，如下图所示。

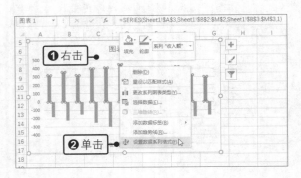

步骤08 设置系列选项。打开"设置数据系列格式"窗格，❶在"系列选项"选项卡下的"系列选项"选项组中设置"系列重叠"值为100%，❷设置完成后单击"关闭"按钮，如下图所示。

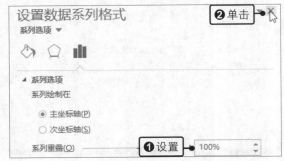

步骤09　取消网格线。❶选中图表，❷在"图表工具-设计"选项卡下的"图表布局"组中单击"添加图表元素"按钮，❸在展开的列表中依次单击"网格线>主轴主要水平网格线"选项，如下图所示。

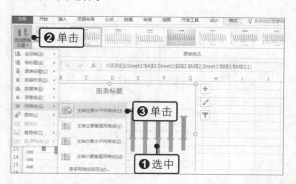

步骤11　启用坐标轴格式设置功能。❶右击图表中的垂直（值）轴，❷在弹出的快捷菜单中单击"设置坐标轴格式"命令，如下图所示。

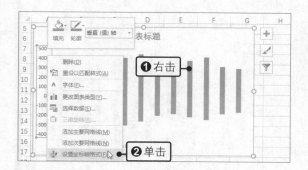

步骤13　查看图表效果。设置坐标轴格式后的效果如下图所示。

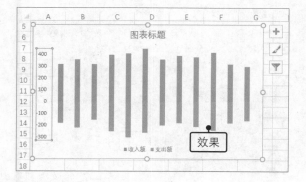

步骤10　查看图表效果。设置完成后，查看图表数据系列及网格线设置效果，如下图所示。

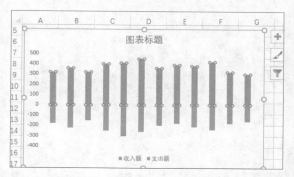

步骤12　设置坐标轴选项。打开"设置坐标轴格式"窗格，❶在"坐标轴选项"选项卡下的"坐标轴选项"选项组中设置"边界"的"最小值"为-300，"最大值"为450，❷单击"关闭"按钮，如下图所示。

步骤14　插入形状图形。为了更直观地辨明收入和支出各自对应的柱形对比情况，可插入形状。❶在"插入"选项卡下的"插图"组中单击"形状"按钮，❷在展开的列表中单击"上箭头"选项，如下图所示。

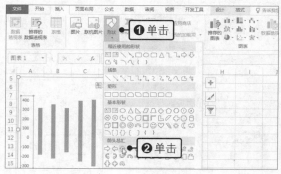

步骤15 绘制形状图形。在图表中拖动鼠标绘制箭头图形，绘制完成后释放鼠标，如下图所示。

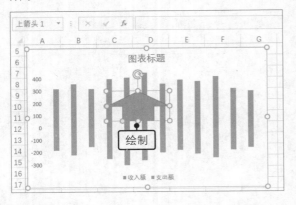

步骤16 编辑文字。❶右击绘制的箭头图形，❷在弹出的快捷菜单中单击"编辑文字"命令，如下图所示。

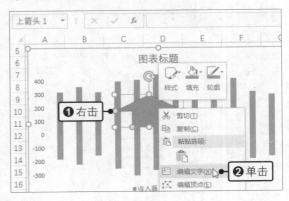

步骤17 设置形状样式。在形状图形中输入需要添加的文本内容，并设置好文字格式，❶选中图形，❷在"绘图工具-格式"选项卡下的"形状样式"组中单击合适的形状样式，如下图所示。

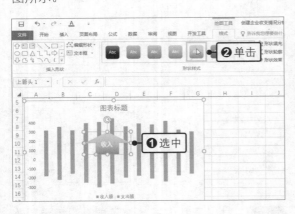

步骤18 制作下箭头图形。使用相同的方法，在图表中绘制下箭头图形，并添加文本内容，设置形状图形效果，如下图所示。

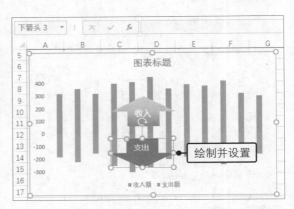

步骤19 设置图表形状样式。❶选中图表区，❷在"图表工具-格式"选项卡下的"形状样式"组中单击合适的形状样式，如下图所示。

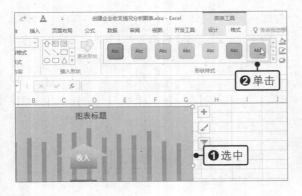

步骤20 设置绘图区样式。❶选中图表绘图区，❷在"图表工具-格式"选项卡下的"形状样式"组中单击"形状填充"按钮，❸在展开的列表中单击合适的颜色，如下图所示。

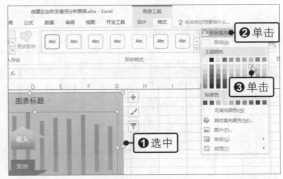

步骤21 设置图表标题。在图表的标题文本框中输入图表标题内容为"企业收支平衡分析图",如下图所示。

步骤22 设置标题形状样式。❶选中图表的标题文本框,❷在"图表工具-格式"选项卡下的"形状样式"组中单击合适的形状样式,如下图所示。

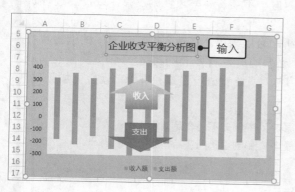

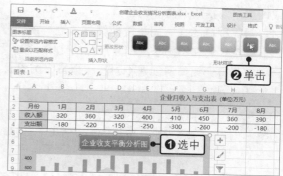

9.2.2 移动企业收支情况分析图表

设置好企业收支情况分析图表的格式效果后,下面对其进行细微调整,并使用图表移动功能将其移动至单独的工作表中,使其看起来更加完整、美观。

步骤01 移动箭头图形位置。同时选中上、下箭头图形,将其拖动至图表中间位置,如下图所示。

步骤02 移动图表。选中图表,在"图表工具-设计"选项卡下的"位置"组中单击"移动图表"按钮,如下图所示。

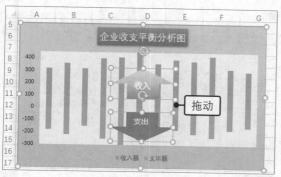

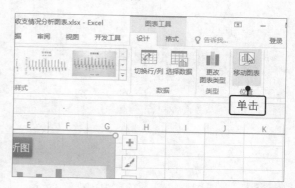

步骤03 设置移动位置。弹出"移动图表"对话框,❶单击"新工作表"单选按钮,❷在"新工作表"右侧的文本框中输入名称"收支分析图表",❸单击"确定"按钮,如下图所示。

步骤04 查看图表效果。移动图表后,在新工作表"收支分析图表"中,根据需要将图表中的文字格式进行调整,即可完成图表制作,效果如下图所示。

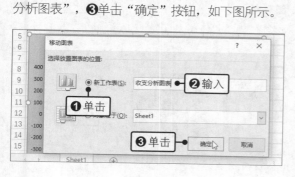

9.3 创建不同产品销售比例图表

企业通常会在年末对不同产品的销售情况进行统计分析，从而了解不同产品在市场中的占有率情况。产品的市场占有率越高，表示其销售量越好，市场占有率较低的产品，则需要进行改进或调整，以提高产品的销售量。

对同种产品在不同季度的销售量进行统计分析，可以根据产品在不同销售时间的销售状况，适当调整企业在不同季度销售产品的比例，减少不必要的资金浪费，从而为企业创造更大的利润。

本节将介绍如何创建不同产品销售比例图表，并对其格式进行设置和调整，使之更加美观。

◎ 原始文件：下载资源\实例文件\第9章\原始文件\创建不同产品销售比例图表.xlsx
◎ 最终文件：下载资源\实例文件\第9章\最终文件\创建不同产品销售比例图表.xlsx

9.3.1 制作不同产品销售比例图表

下面介绍如何创建不同产品销售比例图表，并根据需要对创建的图表进行格式效果的设置。

步骤01 查看原始数据。打开原始文件，查看工作表中记录的不同产品的销售数据，如下图所示。

步骤02 插入图表。❶选中单元格区域A2:E5，❷在"插入"选项卡下的"图表"组中单击"插入柱形图或条形图"按钮，❸在展开的列表中单击"三维百分比堆积柱形图"选项，如下图所示。

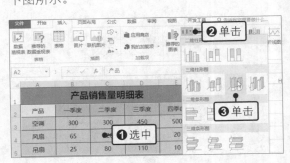

步骤03 生成图表。在工作表中生成由选定数据创建的柱形图，调整图表位置，方便编辑，效果如下图所示。

步骤04 切换行/列。❶选中图表，❷在"图表工具-设计"选项卡下的"数据"组中单击"切换行/列"按钮，如下图所示。

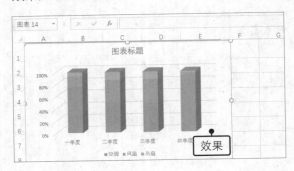

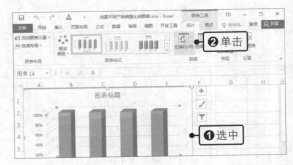

步骤05 查看行/列切换效果。图表显示行/列切换效果，如下图所示。

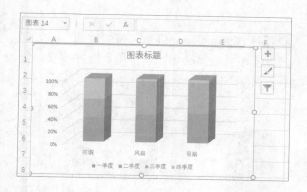

步骤06 设置图表样式。❶选中图表，❷在"图表工具-设计"选项卡下的"图表样式"组中单击合适的图表样式，如下图所示。

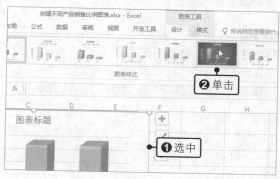

步骤07 启用数据系列格式设置功能。❶右击图表数据系列，❷在弹出的快捷菜单中单击"设置数据系列格式"命令，如下图所示。

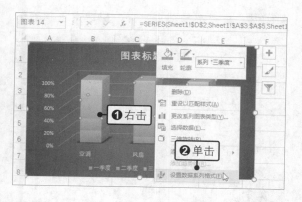

步骤08 设置数据系列格式。打开"设置数据系列格式"窗格，❶在"系列选项"选项卡下的"系列选项"选项组中设置"分类间距"值为100%，❷单击"关闭"按钮，如下图所示。

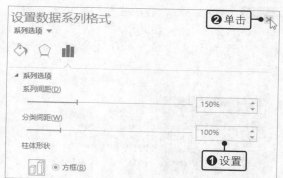

步骤09 查看图表效果。查看设置完成后的图表数据系列效果，如下图所示。

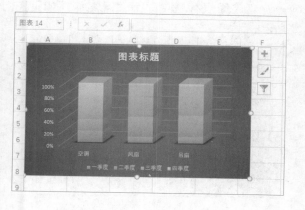

步骤10 删除图表标题。❶选中图表，❷在"图表工具-设计"选项卡下的"图表布局"组中单击"添加图表元素"按钮，❸在展开的列表中依次单击"图表标题>无"选项，如下图所示。

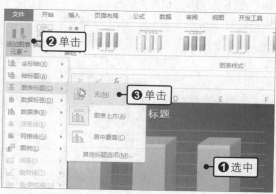

9.3.2 创建销售数据分析图表

制作完不同产品销售比例图表后，下面将介绍如何创建销售数据分析图表，并根据需要对创建的图表标题及格式效果进行设置。

步骤01 插入柱形图。❶选中单元格区域A2:E3，❷在"插入"选项卡下的"图表"组中单击"插入柱形图或条形图"按钮，❸在展开的列表中单击"三维簇状柱形图"选项，如下图所示。

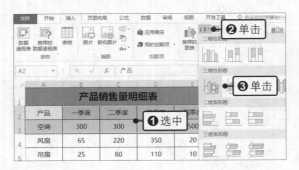

步骤02 设置图表。调整图表的位置，并对图表进行格式效果的设置，使图表更加美观，设置效果如下图所示。

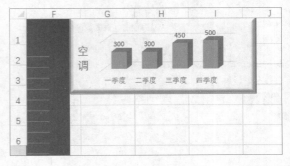

步骤03 复制图表。❶按住柱形图不放，❷拖动鼠标，同时按住【Ctrl】键不放，复制两个相同的图表，并调整其大小和位置，如下图所示。

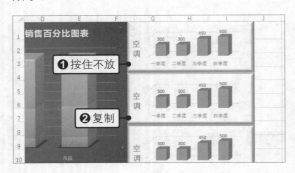

步骤04 启用选择数据功能。❶选中复制的第一个图表，❷在"图表工具-设计"选项卡下的"数据"组中单击"选择数据"按钮，如下图所示。

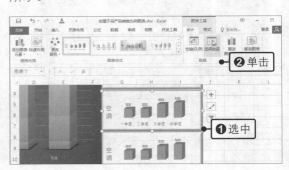

步骤05 设置图表数据区域。弹出"选择数据源"对话框，设置"图表数据区域"为"=Sheet1!$A$2:$E$2,Sheet1!$A$4:$E$4"，如下图所示。设置完成后，单击"确定"按钮。

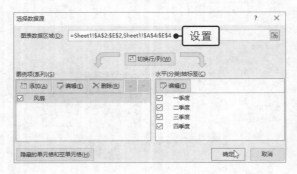

步骤06 查看图表更改效果。返回工作表，可以看到选定的图表显示与指定数据源相同的数据，将图表标题更改为"风扇"，如下图所示。

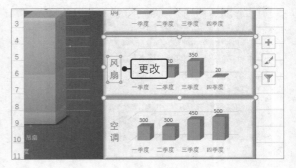

步骤07 更改图表数据源。选中复制的第二个图表，打开"选择数据源"对话框，设置"图表数据区域"为"=Sheet1!$A$2:$E$2,Sheet1!$A$5:$E$5"，如下图所示。设置完成后，单击"确定"按钮。

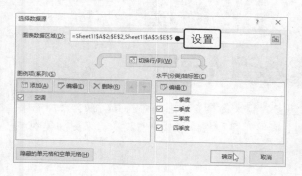

步骤08 查看图表更改效果。返回工作表，可以看到选定的图表显示与指定数据源相同的数据，将图表标题更改为"吊扇"，如下图所示。

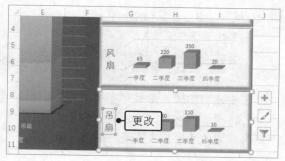

步骤09 组合图表。按住【Ctrl】键，同时选中工作表中创建的所有图表内容，❶右击选中的所有图表，❷在弹出的快捷菜单中单击"组合>组合"命令，如下图所示。

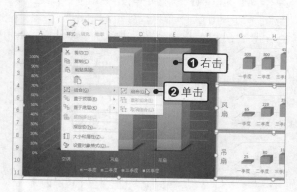

步骤10 插入艺术字。组合完成后，拖动图表调整位置。❶在"插入"选项卡下的"文本"组中单击"艺术字"按钮，❷在展开的列表中单击合适的艺术字选项，如下图所示。

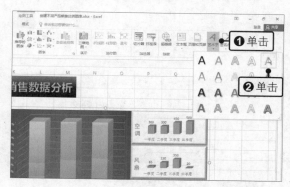

步骤11 编辑艺术字。❶将艺术字文本框中的原有文本删除，并输入新文本"不同产品市场占有率及销售数据分析"，❷在"开始"选项卡下设置艺术字"字体"为"微软雅黑"、"字号"为25，如下图所示。

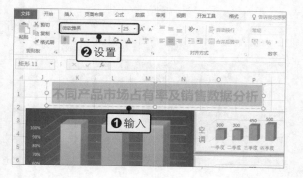

步骤12 设置艺术字形状样式。调整好文本框的大小和位置，选中艺术字文本框，❶在"绘图工具-格式"选项卡下的"形状样式"组中单击"形状填充"按钮，❷在展开的列表中选择合适的颜色，如下图所示。

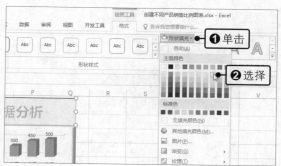

步骤13　查看图表效果。根据实际调整艺术字的位置和大小，使用步骤09的方法，组合艺术字文本框与所有图表，并将其整体移至合适的位置，图表最终效果如右图所示。

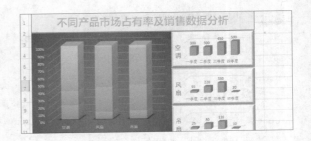

专栏　将二维图表转换为三维图表

在创建与编辑二维柱形图的过程中，如果希望它看起来更具立体感，可将其转换为三维柱形图。同时，还可以将图表中的方形柱体更改为圆锥、圆柱等多种柱体形式，使其看起来更加美观。下面将介绍如何将二维图表转换为三维图表。

◎　原始文件：下载资源\实例文件\第9章\原始文件\将二维图表转换为三维图表.xlsx
◎　最终文件：下载资源\实例文件\第9章\最终文件\将二维图表转换为三维图表.xlsx

步骤01　启用更改图表类型功能。打开原始文件，❶选中图表，❷在"图表工具-设计"选项卡下的"类型"组中单击"更改图表类型"按钮，如下图所示。

步骤02　更改图表类型。弹出"更改图表类型"对话框，❶在"所有图表"下的"柱形图"选项卡中单击"三维簇状柱形图"选项，❷在下方的列表中单击合适的柱形图选项，如下图所示。设置完成后，单击"确定"按钮。

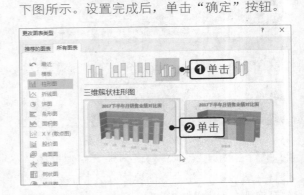

步骤03　设置主体形状。返回图表，❶双击图表数据系列，打开"设置数据系列格式"窗格，❷在"系列选项"选项卡下的"系列选项"选项组中单击"圆柱图"单选按钮，❸单击"关闭"按钮，如下图所示。

步骤04　查看图表效果。查看设置后的图表数据系列格式效果，如下图所示。

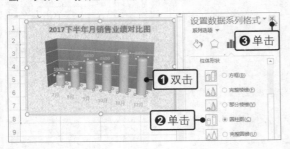

折线图的应用

折线图主要用于以等时间间隔显示数据的变化趋势，强调的是时间性和变动率。折线图的子类型共 7 种，包括折线图、堆积折线图、百分比堆积折线图、带数据标记的折线图、带标记的堆积折线图、带数据标记的百分比堆积折线图、三维折线图。此外，折线图可以表达多个数据系列，对数据进行比较分析。

10.1 创建销售收益率比较分析图

企业在比较不同部门的收益率时，除了使用前面介绍的柱形图，还可以使用折线图。通过折线图，既可以很清楚地表达各部门销售收益率在不同年度的走势，还可以对不同部门的销售情况进行比较分析，总结出更好的销售方案与销售策略。

◎ 原始文件：下载资源\实例文件\第10章\原始文件\创建销售收益率比较分析图.xlsx
◎ 最终文件：下载资源\实例文件\第10章\最终文件\创建销售收益率比较分析图.xlsx

10.1.1 创建销售收益率折线图

下面介绍如何使用 Excel 的插入图表功能创建销售收益率的二维折线图，并对图表的图例与标题进行设置。

步骤01 查看原始数据。打开原始文件，查看表格中统计的各部门在不同年度的销售收益率数据，如下图所示。

步骤02 插入图表。❶选中单元格区域A2:F4，❷在"插入"选项卡下的"图表"组中单击"插入折线图或面积图"按钮，❸在展开的列表中单击"带数据标记的折线图"选项，如下图所示。

销售收益率统计表					
年份	2013年	2014年	2015年	2016年	2017年
销售一部	55%	36%	45%	60%	50%
销售二部	45%	30%	35%	46%	56%

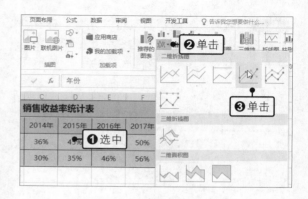

步骤03 生成图表。在工作表中生成由选定数据创建的折线图，调整图表位置，方便编辑，效果如下左图所示。

步骤04 设置图例。❶选中图表，❷在"图表工具-设计"选项卡下的"图表布局"组中单击"添加图表元素"按钮，❸在展开的列表中依次单击"图例>右侧"选项，如下右图所示。

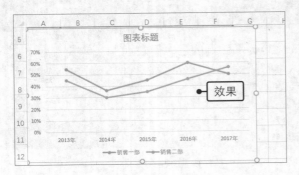

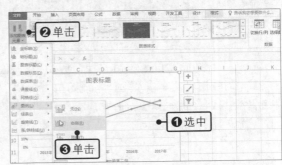

步骤05 设置图表标题。在图表的标题文本框中删除原有文本内容，输入新标题内容为"销售收益率分析图表"，如下图所示。

步骤06 设置标题文本格式。❶选中图表的标题文本框，❷在"开始"选项卡下的"字体"组中设置"字体"为"微软雅黑"，设置"字号"为18，设置字体为"加粗"效果，设置"字体颜色"为"红色"，如下图所示。

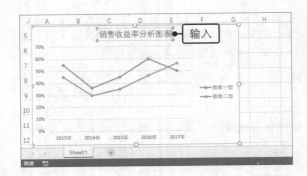

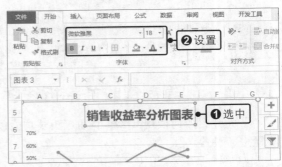

10.1.2　美化销售收益率折线图

制作完销售收益率折线图后，接下来将对其进行格式设置，使其看起来更加美观，对比效果更加鲜明。

步骤01 启用设置数据系列格式功能。❶右击"销售二部"数据系列，❷在弹出的快捷菜单中单击"设置数据系列格式"命令，如下图所示。

步骤02 设置线条颜色。打开"设置数据系列格式"窗格，❶切换到"填充与线条"选项卡，❷在"线条"选项组中单击"实线"单选按钮，❸设置"颜色"为"红色"，如下图所示。

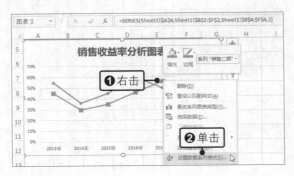

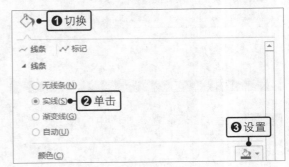

步骤03　设置线型。❶在"线条"选项组中单击"短画线类型"右侧的下三角按钮，❷在展开的列表中单击"方点"选项，如下图所示。

步骤04　设置数据标记选项。❶单击"填充与线条"选项卡下的"标记"选项，❷在"数据标记选项"选项组中的"内置"选项下单击"类型"右侧的下三角按钮，❸在展开的列表中单击合适的选项，如下图所示。

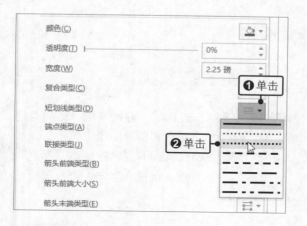

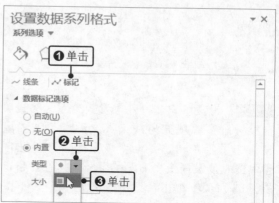

提示　**设置部分线条线型**

　　如果只需对线条上的某一部分进行线型设置，可选中线条上需要设置的线型位置右侧的单个标记，然后打开"设置数据系列格式"窗格，在"填充与线条"选项卡下的"线条"选项组中设置其"短画线类型"。其设置范围仅包含选中的标记与上一个标记之间的线条。

步骤05　设置标记填充颜色。❶在"标记"下的"填充"选项组中单击"颜色"右侧的下三角按钮，❷在展开的列表中单击"红色"选项，如下图所示。

步骤06　设置标记边框。❶在"标记"下的"边框"选项组中单击"颜色"右侧的下三角按钮，❷在展开的列表中单击"红色"选项，如下图所示。

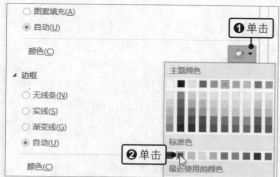

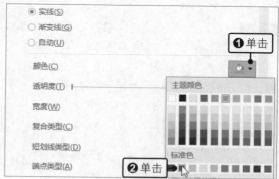

步骤07　查看线条设置效果。以同样的方法为"销售一部"线条设置合适的标记效果，设置完成后查看线条效果，如下左图所示。

步骤08　切换设置对象。❶在"设置数据系列格式"窗格中单击"系列选项"右侧的下三角按钮，❷在展开的列表中单击"绘图区"选项，如下右图所示。

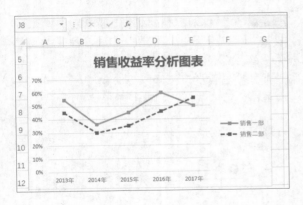

步骤09 设置填充。打开"设置绘图区格式"窗格，❶在"填充与线条"选项卡下的"填充"选项组中单击"渐变填充"单选按钮，❷单击"预设渐变"右侧的下三角按钮，❸在展开的列表中单击合适的渐变选项，如下图所示。

步骤10 设置三维格式。❶切换到"效果"选项卡，❷在"三维格式"选项组中单击"顶部棱台"按钮，❸在展开的列表中单击"角度"选项，如下图所示。设置完成后，单击窗格的"关闭"按钮。

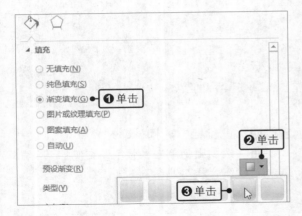

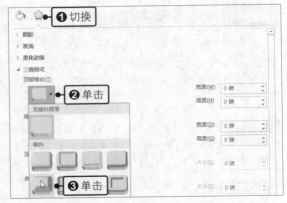

步骤11 设置图表区颜色。❶选中图表，❷在"图表工具-格式"选项卡下的"形状样式"组中单击"形状填充"右侧的下三角按钮，❸在展开的列表中单击"橙色"选项，如下图所示。

步骤12 查看图表效果。调整图表的大小与位置，查看设置完成后的图表效果，如下图所示。从中可发现2013—2016年，销售一部的销售收益率始终比销售二部高，但在2017年，销售二部的销售收益率超过了销售一部。

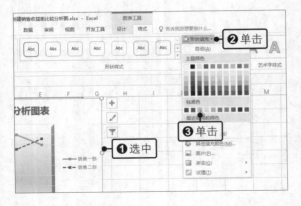

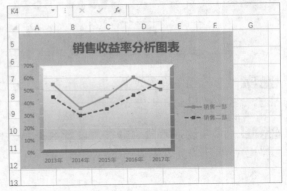

10.2　创建销售目标实现情况图

　　企业通常会在一年的年底总结本年的生产经营情况，其中必做的一项工作就是将实际的经营数据与之前制定的经营目标进行对比分析。本节将对某企业的实际销售额与目标销售额进行对比分析，采用的具体方法是通过创建折线图，分析实际销售数据与目标销售数据的走势，据此判断目标销售额的实现难度，供管理层调整来年的经营目标时参考。

◎ 原始文件：下载资源\实例文件\第10章\原始文件\创建销售目标实现情况图.xlsx
◎ 最终文件：下载资源\实例文件\第10章\最终文件\创建销售目标实现情况图.xlsx

10.2.1　创建销售情况折线图

　　下面介绍如何创建销售情况折线图，并对图表中的折线线条及坐标轴外观进行设置，使其看起来更加清楚，对比更加明显。

步骤01　查看数据。打开原始文件，查看工作表中记录的月销售额实际情况与目标情况数据，如下图所示。

步骤02　插入图表。❶选中单元格区域A2:M4，❷在"插入"选项卡下的"图表"组中单击"插入折线图或面积图"按钮，❸在展开的列表中单击"折线图"选项，如下图所示。

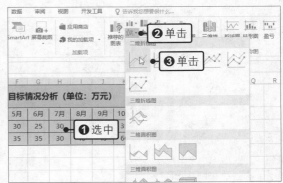

步骤03　设置图例位置。❶选中图表，❷在"图表工具-设计"选项卡下的"图表布局"组中单击"添加图表元素"按钮，❸在展开的列表中依次单击"图例>顶部"选项，如下图所示。

步骤04　删除图表标题。选中图表，❶在"图表工具-设计"选项卡下的"图表布局"组中单击"添加图表元素"按钮，❷在展开的列表中依次单击"图表标题>无"选项，如下图所示。

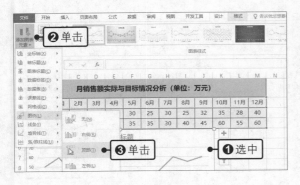

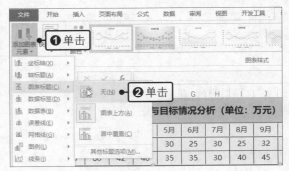

步骤05 查看图表。查看设置图例位置与删除图表标题后的图表效果，如下图所示。

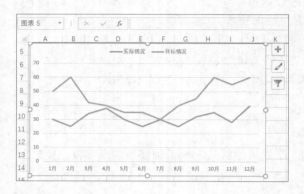

步骤06 取消网格线。❶选中图表，❷在"图表工具-设计"选项卡下的"图表布局"组中单击"添加图表元素"按钮，❸在展开的列表中依次单击"网格线>主轴主要水平网格线"选项，如下图所示。

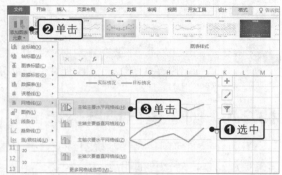

步骤07 查看网格线取消效果。返回图表，可以看到图表中的水平网格线被隐藏，如下图所示。

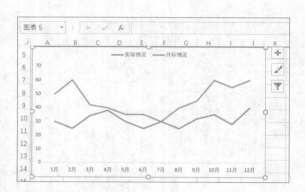

步骤08 启用设置数据系列格式功能。❶右击"目标情况"数据系列，❷在弹出的快捷菜单中单击"设置数据系列格式"命令，如下图所示。

步骤09 设置线条颜色和宽度。打开"设置数据系列格式"窗格，❶在"填充与线条"选项卡下的"线条"选项组中单击"实线"单选按钮，❷设置线条"颜色"为"红色"，❸设置线条"宽度"为"3磅"，如下图所示。

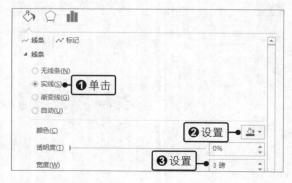

步骤10 设置线型。❶在"填充与线条"选项卡下的"线条"选项组中单击"短画线类型"右侧的下三角按钮，❷在展开的列表中单击"圆点"选项，如下图所示。

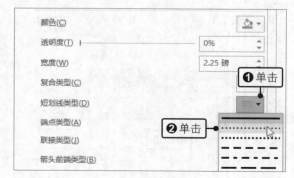

步骤11 设置平滑线。在"填充与线条"选项卡下的"线条"选项组中勾选"平滑线"复选框,如下图所示。

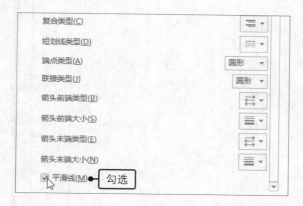

步骤12 查看图表效果。使用相同的方法,设置"实际情况"数据系列的平滑线效果,设置后的图表效果如下图所示。

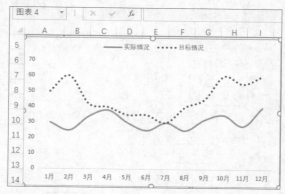

步骤13 切换设置对象。❶在"设置数据系列格式"窗格中单击"系列选项"右侧的下三角按钮,❷在展开的列表中单击"垂直(值)轴"选项,如下图所示。

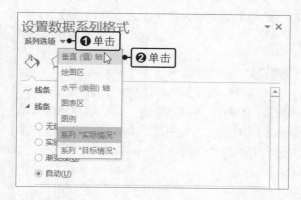

步骤14 设置垂直坐标轴选项。打开"设置坐标轴格式"窗格,❶切换到"坐标轴选项"选项卡,❷在"刻度线"选项组中单击"主要类型"右侧的下三角按钮,❸在展开的列表中单击"外部"选项,如下图所示。

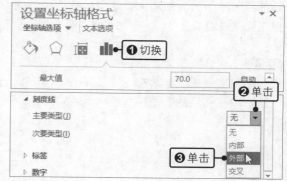

步骤15 切换设置对象。❶在"设置坐标轴格式"窗格中单击"坐标轴选项"右侧的下三角按钮,❷在展开的列表中单击"水平(类别)轴"选项,如下图所示。

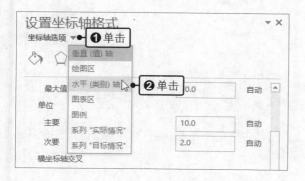

步骤16 设置水平坐标轴选项。打开"设置坐标轴格式"窗格,❶在"坐标轴选项"选项卡下的"坐标轴选项"选项组中单击"在刻度线上"单选按钮,❷在"刻度线"选项组中设置"主要类型"为"外部",如下图所示。

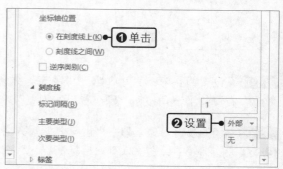

步骤17 设置坐标轴颜色。❶切换到"填充与线条"选项卡，❷在"线条"选项组中单击"实线"单选按钮，❸设置线条"颜色"为"红色"，如下图所示。用相同方法设置垂直坐标轴为红色实线。

步骤18 查看图表设置效果。返回图表，可以看到垂直坐标轴与水平坐标轴外部显示刻度线，坐标轴线条为红色实线，如下图所示。

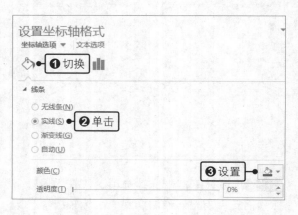

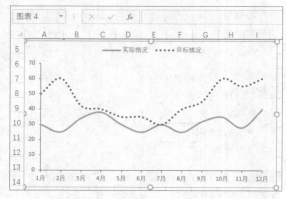

10.2.2　添加形状展示销售趋势

创建好销售情况折线图后，为了更加形象地展示横坐标轴数据的走向，可为折线图中的折线添加用于指示方向的箭头，还可以在图表外侧绘制合适的形状并输入文字，直观展示折线图的数据走势发展结果。

步骤01 切换设置对象。❶在"设置坐标轴格式"窗格中单击"坐标轴选项"右侧的下三角按钮，❷在展开的列表中单击"系列'实际情况'"选项，如下图所示。

步骤02 设置"实际情况"数据系列选项。打开"设置数据系列格式"窗格，❶在"填充与线条"选项卡下的"线条"选项组中单击"箭头末端类型"右侧的下三角按钮，❷在展开的列表中单击"燕尾箭头"选项，如下图所示。

步骤03 设置箭头末端大小。❶在"填充与线条"选项卡下的"线条"选项组中单击"箭头末端大小"右侧的下三角按钮，❷在展开的列表中单击"右箭头9"选项，如下左图所示。

步骤04 切换设置对象。❶在"设置数据系列格式"窗格中单击"系列选项"右侧的下三角按钮，❷在展开的列表中单击"系列'目标情况'"选项，如下右图所示。

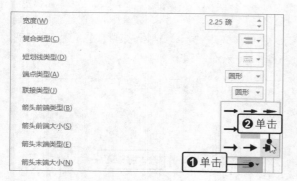

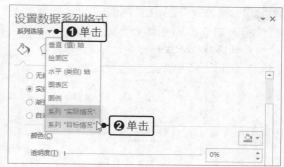

步骤05　设置"目标情况"数据系列选项。打开"设置数据系列格式"窗格，❶在"填充与线条"选项卡下的"线条"选项组中单击"箭头末端类型"右侧的下三角按钮，❷在展开的列表中单击"箭头"选项，如下图所示。设置完成后，单击窗格的"关闭"按钮。

步骤06　查看数据系列设置效果。在图表中查看数据系列设置效果，可以看见"实际情况"数据系列与"目标情况"数据系列的末端均添加了箭头符号，如下图所示。

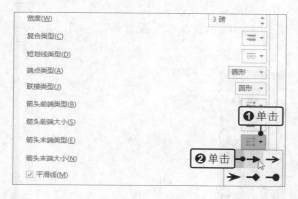

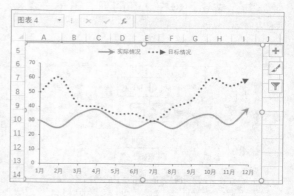

步骤07　插入上下箭头。❶在"插入"选项卡下的"插图"组中单击"形状"按钮，❷在展开的列表中单击"上下箭头"选项，如下图所示。

步骤08　绘制箭头图形。在图表右侧拖动鼠标绘制上下箭头图形，并调整好箭头的大小，如下图所示。

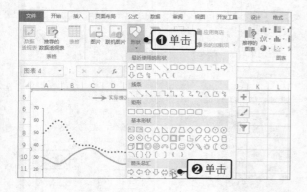

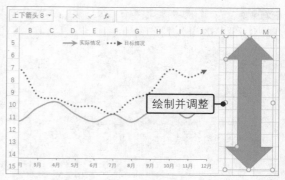

步骤09　添加文字。❶右击上下箭头图形，❷在弹出的快捷菜单中单击"编辑文字"命令，如下左图所示。

步骤10 输入文字。从折线图中可以看出，在1月、2月、10月、11月、12月中，企业的目标销售数据远高于实际销售数据，因此在上下箭头图形中输入文本"实际情况表明销售目标难以实现"，并设置好文字格式，如下右图所示。

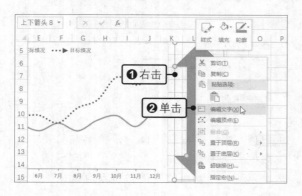

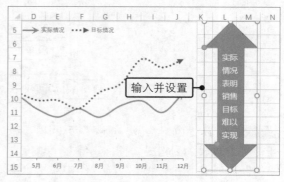

步骤11 设置页面方向。❶切换到"页面布局"选项卡，❷在"页面设置"组中单击"纸张方向"按钮，❸在展开的列表中单击"横向"选项，如下图所示。

步骤12 设置纸张大小。单击窗口左上角的"文件"按钮，❶在打开的视图菜单中单击"打印"命令，❷在"打印"面板下的"设置"选项组中设置"纸张大小"为A5，如下图所示。

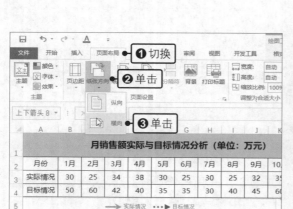

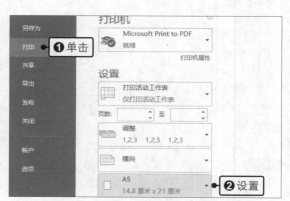

步骤13 查看打印预览。在"打印"面板中查看打印预览效果，如下图所示。

步骤14 打印工作表。设置完成后，❶在"打印"面板中设置打印"份数"为10份，❷单击"打印"按钮，即可打印工作表，如下图所示。

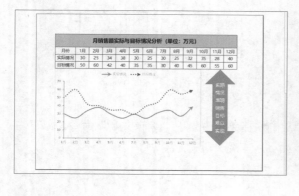

10.3 创建企业盈余和赤字分析图

企业在分析收入与支出情况时，常常会针对盈余与赤字增长快慢的状况进行说明。在 Excel 中，可以使用图表功能对比分析收入与支出随时间的变化情况。如果企业盈余快速持续增长，则可采用折线图和自选图形来表达企业的盈余与赤字情况。本节将介绍如何使用折线图分析企业的盈余与赤字情况。

◎ 原始文件：下载资源\实例文件\第10章\原始文件\创建企业盈余和赤字分析图.xlsx
◎ 最终文件：下载资源\实例文件\第10章\最终文件\创建企业盈余和赤字分析图.xlsx

10.3.1 创建企业盈余和赤字分析折线图

下面介绍如何创建企业盈余与赤字分析折线图，并对图表的坐标轴、图例等元素进行设置，使其更加美观。

步骤01 查看原始数据。打开原始文件，查看表格中已输入的企业不同年份的收入与支出相关数据，如下图所示。

步骤02 插入图表。❶选中单元格区域A2:F4，❷在"插入"选项卡下的"图表"组中单击"插入折线图或面积图"按钮，❸在展开的列表中单击"折线图"选项，如下图所示。

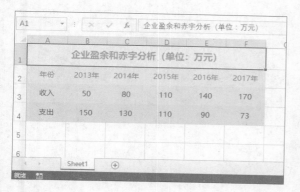

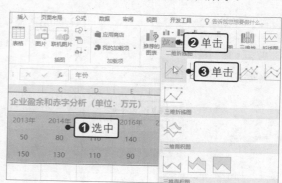

步骤03 生成图表。在工作表中生成由选定数据创建的折线图，调整图表位置以方便编辑，如下图所示。

步骤04 设置坐标轴格式。❶右击图表中的水平（类别）轴，❷在弹出的快捷菜单中单击"设置坐标轴格式"命令，如下图所示。

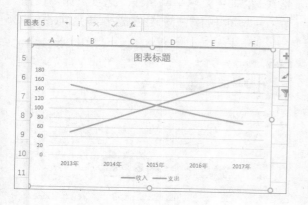

步骤05 设置坐标轴选项。打开"设置坐标轴格式"窗格，❶在"坐标轴选项"选项卡下的"坐标轴选项"选项组中单击"在刻度线上"单选按钮，❷在"刻度线"选项组中设置"主要类型"为"外部"，如下图所示。

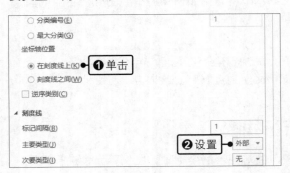

步骤06 切换设置对象。❶在"设置坐标轴格式"窗格中单击"坐标轴选项"右侧的下三角按钮，❷在展开的列表中单击"垂直（值）轴"选项，如下图所示。

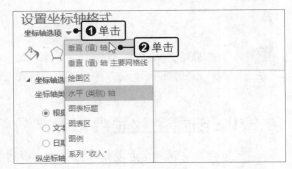

步骤07 设置坐标轴选项。打开"设置坐标轴格式"窗格，❶在"坐标轴选项"选项卡下的"坐标轴选项"选项组中设置"最小值"为50、"最大值"为170，❷设置完成后单击窗格的"关闭"按钮，如下图所示。

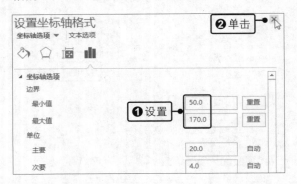

步骤08 查看图表效果并删除图例。返回图表，查看坐标轴格式设置效果，并选中图表中的图例，按下【Delete】键，将其删除，图表效果如下图所示。

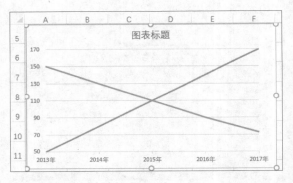

步骤09 设置图表样式。❶选中图表，❷在"图表工具-设计"选项卡下的"图表样式"组中单击快翻按钮，并在展开的列表中单击合适的图表样式，如下图所示。

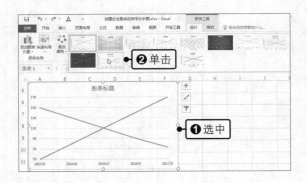

步骤10 隐藏网格线。❶在"图表工具-设计"选项卡下的"图表布局"组中单击"添加图表元素"按钮，❷在展开的列表中依次单击"网格线>主轴主要水平网格线"选项，如下图所示，并以同样的方法隐藏主轴主要垂直网格线。

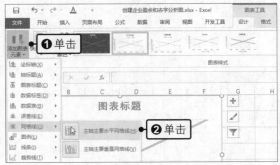

10.3.2　添加形状和文本框对图表进行注释

制作完折线图后，下面使用形状及文本框对图表进行注释，以达到更好的说明效果。

步骤01 设置形状轮廓。❶选中"支出"数据系列，❷在"图表工具-格式"选项卡下的"形状样式"组中单击"形状轮廓"右侧的下三角按钮，❸在展开的列表中单击"虚线>方点"选项，如下图所示。

步骤02 查看图表效果。设置后的数据系列显示虚线样式效果，如下图所示。

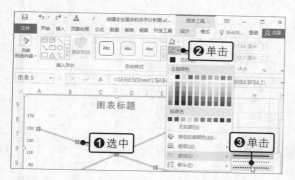

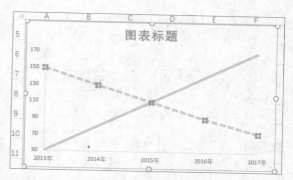

步骤03 插入形状。❶在"插入"选项卡下的"插图"组中单击"形状"按钮，❷在展开的列表中单击"任意多边形"选项，如下图所示。

步骤04 绘制三角形。由于需要将赤字区域使用图形进行说明，因此在3个点单击鼠标，绘制一个与支出相对应的三角形，如下图所示。

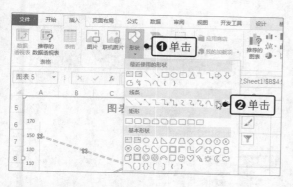

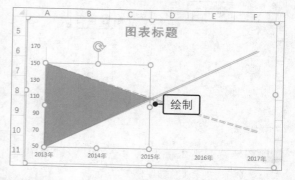

步骤05 设置形状样式。❶选中绘制的三角形，❷在"绘图工具-格式"选项卡下的"形状样式"组中单击合适的形状样式，如下图所示。

步骤06 绘制三角形。❶使用相同的方法在图表中绘制另一个三角形，说明企业盈利数据所在的区域，❷在"绘图工具-格式"选项卡下的"形状样式"组中单击合适的形状样式，如下图所示。

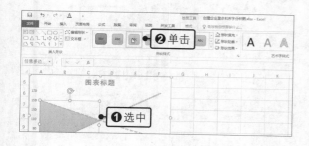

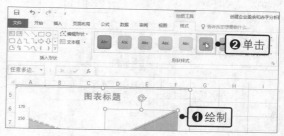

步骤07 设置形状效果。❶按住【Ctrl】键，同时选中两个三角形，❷在"绘图工具-格式"选项卡下的"形状样式"组中单击"形状效果"按钮，❸在展开的列表中依次单击"柔化边缘>5磅"选项，如下图所示。

步骤08 查看设置效果。查看设置柔化边缘后的形状效果，如下图所示。

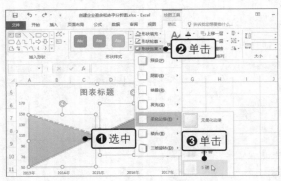

步骤09 插入文本框。❶在"插入"选项卡下的"文本"组中单击"文本框"下三角按钮，❷在展开的列表中单击"横排文本框"选项，如下图所示。

步骤10 绘制文本框。此时鼠标指针变为↓形状，在绘制的三角形上方按住鼠标左键不放，并拖动鼠标绘制文本框，如下图所示。绘制完成后释放鼠标。

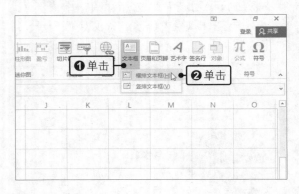

步骤11 设置文本框形状填充格式。❶选中文本框，❷在"绘图工具-格式"选项卡下的"形状样式"组中单击"形状填充"右侧的下三角按钮，❸在展开的列表中单击"无填充颜色"选项，如下图所示。

步骤12 设置文本框形状轮廓格式。继续选中文本框，❶在"绘图工具-格式"选项卡下的"形状样式"组中单击"形状轮廓"右侧的下三角按钮，❷在展开的列表中单击"无轮廓"选项，如下图所示。

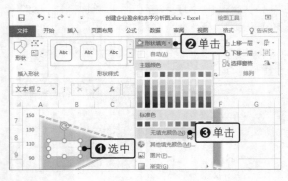
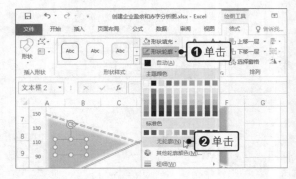

步骤13 输入文本。在绘制的文本框中输入"赤字",如下图所示。

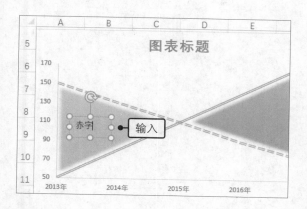

步骤14 设置字体格式。❶选中文本框中的文本内容,❷在"开始"选项卡下的"字体"组中设置"字体"为"华文行楷",设置"字号"为18,设置字体为"加粗"效果,设置"字体颜色"为"红色",❸在"对齐方式"组中单击"居中"按钮,如下图所示。

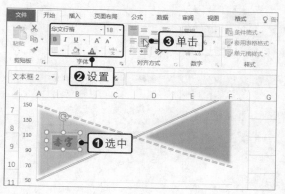

步骤15 复制文本框。按住【Ctrl】键不放拖动文本框,复制一个相同的文本框到右侧的三角形中,并更改文本框中的文本内容与字体颜色,如下图所示。

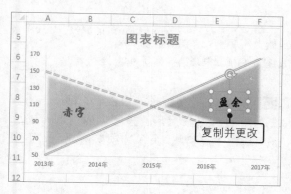

步骤16 设置图表区样式。❶选中图表区,❷在"图表工具-格式"选项卡下的"形状样式"组中单击合适的形状样式,如下图所示。

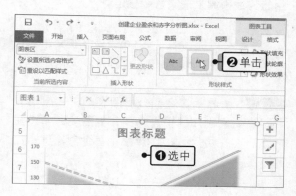

步骤17 设置图表标题。在图表的标题文本框中删除原有文本内容,并输入新文本内容为"企业赤字与盈余分析",如下图所示。

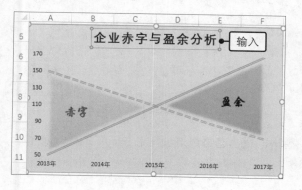

步骤18 设置图表标题样式。❶选中图表标题,❷在"图表工具-格式"选项卡下的"形状样式"组中单击合适的形状样式,如下图所示。

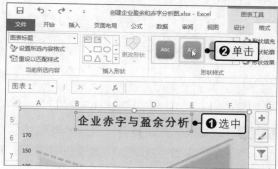

步骤19 组合图表与文本框。按住【Ctrl】键，同时选中"赤字"和"盈余"所在的文本框与图表区，❶右击选中的区域，❷在弹出的快捷菜单中依次单击"组合>组合"命令，如下图所示。

步骤20 查看图表效果。调整列宽及图表的大小与位置，完成图表的制作，效果如下图所示。通过该图表，可直观看到在2015年之前，企业处于赤字状态，在2015年之后，企业就处于盈余状态了。

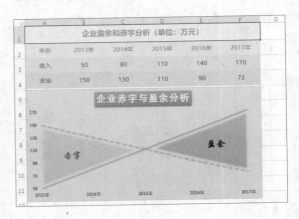

专栏 预测未来销售金额

为了预测企业未来的销售金额走势及收益情况，可在图表中添加趋势线。下面将介绍如何利用趋势线预测未来销售金额走势。

◎ 原始文件：下载资源\实例文件\第10章\原始文件\预测未来销售金额.xlsx
◎ 最终文件：下载资源\实例文件\第10章\最终文件\预测未来销售金额.xlsx

步骤01 查看销售金额分析图表。打开原始文件，查看已制作的销售金额分析图表，如下图所示。现在要预测2019年的销售金额，可添加趋势线。

步骤02 添加趋势线。选中图表，❶单击图表右上角的"图表元素"按钮，❷在展开的列表中单击"趋势线>更多选项"选项，如下图所示。

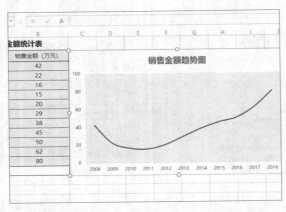

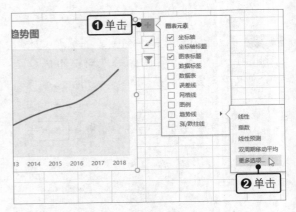

步骤03 选择趋势线。打开"设置趋势线格式"窗格，在"趋势线选项"选项卡下的"趋势线选项"选项组中单击"线性"单选按钮，如下左图所示。

步骤04 显示趋势效果。观察该趋势线与已知销售金额的走势，可发现该趋势线的走势与实际销售金额的拟合程度不高，如下右图所示。

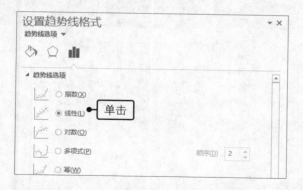

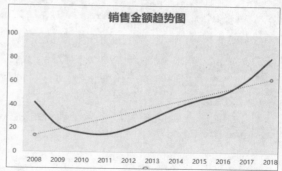

步骤05 选择其他趋势线。继续在"设置趋势线格式"窗格中选择其他趋势线，如"多项式"趋势线，如下图所示。

步骤06 显示拟合效果。此时可以看到该趋势线与实际销售金额的拟合效果较好，如下图所示。

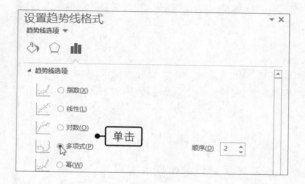

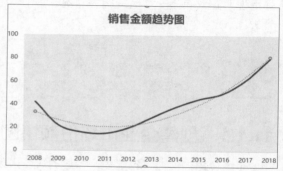

步骤07 显示公式和R平方值。在"设置趋势线格式"窗格中勾选"显示公式"和"显示R平方值"复选框，如右图所示。

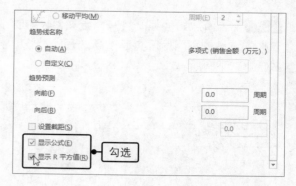

步骤08 计算未来销售金额。可在图表上看到显示的多项式公式和R平方值，且R平方值很接近1，说明该趋势线拟合程度较高。利用多项式公式"=1.2774*12*12-10.51*12+42.394"可计算出2019年的预计销售金额约为100.22万元（因折线图的X轴为分类轴，对应的x值从1算起，故2019年对应的x值为12），如右图所示。

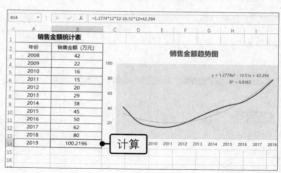

第11章 饼图的应用

饼图用于显示数据系列中各项目和各项目数值总和的比例关系，但只能显示一个系列的数据比例关系，如果有几个系列被同时选定，则只会显示其中的一个系列。因此，饼图常用于强调某一个重要的数据。饼图有5种子类型，包括饼图、复合饼图、复合条饼图、三维饼图、圆环图。其中，利用复合条饼图可以将多个项目放在一起，再进行区域的项目分类。

11.1 创建企业市场份额分析图表

企业在销售产品的过程中，常常需要针对不同地区分析其市场占有率情况。为了更好地对比不同地区的市场占有率，可以使用饼图。通过饼图对不同地区的市场占有率进行对比分析，能更好地说明企业在某一地区的销售状况。本节将利用饼图对某集团在不同地区的市场份额进行对比分析。

◎ 原始文件：下载资源\实例文件\第11章\原始文件\创建企业市场份额分析图表.xlsx
◎ 最终文件：下载资源\实例文件\第11章\最终文件\创建企业市场份额分析图表.xlsx

11.1.1 创建企业市场份额饼图

下面介绍如何通过创建多个相似的饼图来分析企业在不同地区的市场占有率。

步骤01 查看原始数据。打开原始文件，查看表格中统计的不同地区企业市场占有率百分比数据，如下图所示。

步骤02 插入图表。❶选中单元格区域B3:C4，❷在"插入"选项卡下的"图表"组中单击"插入饼图或圆环图"按钮，❸在展开的列表中单击"饼图"选项，如下图所示。

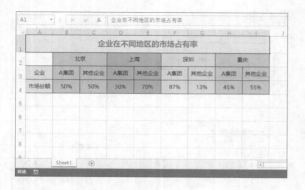

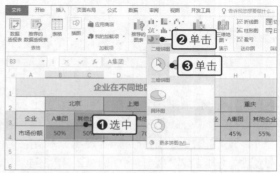

步骤03 生成图表。在工作表中生成由选定数据创建的饼图，将其移动至合适的位置，效果如下左图所示。

步骤04 快速布局。❶选中图表，❷在"图表工具-设计"选项卡下的"图表布局"组中单击"快速布局"按钮，❸在展开的列表中单击"布局5"选项，如下右图所示。

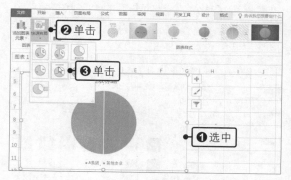

步骤05 更改图表标题并设置文本格式。❶在图表的标题文本框中输入需要添加的标题文本内容，❷为图表中的所有文本内容设置合适的字体格式，如下图所示。

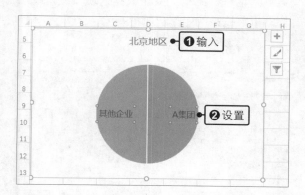

步骤06 启用设置数据标签格式功能。❶选中图表，❷在"图表工具-设计"选项卡下的"图表布局"组中单击"添加图表元素"按钮，❸在展开的列表中依次单击"数据标签>其他数据标签选项"选项，如下图所示。

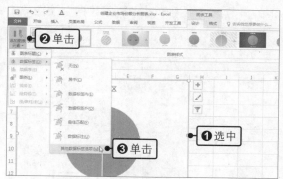

步骤07 设置标签选项。打开"设置数据标签格式"窗格，❶在"标签选项"选项卡下的"标签选项"选项组中取消勾选"类别名称"复选框，❷勾选"百分比"复选框，❸单击"居中"单选按钮，如下图所示。

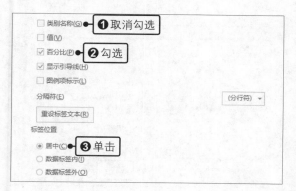

步骤08 设置数据系列样式。设置完成后单击窗格的"关闭"按钮。❶选中饼图中右侧的数据系列，❷在"图表工具-格式"选项卡下的"形状样式"组中单击快翻按钮，在展开的列表中单击合适的形状样式，如下图所示。

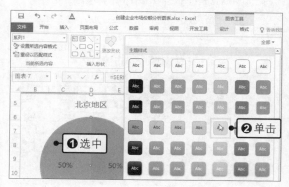

步骤09 设置"其他企业"数据系列样式。❶选中饼图左侧表示其他企业的数据系列，❷在"图表工具-格式"选项卡下的"形状样式"组中单击快翻按钮，在展开的列表中单击合适的形状样式，如下图所示。

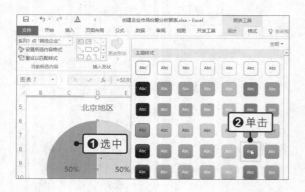

步骤10 查看图表效果。设置完成后，查看北京地区市场份额图表效果，适当调整饼图大小，如下图所示。

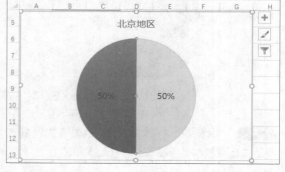

步骤11 选择数据。复制一个相同的饼图，❶选中复制的饼图，❷在"图表工具-设计"选项卡下的"数据"组中单击"选择数据"按钮，如下图所示。

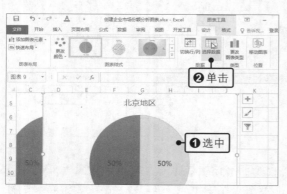

步骤12 设置图表数据区域。弹出"选择数据源"对话框，单击"图表数据区域"文本框右侧的折叠按钮，如下图所示。

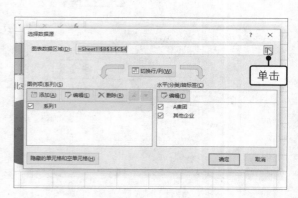

步骤13 引用图表源数据。❶返回工作表，拖动鼠标选中单元格区域D3:E4，❷单击"选择数据源"对话框中的折叠按钮，如下图所示。

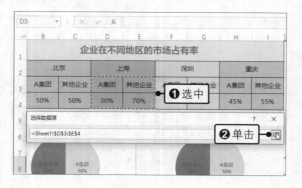

步骤14 完成数据源设置。返回"选择数据源"对话框，单击"确定"按钮，如下图所示。

步骤15　更改图表标题。返回图表，可以看到复制的饼图根据新的数据源进行了更改，将图表标题更改为"上海地区"，如下图所示。

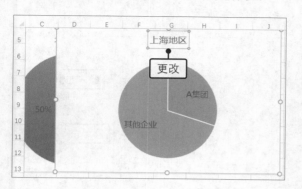

步骤16　设置图表效果。为"上海地区"市场份额图表设置与"北京地区"市场份额图表一样的效果，如下图所示。

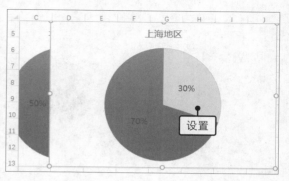

步骤17　设置图表数据源。因为需要创建多个图表分析不同地区的企业份额，因此再复制一个饼图，打开"选择数据源"对话框，❶设置"图表数据区域"为单元格区域F3:G4，❷单击"确定"按钮，如下图所示。

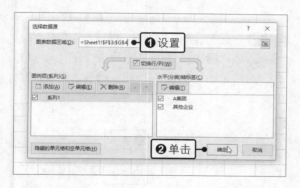

步骤18　设置图表效果。❶更改新复制的图表标题为"深圳地区"，❷为"深圳地区"市场份额图表设置与前两个图表相同的效果，如下图所示。

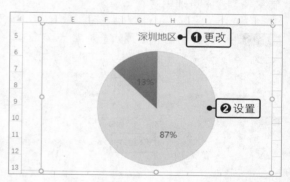

步骤19　设置图表数据源。再次复制饼图，打开"选择数据源"对话框，❶设置"图表数据区域"为单元格区域H3:I4，❷单击"确定"按钮，如下图所示。

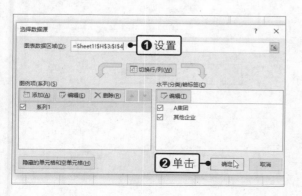

步骤20　设置图表效果。❶更改新复制的图表标题为"重庆地区"，❷为"重庆地区"市场份额图表设置与前三个图表相同的效果，如下图所示。

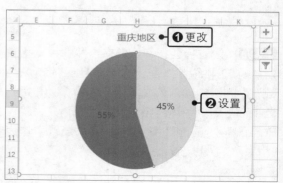

Excel 公式、函数与图表案例实战从入门到精通（视频自学版）

步骤21 调整图表位置。将4个饼图设置完成后，适当调整图表大小，并将其排列工整，如下图所示。

步骤22 组合图表。按住【Ctrl】键，同时选中创建的所有图表，❶右击选中的图表，❷在弹出的快捷菜单中依次单击"组合>组合"命令，如下图所示。

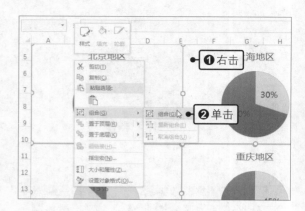

11.1.2 添加竖排文字标题

创建完市场份额饼图后，下面为图表添加竖排文字标题，并对单元格的填充颜色进行设置，使图表看起来更加美观。

步骤01 合并单元格。❶选中单元格区域A5:A14，❷在"开始"选项卡下的"对齐方式"组中单击"合并后居中"按钮，如下图所示。

步骤02 设置文字方向。保持选中合并的单元格区域，❶在"开始"选项卡下的"对齐方式"组中单击"方向"按钮，❷在展开的列表中单击"竖排文字"选项，如下图所示。

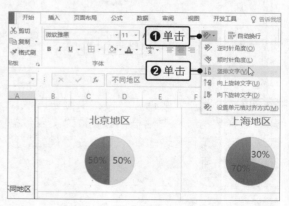

步骤03 设置标题文字。❶在合并的单元格中输入标题内容为"企业在不同地区的市场份额"，并选中输入的文本内容，❷在"开始"选项卡下的"字体"组中设置"字体"为"微软雅黑"，设置"字号"为16，设置字体为"加粗"效果，设置"字体颜色"为黄色，如右图所示。

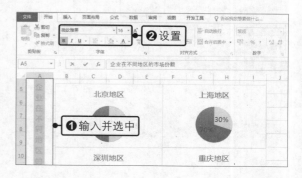

步骤04 设置单元格填充颜色。❶选中单元格区域A5:I14，❷在"开始"选项卡下的"字体"组中单击"填充颜色"右侧的下三角按钮，❸在展开的列表中单击"黑色，文字1"选项，如下图所示。

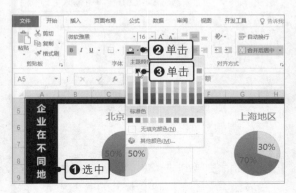

步骤05 查看图表效果。适当调整饼图位置，查看制作完成的图表效果，如下图所示。

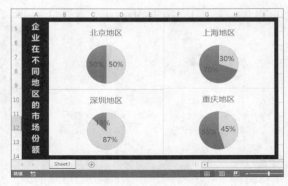

11.2 创建产品成本比例分析图表

　　企业在生产经营的过程中，常常需要对产品成本进行统计分析，以便调整成本费用，降低不必要的成本支出，达到增加利润的目的。本节将介绍如何通过创建圆环图，分析各产品成本项目的比例，从而了解产品的成本结构，为进一步寻找降低成本的途径奠定基础。

◎ 原始文件：下载资源\实例文件\第11章\原始文件\创建产品成本比例分析图表.xlsx
◎ 最终文件：下载资源\实例文件\第11章\最终文件\创建产品成本比例分析图表.xlsx

11.2.1 创建产品成本比例分析圆环图

　　下面介绍如何通过创建圆环图来分析产品成本中各成本项目所占的比例大小。

步骤01 查看原始数据。打开原始文件，查看表格中统计的不同成本项目的费用金额（单位：万元），如下图所示。

步骤02 插入图表。❶选中单元格区域A2:F3，❷在"插入"选项卡下的"图表"组中单击"插入饼图或圆环图"按钮，❸在展开的列表中单击"圆环图"选项，如下图所示。

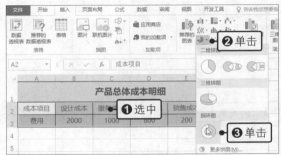

步骤03 生成图表。在工作表中生成由选定数据创建的圆环图，将图表移动至合适的位置，效果如下图所示。

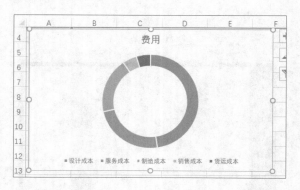

步骤04 编辑图表标题。在图表的标题文本框中输入所需的图表标题文本内容，并为其设置合适的字体格式，如下图所示。

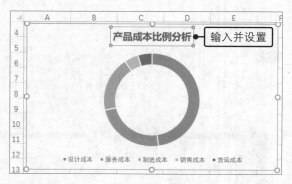

步骤05 设置图例文字格式。❶选中图表图例，❷在"开始"选项卡下的"字体"组中设置"字体"为"微软雅黑"，如下图所示。

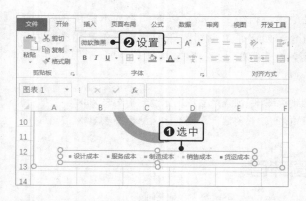

步骤06 添加数据标签。❶选中图表，❷在"图表工具-设计"选项卡下的"图表布局"组中单击"添加图表元素"按钮，❸在展开的列表中依次单击"数据标签>其他数据标签选项"选项，如下图所示。

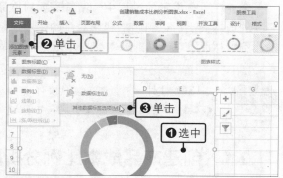

步骤07 设置数据标签。打开"设置数据标签格式"窗格，❶在"标签选项"选项卡下的"标签选项"选项组中勾选"百分比"复选框，❷取消勾选"值"复选框，如下图所示。设置完成后，单击窗格的"关闭"按钮。

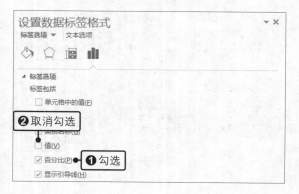

步骤08 查看数据标签设置效果。圆环图上显示百分比格式的数据标签，效果如下图所示。

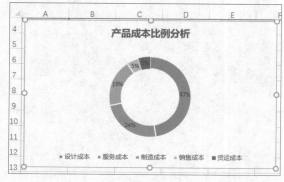

11.2.2　美化图表

制作完产品成本比例分析圆环图后，下面对其数据系列与形状样式进行设置，从而达到美化图表的目的。

步骤01　切换设置对象。❶在"设置数据标签格式"窗格中单击"标签选项"右侧的下三角按钮，❷在展开的列表中单击"系列'费用'"选项，如下图所示。

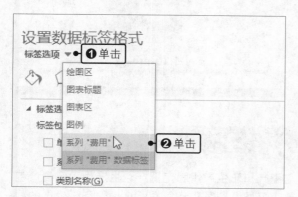

步骤02　设置系列选项。打开"设置数据系列格式"窗格，在"系列选项"选项卡下的"系列选项"选项组中设置"圆环图内径大小"值为40%，如下图所示。

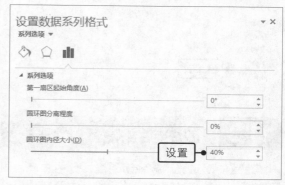

步骤03　设置边框样式。❶切换到"填充与线条"选项卡，❷在"边框"选项组中单击"实线"单选按钮，❸设置"颜色"为"白色，背景1，深色15%"，❹设置"宽度"为"0.5磅"，如下图所示。

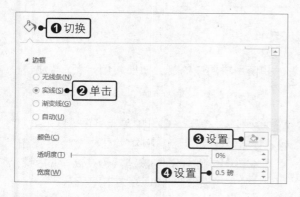

步骤04　查看数据系列效果。设置完成后，查看数据系列设置效果，如下图所示。

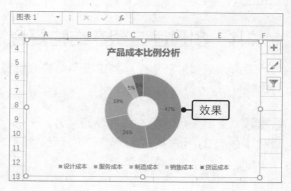

步骤05　切换设置对象。❶在"设置数据系列格式"窗格中单击"系列选项"右侧的下三角按钮，❷在展开的列表中单击"图表区"选项，如右图所示。

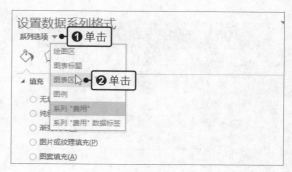

步骤06 设置图表区格式。打开"设置图表区格式"窗格，❶切换到"效果"选项卡，❷在"三维格式"选项组中设置"顶部棱台"效果为"角度"，❸单击"关闭"按钮，如下图所示。

步骤07 查看图表效果。设置完成后，查看图表效果，如下图所示。

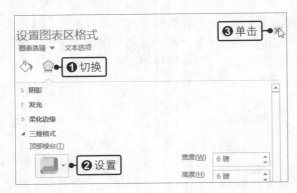

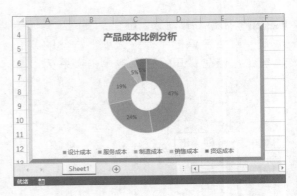

11.3 创建固定资产结构分析图表

　　企业的固定资产按经济用途可分为生产用固定资产和非生产用固定资产。生产用固定资产包括直接参加生产过程的劳动手段，主要有动力设备、工具设备等，还包括不直接服务于生产的固定资产，如房屋、办公用品等。在分析企业固定资产结构时，可使用饼图展示各类固定资产所占的比例。

◎ 原始文件：下载资源\实例文件\第11章\原始文件\创建固定资产结构分析图表.xlsx
◎ 最终文件：下载资源\实例文件\第11章\最终文件\创建固定资产结构分析图表.xlsx

11.3.1 创建固定资产结构复合饼图

　　下面介绍如何创建企业固定资产结构分析图表，并使用饼图中的复合饼图对固定资产数据进行比较分析。

步骤01 查看原始数据。打开原始文件，查看表格中统计的不同类别固定资产项目的金额（单位：元），如下图所示。

步骤02 插入图表。❶选中单元格区域B3:C8，❷在"插入"选项卡下的"图表"组中单击"插入饼图或圆环图"按钮，❸在展开的列表中单击"复合饼图"选项，如下图所示。

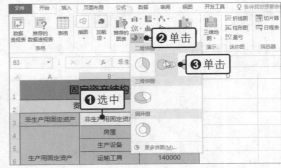

步骤03 设置图表标题。在工作表中生成由选定数据创建的复合饼图，移动图表位置，设置图表标题为"固定资产结构分析"，并设置其字体格式为"微软雅黑"，如下图所示。

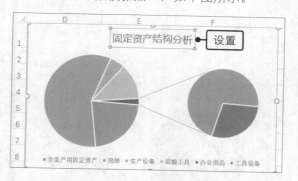

步骤04 启用设置数据系列格式功能。❶右击图表数据系列，❷在弹出的快捷菜单中单击"设置数据系列格式"命令，如下图所示。

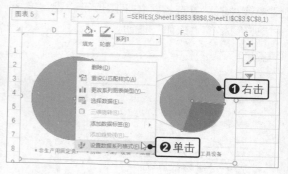

步骤05 设置数据系列选项。打开"设置数据系列格式"窗格，❶在"系列选项"选项卡下的"系列选项"选项组中设置"第二绘图区中的值"为5，❷设置"分类间距"为80%，如下图所示。

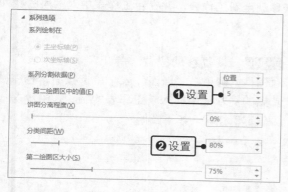

步骤06 设置三维格式。❶切换到"效果"选项卡，❷在"三维格式"选项组中单击"顶部棱台"按钮，❸在展开的列表中单击"圆"选项，如下图所示。

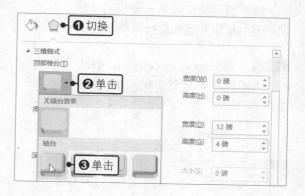

步骤07 查看数据系列效果。查看图表数据系列设置效果，如下图所示。

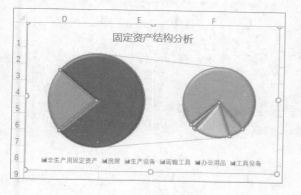

步骤08 启用设置数据标签格式功能。选中图表，❶在"图表工具-设计"选项卡下的"图表布局"组中单击"添加图表元素"按钮，❷在展开的列表中依次单击"数据标签>其他数据标签选项"选项，如下图所示。

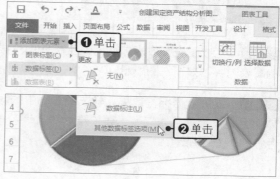

步骤09 设置数据标签选项。打开"设置数据标签格式"窗格，❶在"标签选项"选项卡下的"标签选项"选项组中勾选"类别名称""百分比""显示引导线"复选框，❷取消勾选"值"复选框，如下图所示。设置完成后单击窗格的"关闭"按钮。

步骤10 查看数据标签效果。在图表中查看添加的数据标签内容，并删除图表中的图例，效果如下图所示。

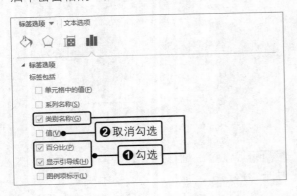

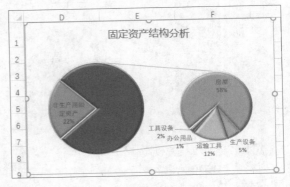

11.3.2 移动并完善固定资产结构分析图表

制作完固定资产结构分析图表后，下面将图表移动至新工作表，并在新工作表中对图表的数据标签、标题等元素进行完善。

步骤01 启用移动图表功能。❶选中图表，❷在"图表工具-设计"选项卡下的"位置"组中单击"移动图表"按钮，如下图所示。

步骤02 设置移动位置。弹出"移动图表"对话框，❶单击"新工作表"单选按钮，❷在其后的文本框中输入新工作表的名称，❸单击"确定"按钮，如下图所示。

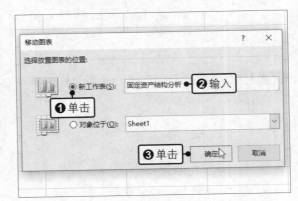

步骤03 生成图表工作表。此时在工作簿中生成了一个新工作表，在新工作表中查看移动到其中的图表内容，如下左图所示。

步骤04 设置数据标签效果。❶选中图表中的数据标签文本内容，❷在"开始"选项卡下的"字体"组中设置"字体"为"微软雅黑"、"字号"为10.5、字形为"加粗"、"字体颜色"为红色，如下右图所示。

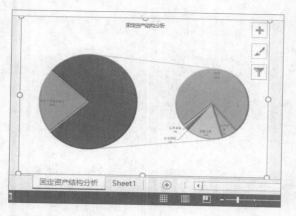

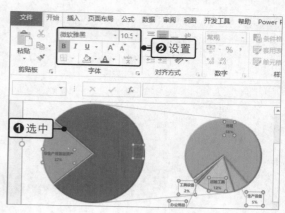

步骤05 设置图表标题文本效果。❶选中图表中的标题文本框，❷在"开始"选项卡下的"字体"组中设置字体为"加粗"效果、"字号"为24，如下图所示。设置完成后适当调整图表标题位置。

步骤06 设置图表区填充效果。❶选中图表，❷在"图表工具-格式"选项卡下的"形状样式"组中单击"形状填充"右侧的下三角按钮，❸在展开的列表中选择合适的颜色，如下图所示。

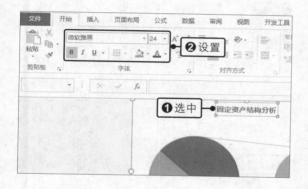

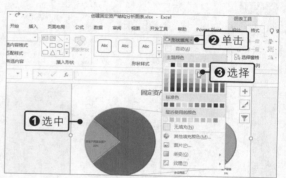

步骤07 设置形状效果。继续选中图表，❶在"图表工具-格式"选项卡下的"形状样式"组中单击"形状效果"按钮，❷在展开的列表中依次单击"预设>预设4"选项，如下图所示。

步骤08 设置绘图区填充效果。❶选中图表绘图区，❷在"图表工具-格式"选项卡下的"形状样式"组中单击"形状填充"右侧的下三角按钮，❸在展开的列表中选择合适的颜色，如下图所示。

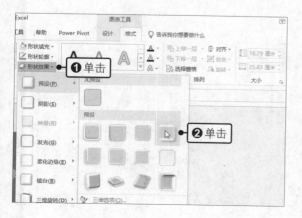

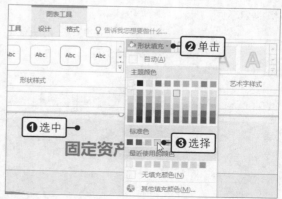

步骤09 查看图表效果。完成设置后，查看图表效果，如右图所示。

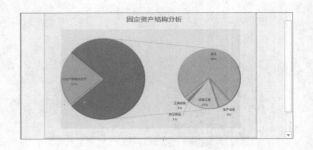

专栏 分离饼图中的单个数据系列

在制作饼图或圆环图时，若需要单独对其中的某个项目进行特殊说明，可以对项目所在的数据系列进行方位与分离设置，使其看起来更加显著。下面介绍如何在饼图中分离单个数据系列。

◎ 原始文件：下载资源\实例文件\第11章\原始文件\分离饼图中的单个数据系列.xlsx
◎ 最终文件：下载资源\实例文件\第11章\最终文件\分离饼图中的单个数据系列.xlsx

步骤01 查看原始文件。打开原始文件，查看原始图表效果，如下图所示。

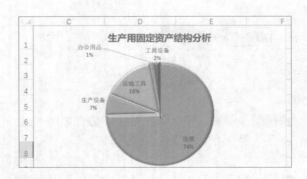

步骤02 设置数据点选项。❶双击图表数据系列，打开"设置数据点格式"窗格，❷在"系列选项"选项卡下的"系列选项"选项组中设置"第一扇区起始角度"值为140°，如下图所示。设置完成后单击窗格的"关闭"按钮。

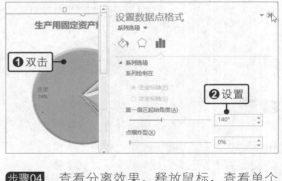

步骤03 分离单个数据系列。按住图表中需要分离的单个数据系列不放，向图表外侧拖动鼠标，如下图所示。

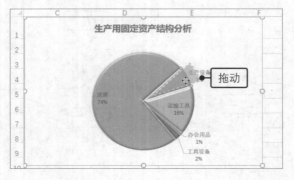

步骤04 查看分离效果。释放鼠标，查看单个数据系列的分离效果，如下图所示。

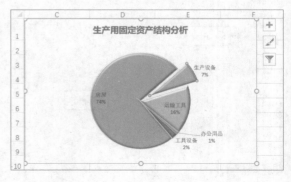

条形图的应用

条形图用于描绘各项目数据之间的差异。条形图比较不注重时间的考虑，而是强调在特定时间点上分类轴和数值的比较。条形图共有 6 种子类型，包括簇状条形图、堆积条形图、百分比堆积条形图、三维簇状条形图、三维堆积条形图、三维百分比堆积条形图。在使用簇状条形图显示数据时，分类标志更容易识别。

12.1 创建不同地区品牌占有率比较图表

品牌占有率指采用某一品牌的特定商品所占有的市场比例，可根据销售金额、销售数量等来计算。企业对不同地区的品牌占有率进行统计分析，可以了解自身品牌产品在市场上的竞争力，从而有针对性地采取措施。本节将使用三维百分比堆积条形图对不同品牌的保暖内衣在不同地区的占有率进行对比分析，以了解不同地区不同品牌的销售情况，然后使用超链接功能在数据工作表与图表工作表之间建立链接，以方便跳转查看。

◎ 原始文件：下载资源\实例文件\第12章\原始文件\创建不同地区品牌占有率比较图表.xlsx、图片.jpg
◎ 最终文件：下载资源\实例文件\第12章\最终文件\创建不同地区品牌占有率比较图表.xlsx

12.1.1 创建不同地区品牌占有率比较条形图

下面介绍如何创建用于比较分析不同地区品牌占有率的条形图，并对图表的格式进行适当设置，以达到更精美的视觉效果。

步骤01 查看原始数据。打开原始文件，查看表格中记录的不同地区不同品牌的销售金额明细数据（单位：万元），如下图所示。

步骤02 插入图表。❶选中单元格区域A2:D7，❷在"插入"选项卡下的"图表"组中单击"插入柱形图或条形图"按钮，❸在展开的列表中单击"三维百分比堆积条形图"选项，如下图所示。

	帕兰朵	顺时针	北极绒
北京	6500	2000	3900
上海	7800	4500	4600
深圳	12000	3200	3500
成都	5000	1900	3500
南昌	3200	2300	2900

步骤03 设置图表标题。在工作表中生成由选定数据创建的条形图，调整图表位置，并设置图表标题为"不同地区不同品牌占有率比较图"，如下左图所示。

步骤04 启用移动图表功能。❶选中图表，❷在"图表工具-设计"选项卡下的"位置"组中单击"移动图表"按钮，如下右图所示。

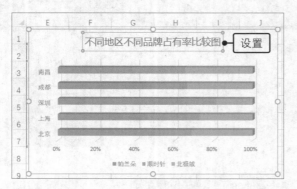

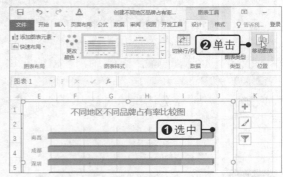

步骤05 设置移动位置。弹出"移动图表"对话框，❶单击"对象位于"右侧的下三角按钮，❷在展开的列表中单击Sheet2选项，如下图所示。设置完成后，单击"确定"按钮。

步骤06 重命名工作表。返回工作簿，可以看到图表被移动到指定的工作表中，将Sheet1重命名为"数据分析"，将Sheet2重命名为"图表分析"，如下图所示。

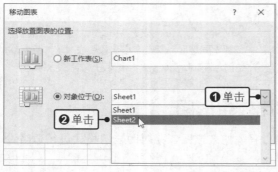

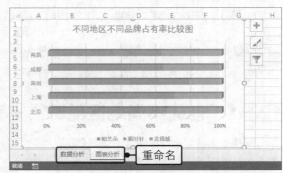

步骤07 启用设置数据系列格式功能。❶右击图表中的"帕兰朵"数据系列，❷在弹出的快捷菜单中单击"设置数据系列格式"命令，如下图所示。

步骤08 设置数据系列选项。打开"设置数据系列格式"窗格，❶在"系列选项"选项卡下的"系列选项"选项组中设置"系列间距"为160%，❷设置"分类间距"为100%，如下图所示。

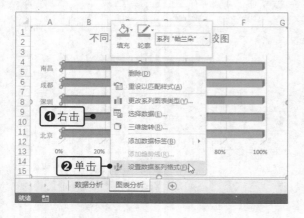

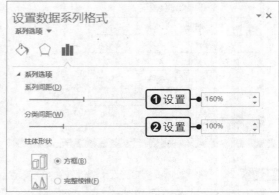

步骤09 设置数据系列填充效果。❶切换到"填充与线条"选项卡，❷在"填充"选项组中单击"图案填充"单选按钮，❸在展开的列表中单击"点线：5%"选项，如下图所示。

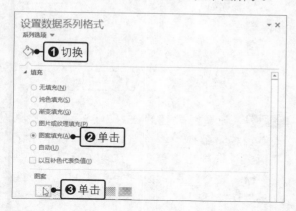

步骤10 切换设置对象。❶在"设置数据系列格式"窗格中单击"系列选项"右侧的下三角按钮，❷在展开的列表中单击"系列'顺时针'"选项，如下图所示。

步骤11 设置数据系列填充效果。打开"设置数据系列格式"窗格，❶在"填充与线条"选项卡下的"填充"选项组中单击"图案填充"单选按钮，❷在展开的列表中单击"实心菱形网格"选项，如下图所示。

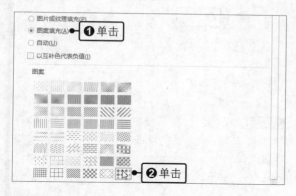

步骤12 切换设置对象。❶在"设置数据系列格式"窗格中单击"系列选项"右侧的下三角按钮，❷在展开的列表中单击"系列'北极绒'"选项，如下图所示。

步骤13 设置数据系列填充效果。打开"设置数据系列格式"窗格，❶在"填充与线条"选项卡下的"填充"选项组中单击"图案填充"单选按钮，❷在展开的列表中单击"点线：90%"选项，如下图所示。

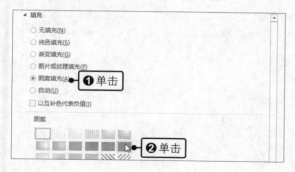

步骤14 切换设置对象。❶在"设置数据系列格式"窗格中单击"系列选项"右侧的下三角按钮，❷在展开的列表中单击"背景墙"选项，如下图所示。

步骤15　设置图表背景墙。打开"设置背景墙格式"窗格，❶在"填充与线条"选项卡下的"填充"选项组中单击"纯色填充"单选按钮，❷单击"颜色"右侧的下三角按钮，❸在展开的列表中单击"橙色，个性色，淡色80%"选项，如右图所示。

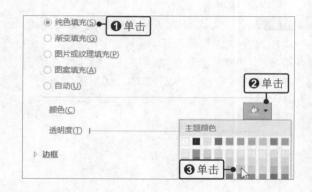

步骤16　切换设置对象。❶在"设置背景墙格式"窗格中单击"墙壁选项"右侧的下三角按钮，❷在展开的列表中单击"基底"选项，如下图所示。

步骤17　设置图表基底。打开"设置基底格式"窗格，❶在"填充与线条"选项卡下的"填充"选项组中单击"纯色填充"单选按钮，❷设置"颜色"为"橙色，个性色，淡色80%"，如下图所示。设置完成后，单击窗格的"关闭"按钮。

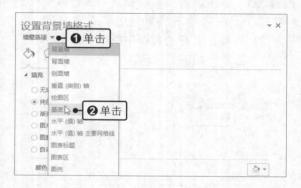

步骤18　隐藏网格线。选中图表，❶在"图表工具-设计"选项卡下的"图表布局"组中单击"添加图表元素"按钮，❷在展开的列表中依次单击"网格线>主轴主要垂直网格线"选项，即可隐藏垂直网格线，如下图所示。

步骤19　设置艺术字样式。选中图表，❶在"图表工具-格式"选项卡下的"艺术字样式"组中单击"文本填充"右侧的下三角按钮，❷在展开的列表中单击"红色"选项，如下图所示。

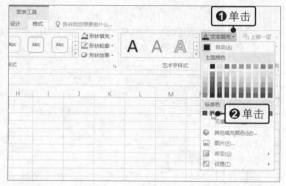

步骤20　设置字体格式。❶继续选中图表，❷在"开始"选项卡下的"字体"组中设置"字体"为"微软雅黑"，❸单击"加粗"按钮，如下左图所示。

步骤21 设置图表区填充效果。继续选中图表，❶在"图表工具-格式"选项卡下的"形状样式"组中单击"形状填充"右侧的下三角按钮，❷在展开的列表中单击"图片"选项，如下右图所示。

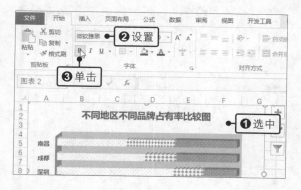

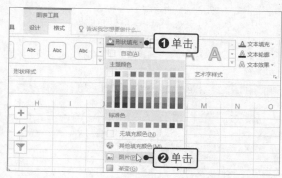

步骤22 选择图片。弹出"插入图片"对话框，单击"从文件"后的"浏览"按钮，弹出新的"插入图片"对话框，❶选择需要插入的图片文件，❷单击"插入"按钮，如下图所示。

步骤23 查看图表效果。返回图表，可以看到图表区显示设置的图片效果，如下图所示。

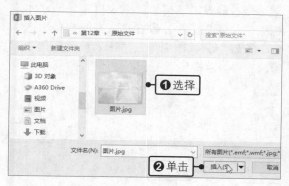

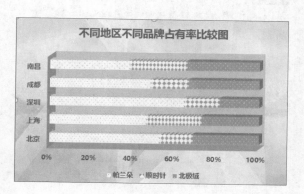

12.1.2　创建超链接切换工作表

创建好不同地区品牌占有率比较分析图表后，下面介绍如何使用超链接功能建立数据工作表与图表工作表之间的链接关系。

步骤01 插入形状图形。❶切换到工作表"数据分析"，❷在"插入"选项卡下的"插图"组中单击"形状"按钮，❸在展开的列表中单击"箭头：虚尾"选项，如下图所示。

步骤02 绘制箭头图形。在数据表格下方拖动鼠标，绘制箭头图形，如下图所示。

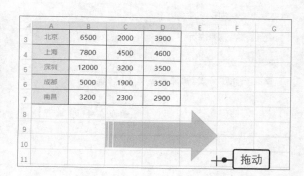

步骤03 启用图形文字编辑功能。❶右击箭头图形，❷在弹出的快捷菜单中单击"编辑文字"命令，如下图所示。

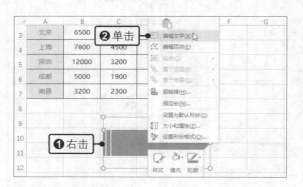

步骤04 编辑文字。❶在箭头图形中输入需要添加的文本内容，输入完成后选中图形，设置好字体格式，❷在"绘图工具-格式"选项卡下的"形状样式"组中单击合适的形状样式，如下图所示。

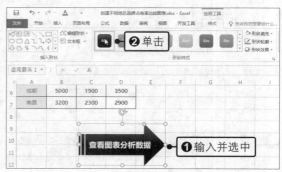

步骤05 设置超链接。❶右击箭头图形，❷在弹出的快捷菜单中单击"超链接"命令，如下图所示。

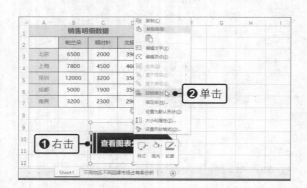

步骤06 设置链接内容。弹出"插入超链接"对话框，❶在"链接到"列表框中单击"本文档中的位置"选项，❷在"或在此文档中选择一个位置"列表框中单击"图表分析"选项，❸单击"屏幕提示"按钮，如下图所示。

步骤07 设置提示文字。跳转至"设置超链接屏幕提示"对话框，❶在"屏幕提示文字"文本框中输入需要显示的提示文本内容，❷单击"确定"按钮，如下图所示。

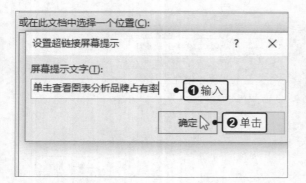

步骤08 完成超链接设置。返回"插入超链接"对话框，单击"确定"按钮，完成链接对象设置，如下图所示。

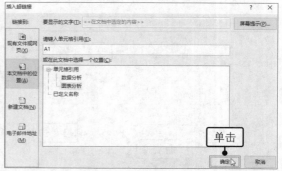

步骤09 使用超链接。返回工作表，将鼠标指针放置在箭头图形上，将显示屏幕提示内容，单击鼠标即可实现跳转功能，如下图所示。

步骤10 切换到链接工作表。Excel自动切换到链接的图表工作表，可以查看创建的图表并进行数据分析，如下图所示。

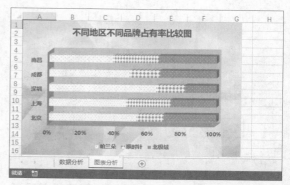

12.2　创建折扣与销售量关系分析图表

打折是产品促销的重要手段之一。那么是否折扣（此处指售价与原价的比率）越低就越能促进销售呢？这就需要通过研究实际的销售数据，找出其中的规律，用于指导销售工作。本节将使用条形图对比不同折扣下的销售量，从而得出折扣与销售量之间的关系，进而采取措施，改进销售方案，以增加产品销售量，提升企业销售业绩。

◎ 原始文件：下载资源\实例文件\第12章\原始文件\创建折扣与销售量关系分析图表.xlsx
◎ 最终文件：下载资源\实例文件\第12章\最终文件\创建折扣与销售量关系分析图表.xlsx

12.2.1　创建折扣与销售量关系分析条形图

下面介绍如何创建折扣与销售量关系分析条形图，并对创建的图表进行初步的格式设置，使其更加美观。

步骤01 查看原始数据。打开原始文件，查看表格中记录的产品折扣与相应销售量（单位：万件）相关数据信息，如下图所示。

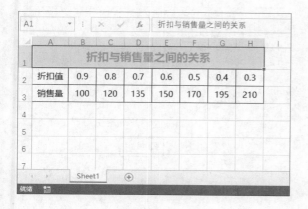

步骤02 插入新数据行。❶在销售量数据所在的行上方插入一个空白行，❷在单元格A3中输入"辅助折扣值"，调整A列列宽，如下图所示。

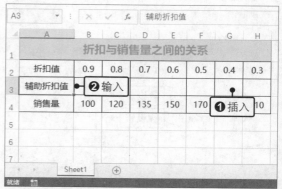

步骤03 计算辅助折扣值。❶在单元格B3中输入公式"=B2*(-100)"，按下【Enter】键，计算公式结果，❷向右复制公式，计算其余的辅助折扣值，如下图所示。

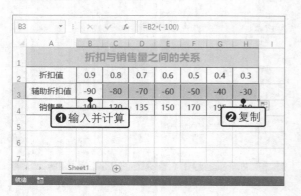

步骤04 插入图表。❶选中单元格区域A3:H4，❷在"插入"选项卡下的"图表"组中单击"插入柱形图或条形图"按钮，❸在展开的列表中单击"簇状条形图"选项，如下图所示。

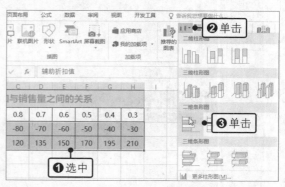

步骤05 生成图表。在工作表中生成由选定数据创建的条形图，适当调整图表位置，效果如下图所示。

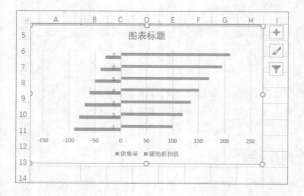

步骤06 启用设置坐标轴格式功能。❶右击图表中的水平坐标轴，❷在弹出的快捷菜单中单击"设置坐标轴格式"命令，如下图所示。

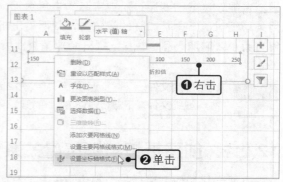

步骤07 设置坐标轴格式。打开"设置坐标轴格式"窗格，❶在"坐标轴选项"选项卡下的"坐标轴选项"选项组中设置"最小值"为-100，❷设置"最大值"为210，如下图所示。

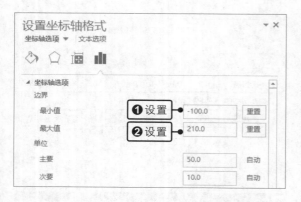

步骤08 切换设置对象。❶在"设置坐标轴格式"窗格中单击"坐标轴选项"右侧的下三角按钮，❷在展开的列表中单击"系列'辅助折扣值'"选项，如下图所示。

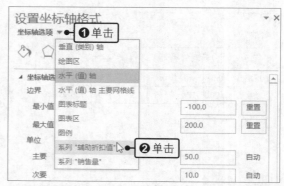

步骤09 设置数据系列选项。打开"设置数据系列格式"窗格，❶在"系列选项"选项卡下的"系列选项"选项组中设置"系列重叠"为100%，❷设置"分类间距"为70%，如下图所示。

步骤10 设置三维格式。❶切换到"效果"选项卡，❷在"三维格式"选项组中单击"顶部棱台"按钮，❸在展开的列表中单击"斜面"选项，如下图所示。

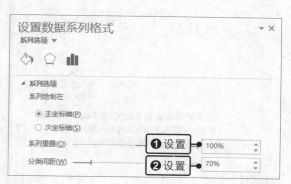

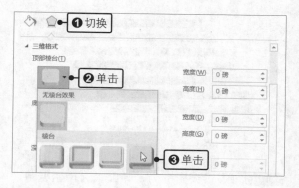

步骤11 设置"销售量"数据系列的填充颜色。切换设置对象为"系列'销售量'"，❶切换到"填充与线条"选项卡，❷在"填充"选项组中单击"纯色填充"单选按钮，❸设置填充"颜色"为"红色"，如下图所示。

步骤12 设置"销售量"数据系列的三维格式。❶切换到"效果"选项卡，❷在"三维格式"选项组中设置"顶部棱台"为"斜面"效果，❸单击"关闭"按钮，如下图所示。

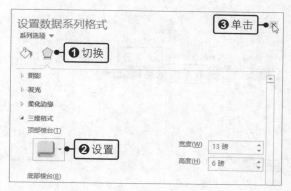

步骤13 查看图表设置效果。返回图表，查看设置后的图表数据系列效果，如右图所示。

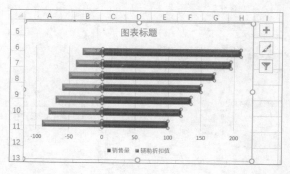

12.2.2　进一步优化图表

下面将继续对所创建图表中的数据系列名称、数据标签、图表标题、文字效果等进行编辑和设置，完成图表的制作。

步骤01 删除水平坐标轴。选中图表中的水平坐标轴，按下【Delete】键将其删除，删除后的图表效果如下图所示。

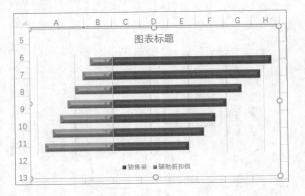

步骤02 启用选择数据功能。❶选中图表，❷在"图表工具-设计"选项卡下的"数据"组中单击"选择数据"按钮，如下图所示。

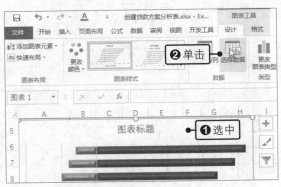

步骤03 编辑数据系列。弹出"选择数据源"对话框，❶在"图例项（系列）"列表框中单击"辅助折扣值"选项，❷单击上方的"编辑"按钮，如下图所示。

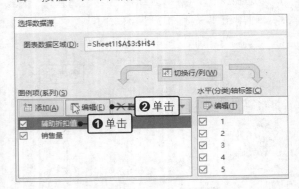

步骤04 设置数据系列名称。跳转至"编辑数据系列"对话框，❶在"系列名称"文本框中输入"折扣"，❷单击"确定"按钮，如下图所示。

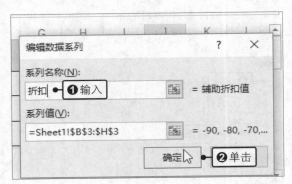

步骤05 设置水平坐标轴标签。返回"选择数据源"对话框，在"水平（分类）轴标签"列表框中单击"编辑"按钮，如下图所示。

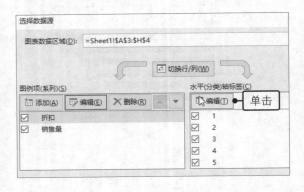

步骤06 设置轴标签区域。跳转至"轴标签"对话框，❶设置"轴标签区域"为B2:H2，❷单击"确定"按钮，如下图所示。

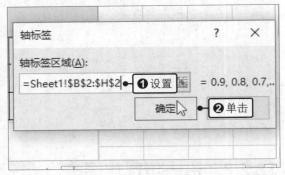

步骤07 完成数据源编辑。返回"选择数据源"对话框，完成数据源的编辑修改后，单击"确定"按钮，如下左图所示。

步骤08 设置坐标轴标签字体格式。返回图表，❶选中图表中的"垂直（类别）轴"，❷在"开始"选项卡下的"字体"组中设置"字体"为"微软雅黑"，设置字体为"加粗"效果，设置"字体颜色"为"黄色"，查看设置后的坐标轴标签，如下右图所示。

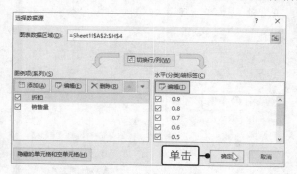

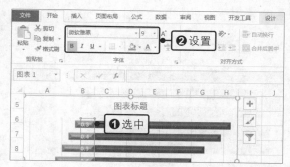

步骤09 隐藏网格线。❶选中图表，❷在"图表工具-设计"选项卡下的"图表布局"组中单击"添加图表元素"按钮，❸在展开的列表中依次单击"网格线>主轴主要垂直网格线"选项，如下图所示，即可隐藏垂直网格线。

步骤10 删除图表标题。选中图表标题，按下【Delete】键将其删除，图表效果如下图所示。

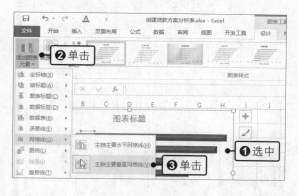

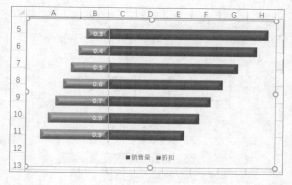

步骤11 插入形状图形。❶在"插入"选项卡下的"插图"组中单击"形状"按钮，❷在展开的列表中单击"下箭头"选项，如下图所示。

步骤12 绘制图形并编辑文字。拖动鼠标绘制下箭头图形，❶右击绘制的图形，❷在弹出的快捷菜单中单击"编辑文字"命令，如下图所示。

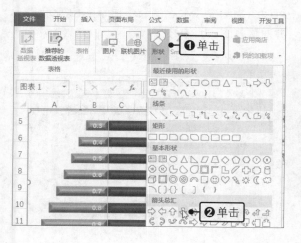

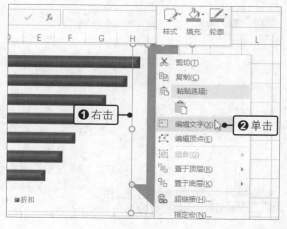

步骤13 输入并设置文字。在图形中输入需要的文字内容，设置好文字的字体格式，并调整图形大小与图表大小，使之与文字长度相匹配，效果如下图所示。

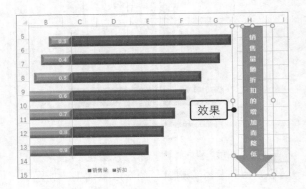

步骤14 添加数据标签。❶选中"销售量"数据系列，❷在"图表工具-设计"选项卡下的"图表布局"组中单击"添加图表元素"按钮，❸在展开的列表中依次单击"数据标签>居中"选项，如下图所示。

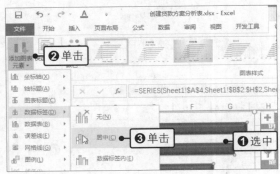

步骤15 设置数据标签文本格式。❶选中"系列'销售量'数据标签"，❷在"开始"选项卡下的"字体"组中设置"字体"为"微软雅黑"并"加粗"，设置"字体颜色"为"黄色"，查看设置后的数据标签，如下图所示。

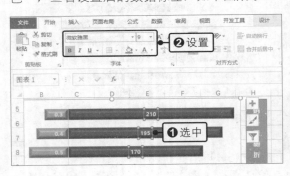

步骤16 设置图表区形状样式。❶选中图表区，❷在"图表工具-格式"选项卡下的"形状样式"组中单击"形状填充"右侧的下三角按钮，❸在展开的列表中选择合适的颜色，如下图所示。

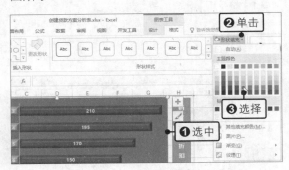

步骤17 设置绘图区形状样式。❶选中图表绘图区，❷在"图表工具-格式"选项卡下的"形状样式"组中单击"形状填充"右侧的下三角按钮，❸在展开的列表中选择合适的颜色，如下图所示。

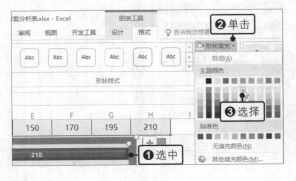

步骤18 查看图表效果。完成图表的设置后，查看设置后的图表效果，如下图所示。用户还可以根据需要设置在图表中显示图例等元素，并对这些图表元素进行设置。

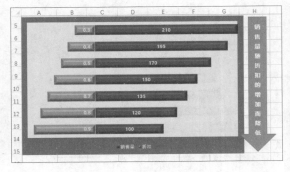

12.3 创建企业盈亏状况分析图表

企业在经营过程中难免会出现亏损，此时需要及时分析盈亏状况，以便采取相应对策。本节将使用条形图分析企业各部门的盈亏状况，以有针对性地调整亏损部门的经营方法。

◎ 原始文件：下载资源\实例文件\第12章\原始文件\创建企业盈亏状况分析图表.xlsx
◎ 最终文件：下载资源\实例文件\第12章\最终文件\创建企业盈亏状况分析图表.xlsx

12.3.1 创建企业盈亏状况分析条形图

下面介绍如何创建企业盈亏状况分析条形图，并对创建的图表进行格式设置，以得到更好的视觉效果。

步骤01 查看原始数据。打开原始文件，查看表格中记录的企业盈亏状况相关数据信息（单位：万元），如下图所示。

企业盈亏状况分析						
部门	A部门	B部门	C部门	D部门	E部门	F部门
盈亏额度	150	120	70	30	-30	-80

步骤02 插入图表。❶选中单元格区域A2:G3，❷在"插入"选项卡下的"图表"组中单击"插入柱形图或条形图"按钮，❸在展开的列表中单击"三维簇状条形图"选项，如下图所示。

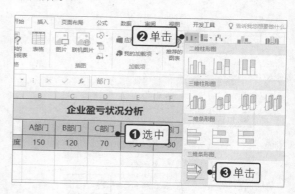

步骤03 生成图表。在工作表中生成由选定数据创建的条形图，适当调整图表位置与大小，图表效果如下图所示。

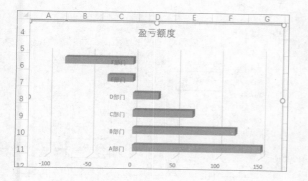

步骤04 隐藏垂直网格线。❶选中图表，❷在"图表工具-设计"选项卡下的"图表布局"组中单击"添加图表元素"按钮，❸在展开的列表中单击"网格线>主轴主要垂直网格线"选项，如下图所示，即可隐藏垂直网格线。

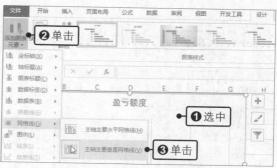

步骤05 添加水平网格线。继续选中图表，❶在"图表工具-设计"选项卡下的"图表布局"组中单击"添加图表元素"按钮，❷在展开的列表中单击"网格线>主轴主要水平网格线"选项，如下图所示。

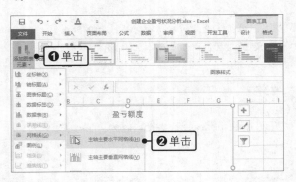

步骤06 查看网格线设置效果。查看图表网格线设置效果，如下图所示。

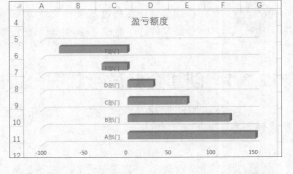

步骤07 启用设置坐标轴格式功能。❶右击图表中的垂直坐标轴，❷在弹出的快捷菜单中单击"设置坐标轴格式"命令，如下图所示。

步骤08 设置坐标轴格式。打开"设置坐标轴格式"窗格，❶在"坐标轴选项"选项卡下的"坐标轴选项"选项组中勾选"逆序类别"复选框，❷在"标签"选项组中设置"标签位置"为"低"，如下图所示。

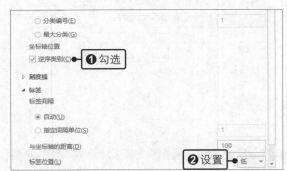

步骤09 切换设置对象。❶在"设置坐标轴格式"窗格中单击"坐标轴选项"右侧的下三角按钮，❷在展开的列表中单击"背景墙"选项，如下图所示。

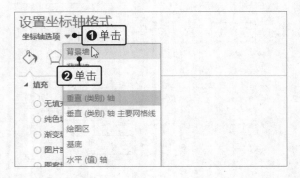

步骤10 设置图表背景墙的填充颜色。打开"设置背景墙格式"窗格，❶在"填充与线条"选项卡下的"填充"选项组中单击"纯色填充"单选按钮，❷设置填充"颜色"为"黄色"，如下图所示。

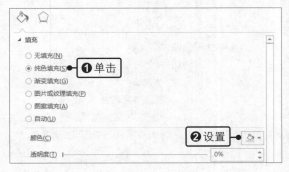

步骤11 切换设置对象。❶在"设置背景墙格式"窗格中单击"墙壁选项"右侧的下三角按钮，❷在展开的列表中单击"基底"选项，如下图所示。

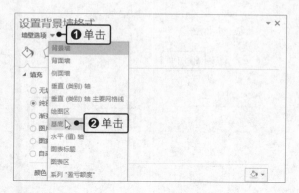

步骤13 切换设置对象。❶在"设置基底格式"窗格中单击"基底选项"右侧的下三角按钮，❷在展开的列表中单击"图表区"选项，如下图所示。

步骤15 切换设置对象。❶在"设置图表区格式"窗格中单击"图表选项"右侧的下三角按钮，❷在展开的列表中单击"系列'盈亏额度'"选项，如下图所示。

步骤12 设置图表基底格式。打开"设置基底格式"窗格，❶在"填充与线条"选项卡下的"填充"选项组中单击"纯色填充"单选按钮，❷设置填充"颜色"为"黄色"，如下图所示。

步骤14 设置图表区的填充颜色。打开"设置图表区格式"窗格，❶在"填充与线条"选项卡下的"填充"选项组中单击"纯色填充"单选按钮，❷设置填充"颜色"为"蓝色，个性色1，淡色40%"，如下图所示。

步骤16 设置数据系列的填充效果。打开"设置数据系列格式"窗格，❶在"填充与线条"选项卡下"填充"选项组中勾选"以互补色代表负值"复选框，❷设置填充第一个"颜色"为"红色"，第二个"颜色"为"蓝色"，如下图所示。

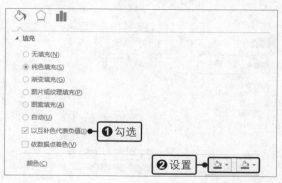

步骤17 设置数据系列的三维格式。❶切换到"效果"选项卡，❷在"三维格式"选项组中单击"顶部棱台"按钮，❸在展开的列表中单击"圆"选项，如下图所示。

步骤18 设置系列选项。❶切换到"系列选项"选项卡，❷在"系列选项"选项组中设置"系列间距"值为200%、"分类间距"值为90%，如下图所示。

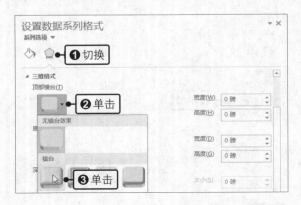

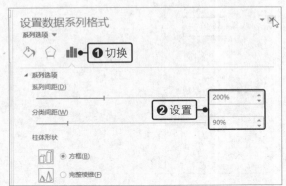

步骤19 查看图表设置效果。设置完成后，查看图表设置效果，如右图所示。

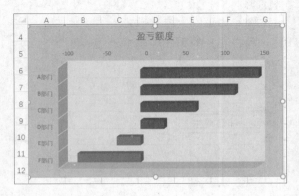

12.3.2 完善企业盈亏状况分析图表

创建企业盈亏状况分析条形图并设置图表区效果后，下面将对图表的数据标签、网格线及标题进行设置和完善。

步骤01 添加数据标签。选中图表，❶在"图表工具-设计"选项卡下的"图表布局"组中单击"添加图表元素"按钮，❷在展开的列表中依次单击"数据标签>其他数据标签选项"选项，如下图所示。

步骤02 设置数据标签。打开"设置数据标签格式"窗格，在"标签选项"选项卡下的"标签选项"选项组中取消勾选"显示引导线"复选框，如下图所示。

步骤03 更改数据标签形状。❶右击图表中的数据标签，❷在弹出的快捷菜单中单击"更改数据标签形状"选项，❸再在展开的列表中选择合适的标签形状，如下图所示。

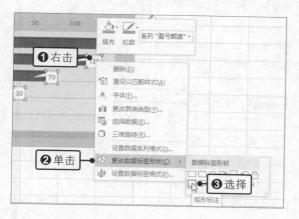

步骤04 切换设置对象。❶在"设置数据标签格式"窗格中单击"标签选项"右侧的下三角按钮，❷在展开的列表中单击"垂直（类别）轴 主要网格线"选项，如下图所示。

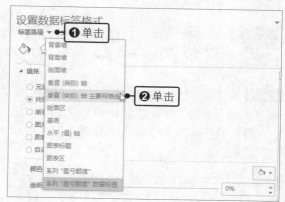

步骤05 设置网格线样式。打开"设置主要网格线格式"窗格，❶在"填充与线条"选项卡下的"线条"选项组中单击"实线"单选按钮，❷设置"颜色"为"橙色"，❸设置"宽度"为"1.5磅"，❹单击"关闭"按钮，如右图所示。

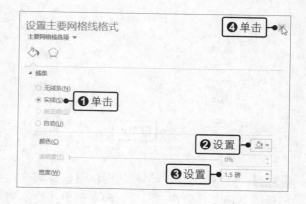

步骤06 设置图表标题。❶选中图表标题，❷在"图表工具-格式"选项卡下的"形状样式"组中单击合适的形状样式，如下图所示。

步骤07 查看图表效果。统一调整图表中所有文本的字体格式，完成最终设置，效果如下图所示。从中可直观地看到哪些部门有盈余，哪些部门有亏损。

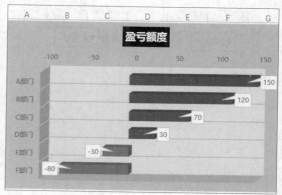

专栏 使用形状将条形图中的柱体变为箭头

虽然 Excel 已经提供了丰富的图表类型及众多的三维效果，但有时仍然需要增添其他极具特色的效果。例如，在图表中使用形状。下面将使用形状让条形图中的柱体变为箭头形状。

◎ 原始文件：下载资源\实例文件\第12章\原始文件\使用形状将条形图中的柱体变为箭头.xlsx
◎ 最终文件：下载资源\实例文件\第12章\最终文件\使用形状将条形图中的柱体变为箭头.xlsx

步骤01 插入形状。打开原始文件，❶在"插入"选项卡下的"插图"组中单击"形状"按钮，❷在展开的列表中单击"右箭头"选项，如下图所示。

步骤02 绘制形状。在工作表中的任意空白位置按住鼠标左键不放向右拖动，即可绘制需要的形状，如下图所示。完成绘制后，释放鼠标左键。

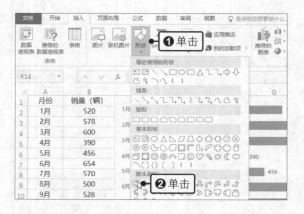

步骤03 复制形状。为绘制的形状设置好填充和轮廓颜色后，❶右击形状，❷在弹出的快捷菜单中单击"复制"命令，如下图所示。

步骤04 替换形状。选中条形图中的数据系列，按下【Ctrl+V】组合键，即可将条形图中的柱体变为箭头，如下图所示。制作完成后，删除绘制的形状即可。

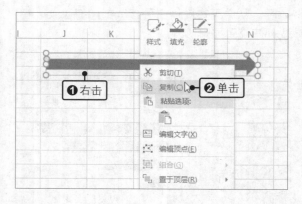

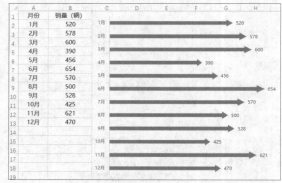

面积图可视为折线图的变种，即将折线下的区域用不同颜色填充。因此，面积图除了能表现数据随时间变化的趋势外，还能表现部分与整体的关系。面积图有 6 种子类型，包括面积图、堆积面积图、百分比堆积面积图、三维面积图、三维堆积面积图、三维百分比堆积面积图。需要注意的是，面积图的数据系列可能会相互遮挡，可提高填充颜色的透明度来进行改善。

13.1 创建总销售额趋势图表

为了更好地查看多种产品在不同月份的销售趋势，可以使用面积图来展示月度销售额数据。本节将通过创建堆积面积图来展示所有产品在各月的总销售额变化情况。

◎ 原始文件：下载资源\实例文件\第13章\原始文件\创建总销售额趋势图表.xlsx
◎ 最终文件：下载资源\实例文件\第13章\最终文件\创建总销售额趋势图表.xlsx

13.1.1 创建总销售额趋势分析面积图

下面将利用各产品的月度销售额数据创建堆积面积图，对所有产品的总销售额进行趋势分析，并对图表的外观进行设置，使其更加美观。

步骤01 自动求和。打开原始文件，❶在单元格E3中输入文字"合计"，❷选中单元格E4，❸在"公式"选项卡下的"函数库"组中单击"自动求和"按钮，如下图所示。

步骤02 查看求和公式。单元格E4中将自动显示一个求和公式"=SUM(B4:D4)"，如下图所示。按下【Enter】键，并向下复制公式，得到每月的产品销售额合计值。

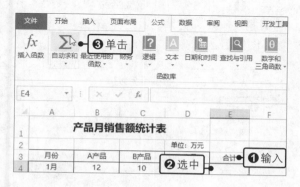

步骤03 插入堆积面积图。❶选中单元格区域A3:E15，❷在"插入"选项卡下的"图表"组中单击"插入折线图或面积图"按钮，❸在展开的列表中单击"堆积面积图"选项，如下左图所示。

步骤04 设置图表标题。插入图表后，调整图表的位置和大小，以便于查看图表数据。修改图表的标题为"总销售额趋势分析"，并对字体格式进行设置，如下右图所示。

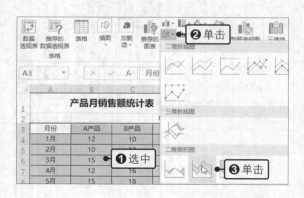

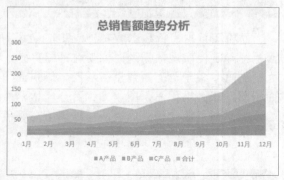

步骤05 设置数据系列格式。❶右击图表中的"合计"数据系列，❷在弹出的快捷菜单中单击"设置数据系列格式"命令，如下图所示。

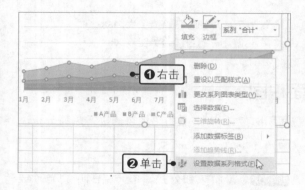

步骤06 设置填充颜色。打开"设置数据系列格式"窗格，在"填充与线条"选项卡下单击"无填充"单选按钮，如下图所示。

步骤07 添加数据标签。保持"合计"数据系列的选中状态，❶在"图表工具-设计"选项卡下的"图表布局"组中单击"添加图表元素"按钮，❷在展开的列表中依次单击"数据标签>显示"选项，如下图所示。

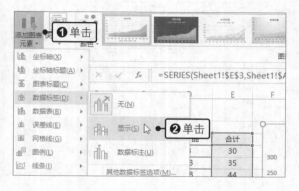

步骤08 启用设置坐标轴格式功能。可看到图表中单独为"合计"数据系列添加数据标签的效果。❶右击图表中的垂直坐标轴，❷在弹出的快捷菜单中单击"设置坐标轴格式"命令，如下图所示。

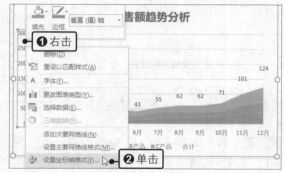

步骤09 设置坐标轴选项。在"设置坐标轴格式"窗格的"坐标轴选项"选项卡下，设置"边界"的"最大值"为250，如下图所示。

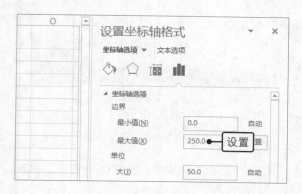

步骤10 删除垂直坐标轴。❶右击图表中的垂直坐标轴，❷在弹出的快捷菜单中单击"删除"命令，如下图所示。

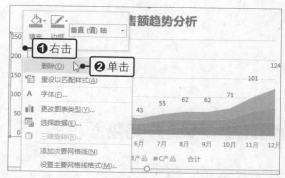

步骤11 删除网格线。❶右击图表中的网格线，❷在弹出的快捷菜单中单击"删除"命令，如下图所示。

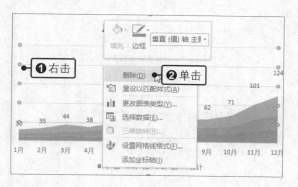

步骤12 设置图例格式。❶右击图表中的图例，❷在弹出的快捷菜单中单击"设置图例格式"命令，如下图所示。

步骤13 设置图例位置。❶在"设置图例格式"窗格的"图例选项"选项卡下单击"靠上"单选按钮，❷取消勾选"显示图例，但不与图表重叠"复选框，如下图所示。完成后关闭窗格。

步骤14 删除图例项。此时可看到设置后的图例位置，在选中的图例上单击要删除的"合计"项，如下图所示。按下【Delete】键，删除该图例项。

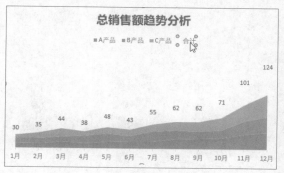

步骤15 查看图表设置效果。完成图表的制作和设置后，查看图表效果，如右图所示。

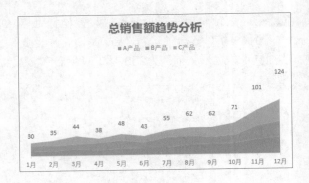

13.1.2　移动并完善面积图

设置好图表的基本外观效果后，下面将图表移动到一个新的工作表中，并接着设置图表中不同项目的字体格式和填充颜色，得到更和谐的搭配效果。

步骤01 移动图表。继续上小节中的操作，❶选中图表，❷在"图表工具-设计"选项卡下的"位置"组中单击"移动图表"按钮，如下图所示。

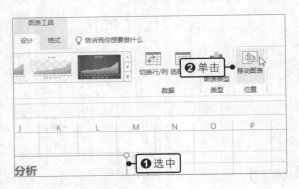

步骤02 设置移动位置。打开"移动图表"对话框，❶单击"新工作表"单选按钮，❷输入新工作表的名称，❸单击"确定"按钮，如下图所示。

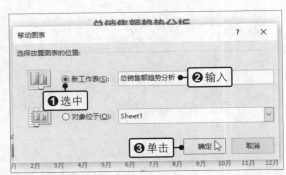

步骤03 查看移动后的效果。在工作簿中自动插入了一个名为"总销售额趋势分析"的工作表，且图表被移到该工作表中，如下图所示。

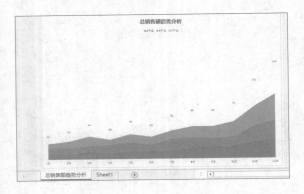

步骤04 设置图表标题字体格式。❶右击图表中的标题，❷在弹出的快捷菜单中单击"字体"命令，如下图所示。

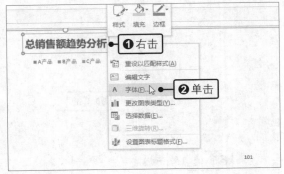

步骤05 设置字体大小和颜色。打开"字体"对话框，❶在"字体"选项卡下设置"大小"为20，❷设置"字体颜色"为"红色"，如下图所示，单击"确定"按钮。用相同方法设置图例、数据标签和坐标轴标签的字体格式。

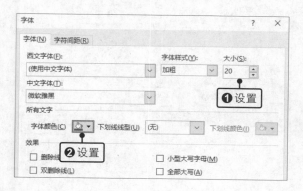

步骤06 设置数据系列填充颜色。❶右击图表中的"A产品"数据系列，❷在弹出的浮动工具栏中单击"填充"按钮，❸在展开的列表中选择合适的填充颜色，如下图所示。应用相同的方法设置其他数据系列的填充颜色。

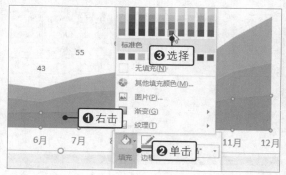

步骤07 查看最终效果。设置后的最终图表效果如右图所示。通过该图表可看出产品的每月总销售额总体呈上升趋势，发展势头良好。

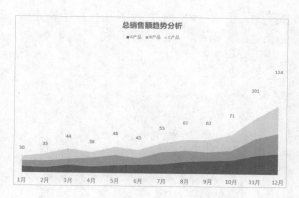

13.2 创建产品逐步淘汰分析图表

在市场经济中，产品的优胜劣汰是一个基本法则。为了把握产品在市场中所处的地位，在产品被淘汰前及时采取应对措施，企业需要关注同类产品市场占有率的变化。在分析同类产品市场占有率时，可以使用百分比堆积面积图来展示不同产品的市场占有率随时间的变化情况，以便相应调整产品的生产和销售策略。

◎ 原始文件：下载资源\实例文件\第13章\原始文件\创建产品逐步淘汰分析图表.xlsx
◎ 最终文件：下载资源\实例文件\第13章\最终文件\创建产品逐步淘汰分析图表.xlsx

13.2.1 创建产品市场占有率百分比堆积面积图

下面将使用若干年的产品市场占有率统计数据创建百分比堆积面积图，并根据创建的面积图分析不同产品的市场占有率发展趋势。

步骤01 查看表格数据。打开原始文件，查看表格中记录的不同产品各年度市场占有率数据，如下图所示。

步骤02 插入图表。❶选中单元格区域A2:G5，❷在"插入"选项卡下"图表"组中单击"插入折线图或面积图"按钮，❸在展开的列表中单击"百分比堆积面积图"选项，如下图所示。

步骤03 生成图表。在工作表中生成由选定数据创建的面积图，删除图表标题，适当调整图表大小和位置，效果如下图所示。

步骤04 改变图例位置。❶选中图表，❷单击图表右上角的"图表元素"按钮，❸在展开的列表中单击"图例>顶部"选项，如下图所示。

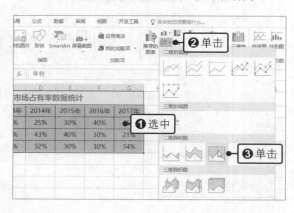

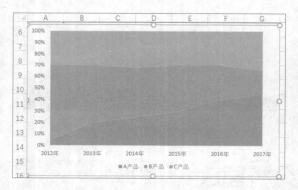

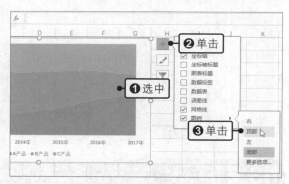

步骤05 设置图表样式。继续选中图表，在"图表工具-设计"选项卡下的"图表样式"组中单击需要的图表样式，如下图所示。

步骤06 设置数据系列的填充颜色。❶选中图表中的"C产品"数据系列，❷在"图表工具-格式"选项卡下的"形状样式"组中单击"形状填充"右侧的下三角按钮，❸在展开的列表中选择合适的颜色，如下图所示。

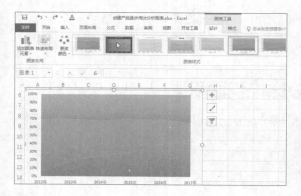

步骤07 设置数据系列的形状效果。继续选中图表中的"C产品"数据系列，❶在"图表工具-格式"选项卡下的"形状样式"组中单击"形状效果"按钮，❷在展开的列表中依次单击"棱台>圆"选项，如下图所示。

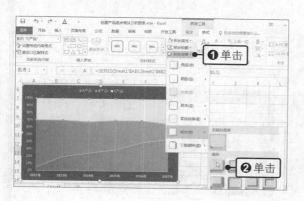

步骤08 设置其他数据系列效果。使用相同的方法，为"B产品"数据系列与"A产品"数据系列设置不同的填充颜色与相同的形状效果，设置效果如下图所示。

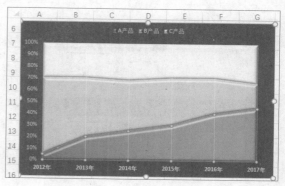

步骤09 插入文本框。在"插入"选项卡下的"文本"组中单击"文本框"按钮，如下图所示。

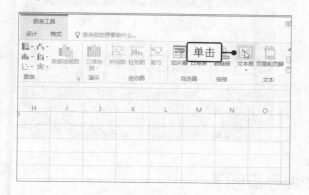

步骤10 绘制文本框。在"C产品"数据系列的上方拖动鼠标，绘制文本框，如下图所示。

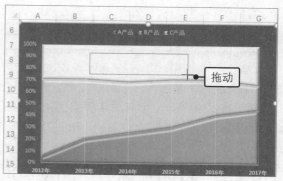

步骤11 输入文本并复制文本框。❶在绘制的文本框中输入需要添加的文本内容，❷复制一个文本框至"B产品"数据系列上，如下图所示。

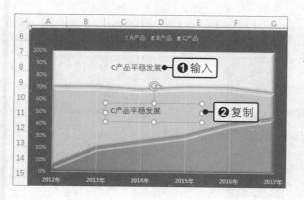

步骤12 复制文本框并输入文本。再复制一个文本框至"A产品"数据系列上，分别在复制的两个文本框中输入需要添加的文本内容，如下图所示。

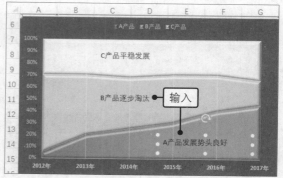

步骤13 设置文本框样式。❶选中"C产品平稳发展"文本框，❷在"绘图工具-格式"选项卡下的"形状样式"组中单击合适的样式选项，如下图所示。

步骤14 设置文本框的形状效果。继续选中文本框，❶在"绘图工具-格式"选项卡下的"形状样式"组中单击"形状效果"按钮，❷在展开的列表中依次单击"棱台>圆"选项，如下图所示。

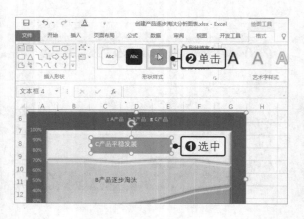

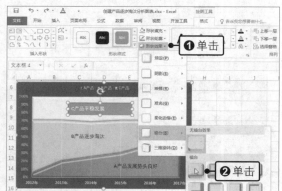

步骤15 设置文本框样式。以同样的方法为"B产品逐步淘汰"与"A产品发展势头良好"文本框设置不同的形状样式与相同的形状效果，并调整文本框大小、位置与字体格式，设置后的效果如右图所示。通过该图表可以看出：A产品的销售势头良好，可考虑加大生产量；B产品逐步被淘汰，应考虑减产或停产；C产品一直发展平稳，可考虑延续或优化当前的销售策略。

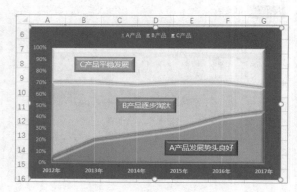

13.2.2 打印并保护产品逐步淘汰分析图表

制作完产品逐步淘汰分析图表后，可以对图表进行打印。同时，为了保证工作表数据的安全性，还可以对其进行保护设置。

步骤01 打开视图菜单。❶选中图表，❷单击窗口左上角的"文件"按钮，如下图所示。

步骤02 启用打印功能。在展开的视图菜单中单击"打印"命令，如下图所示。

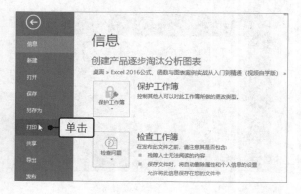

步骤03 查看打印预览。打开"打印"面板，在面板右侧查看打印预览效果，如下图所示。

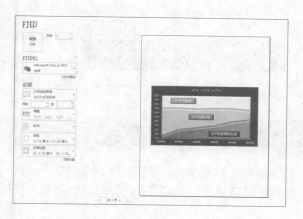

步骤04 设置纸张方向。在"打印"面板的"设置"选项组中设置纸张方向为"横向"，如下图所示。

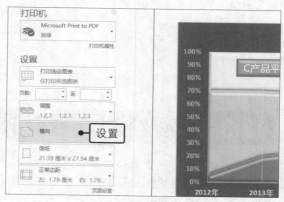

步骤05 设置打印份数。在"打印"面板中选择打印机，❶设置打印"份数"为10，❷单击"打印"按钮，即可打印选中的图表，如下图所示。

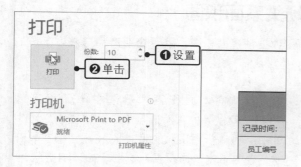

步骤06 保护工作表。打印完图表后，返回工作表，为了防止他人修改图表，可对其进行保护设置。在"审阅"选项卡下的"更改"组中单击"保护工作表"按钮，如下图所示。

步骤07 设置工作表的保护密码。弹出"保护工作表"对话框，❶在"取消工作表保护时使用的密码"文本框中输入保护密码"123"，❷单击"确定"按钮，如下图所示。

步骤08 确认密码。弹出"确认密码"对话框，❶在"重新输入密码"文本框中输入相同的密码"123"，❷单击"确定"按钮完成设置，如下图所示。

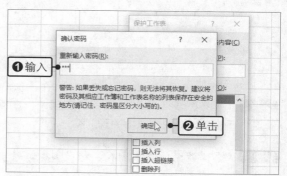

步骤09 工作表受保护。返回工作表，修改工作表中的内容，则会弹出提示对话框，提示用户工作表已受保护，为只读文件，单击"确定"按钮即可，如右图所示。

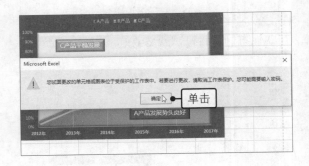

13.3 创建企业与整体市场的关系分析图表

　　企业为了在竞争中胜出，需要了解自己的产品的市场占有率，以及整体市场的波动对产品销量的影响。使用面积图可以展示企业产品销量和整体市场随时间的变化趋势，并对企业产品与整体市场的关系进行对比分析。

◎ 原始文件：下载资源\实例文件\第13章\原始文件\创建企业与整体市场的关系分析图表.xlsx
◎ 最终文件：下载资源\实例文件\第13章\最终文件\创建企业与整体市场的关系分析图表.xlsx

13.3.1 创建企业产品与整体市场关系面积图

　　下面将利用各年份的企业产品和整体市场销量数据创建面积图，展示企业产品与整体市场的关系，并对图表进行美化设置。

步骤01 查看表格数据。打开原始文件，在工作表中可看到企业产品和整体市场的销量数据，如下图所示。

步骤02 插入面积图。❶选中单元格区域A3:I5，❷在"插入"选项卡下的"图表"组中单击"插入折线图或面积图"按钮，❸在展开的列表中单击"面积图"选项，如下图所示。

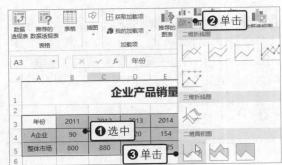

步骤03 查看图表。此时可看到创建的面积图效果，如下左图所示。由于此图表呈现的效果不能满足分析需求，所以需要进行调整。

步骤04 选择数据。选中图表，在"图表工具-设计"选项卡下的"数据"组中单击"选择数据"按钮，如下右图所示。

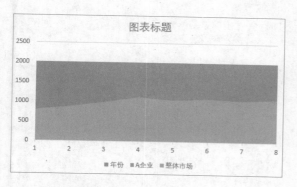

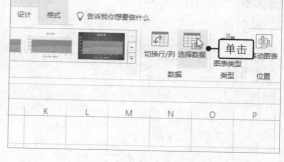

步骤05 删除图例项。打开"选择数据源"对话框，❶选择"图例项（系列）"列表框中的"年份"选项，❷单击"删除"按钮，如下图所示。

步骤06 调整数据系列顺序。❶选择"A企业"选项，❷单击"下移"按钮，如下图所示。然后单击"确定"按钮。

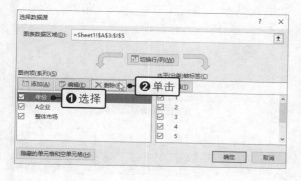

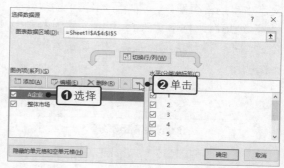

步骤07 设置所选内容格式。返回工作表中，❶在"图表工具-格式"选项卡下的"当前所选内容"组中设置"图表元素"为"系列'整体市场'"，❷单击"设置所选内容格式"按钮，如下图所示。

步骤08 设置填充效果。打开"设置数据系列格式"窗格，❶在"填充与线条"选项卡下的"填充"选项组中单击"纯色填充"单选按钮，❷并设置好"颜色"和"透明度"，如下图所示。完成后关闭窗格。

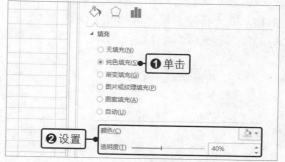

步骤09 添加数据标签。❶在"图表工具-设计"选项卡下的"图表布局"组中单击"添加图表元素"按钮，❷在展开的列表中依次单击"数据标签>显示"选项，如下左图所示。

步骤10　删除数据标签。可看到为两个数据系列添加标签后的效果，选中"整体市场"系列的数据标签，如下右图所示。按下【Delete】键，删除选中的标签。

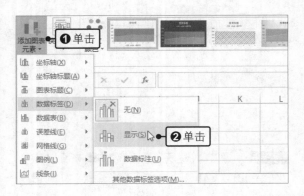

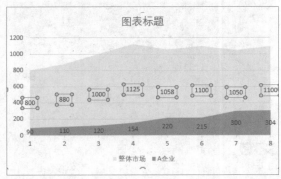

步骤11　计算市场占有率。在单元格A6中输入文字"市场占有率"，在单元格B6中输入公式"=B4/B5"，按下【Enter】键，并向右复制公式，即可得到各年份销量的市场占有率，如下图所示。

步骤12　设置市场占有率数据格式。设置市场占有率的数据格式为百分比，保留2位小数，得到如下图所示的数据效果。

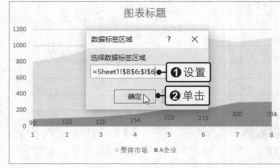

步骤13　启用设置数据标签格式功能。双击图表中的数据标签，打开"设置数据标签格式"窗格，在"标签选项"选项卡下勾选"单元格中的值"复选框，如下图所示。

步骤14　设置数据标签内容。弹出"数据标签区域"对话框，❶设置区域内容为单元格区域B6:I6，❷单击"确定"按钮，如下图所示。

步骤15　完成标签的设置。在"设置数据标签格式"窗格的"标签选项"选项卡下取消勾选"值"和"显示引导线"复选框，如下图所示。

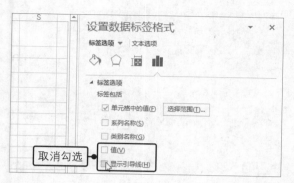

步骤16　添加垂直线。❶在"图表工具-设计"选项卡下的"图表布局"组中单击"添加图表元素"按钮，❷在展开的列表中依次单击"线条>垂直线"选项，如下图所示。

步骤17　查看图表设置效果。删除网格线、纵坐标轴标题，更改图表标题内容并设置字体格式，得到如右图所示的图表效果。

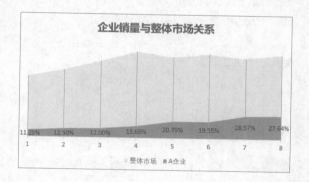

13.3.2　设置图表对象完善图表效果

设置完图表基本效果后，下面将进一步设置图表图例和坐标轴标题，完善图表效果。

步骤01　选择数据。❶右击图表，❷在弹出的快捷菜单中单击"选择数据"命令，如下图所示。

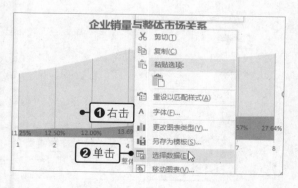

步骤02　编辑轴标签。打开"选择数据源"对话框，在"水平（分类）轴标签"列表框中单击"编辑"按钮，如下图所示。

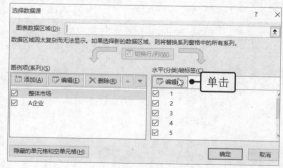

步骤03　设置轴标签区域。打开"轴标签"对话框，❶设置"轴标签区域"为单元格区域B3:I3，❷单击"确定"按钮，如下左图所示。

步骤04 完成设置。返回"选择数据源"对话框，可看到"水平（分类）轴标签"列表框中的内容已更改，单击"确定"按钮，如下右图所示。

步骤05 设置图例位置。❶单击图表右上角的"图表元素"按钮，❷在展开的列表中依次单击"图例>顶部"选项，如下图所示。

步骤06 设置坐标轴格式。❶右击图表中的横坐标轴标签，❷在弹出的快捷菜单中单击"设置坐标轴格式"命令，如下图所示。

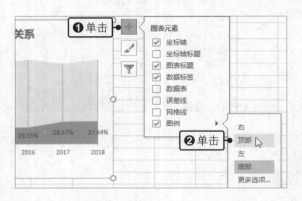

步骤07 自定义数字格式。打开"设置坐标轴格式"窗格，❶单击"数字"选项组下"类别"右侧的下三角按钮，❷在展开的列表中单击"自定义"选项，如下图所示。

步骤08 添加自定义的格式。❶在"格式代码"下的文本框中输入"#年"，❷单击"添加"按钮，如下图所示。

步骤09　查看图表效果。完善后的图表如右图所示，从中可看出：A企业产品的市场占有率总体呈上升趋势；2011—2014年整体市场上升较快，带动A企业产品的销量和占有率上涨；2015年整体市场下滑，A企业产品销量却逆市上扬；2018年整体市场上涨，A企业产品销量平稳，占有率略有下滑，需引起警觉。

专栏　将工作表发布为网页

完成工作表内容的编辑后，为了方便传阅，可以将工作表发布为网页后分享给其他人，其他人收到分享的网页后，在浏览器中就可以打开并查看。实际上，将工作表发布为网页的操作与另存文档的方法类似，只需更改文档的保存类型即可。

◎　原始文件：下载资源\实例文件\第13章\原始文件\发布为网页.xlsx
◎　最终文件：下载资源\实例文件\第13章\原始文件\企业市场占有率分析.mht

步骤01　另存文档。打开原始文件，单击窗口左上角的"文件"按钮，打开视图菜单，❶单击"另存为"命令，❷在展开的"另存为"面板中单击"浏览"按钮，如下图所示。

步骤02　设置另存格式。弹出"另存为"对话框，❶设置好保存路径，❷在"文件名"文本框中输入"企业市场占有率分析"，❸单击"保存类型"右侧的下三角按钮，在展开的列表中单击"单个文件网页(*.mht;*.mhtml)"选项，如下图所示。

步骤03　发布网页。单击"发布"按钮，如下左图所示。

步骤04　设置发布选项。弹出"发布为网页"对话框，❶在对话框下方勾选"在浏览器中打开已发布网页"复选框，❷单击"发布"按钮，如下右图所示。

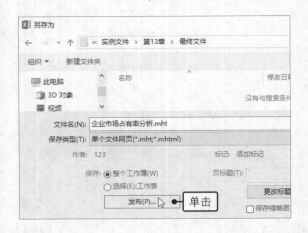

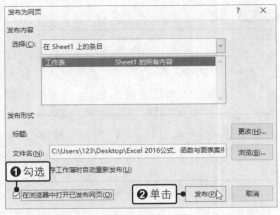

步骤05 在浏览器中显示网页内容。此时系统自动打开浏览器，可在网页中查看发布的工作表效果，如右图所示。

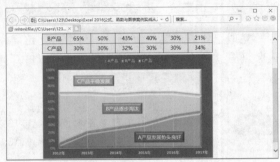

读书笔记

散点图的应用

散点图类似于折线图，可以显示单个或多个数据系列的数据在某种间隔条件下的变化趋势。散点图有 5 种子类型，包括散点图、带平滑线的散点图、带平滑线和数据标记的散点图、带直线和数据标记的散点图、带直线的散点图。散点图和时间的联系仅仅是在间隔上，不传达与时间直接相关的信息。

14.1 创建企业月度业务量图表

对一年中各个月份的业务量情况进行对比分析，有助于了解业务量是否存在周期性的变化规律，为优化生产计划提供依据。本节将通过创建散点图展示某企业的月度业务量情况，为进一步的分析和决策打下基础。

◎ 原始文件：无
◎ 最终文件：下载资源\实例文件\第14章\最终文件\创建企业月度业务量图表.xlsx

14.1.1 创建企业月度业务量散点图

下面介绍如何创建企业月度业务量散点图。

步骤01 输入表格数据。创建一个空白工作簿，在Sheet1工作表中输入表头等文字，如下图所示。

步骤02 调整列宽。❶选中单元格区域B1:M1，❷在"开始"选项卡下的"单元格"组中单击"格式"按钮，❸在展开的列表中单击"自动调整列宽"选项，如下图所示。

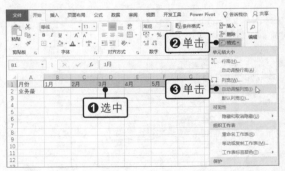

步骤03 输入业务量。此时根据单元格中的内容，表格自动调整到合适的列宽，然后在"业务量"行中输入每月的业务量数据（单位：万元），如下左图所示。

步骤04 插入图表。❶选中单元格区域A1:M2，❷在"插入"选项卡下单击"插入散点图（X、Y）或气泡图"按钮，❸在展开的列表中单击"带平滑线和数据标记的散点图"选项，如下右图所示。

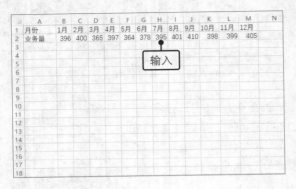

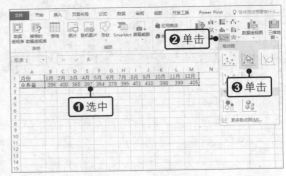

步骤05 生成图表。此时可看到在工作表中生成了由选定数据创建的散点图，如右图所示。从图表图形似乎可得出各月的业务量波动幅度很大的结论，但实际的数据位于364万件至410万件之间，波动幅度并不算特别大，因此还需进一步调整图表，以免误导后续的分析。

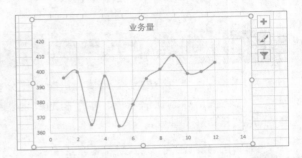

14.1.2　设置图表的格式

插入散点图后，为了让图表在展现数据趋势上更加符合实际，需要对图表的格式进行设置。

步骤01 启用设置纵坐标轴格式功能。❶在图表中右击纵坐标轴，❷在弹出的快捷菜单中单击"设置坐标轴格式"命令，如下图所示。

步骤02 设置纵坐标轴选项。打开"设置坐标轴格式"窗格，❶在"坐标轴选项"选项组中设置"最小值"为100、"最大值"为800、"主要"单位为100，❷单击"关闭"按钮，如下图所示。

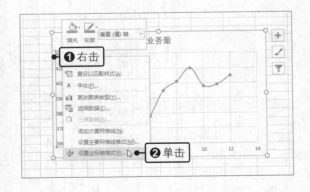

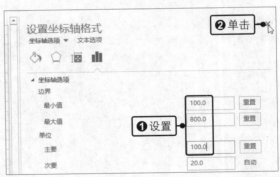

步骤03 查看纵坐标轴效果。返回工作表，查看设置后的纵坐标轴效果，如下左图所示。

步骤04 启用设置横坐标轴格式功能。❶在图表中右击横坐标轴，❷在弹出的快捷菜单中单击"设置坐标轴格式"命令，如下右图所示。

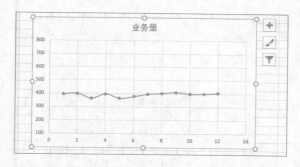

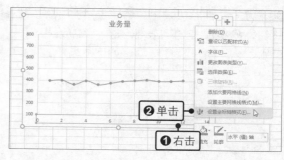

步骤05 设置横坐标轴选项。打开"设置坐标轴格式"窗格，❶在"坐标轴选项"选项组中设置"最小值"为1、"最大值"为12、"主要"单位为1，❷单击"关闭"按钮，如右图所示。

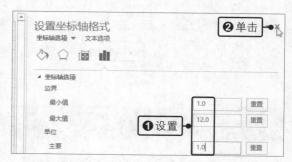

步骤06 查看横坐标轴效果。返回工作表，查看设置后的横坐标轴效果，如下图所示。

步骤07 设置图表样式。选中图表，在"图表工具-设计"选项卡下单击"图表样式"组中的快翻按钮，在展开的列表中单击"样式12"选项，如下图所示。

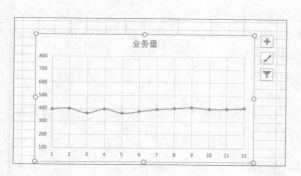

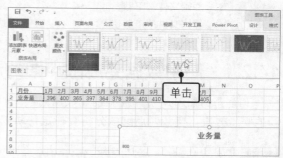

步骤08 设置图表效果。在"图表工具-格式"选项卡下单击"形状样式"组中的快翻按钮，在展开的列表中单击"细微效果-橙色，强调颜色2"选项，如下图所示。

步骤09 设置绘图区的填充效果。选中图表绘图区，❶在"图表工具-格式"选项卡下单击"形状填充"右侧的下三角按钮，❷在展开的列表中单击"橙色，个性色2，淡色60%"选项，如下图所示。

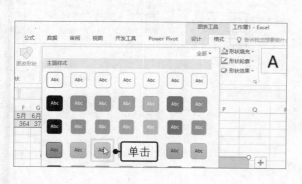

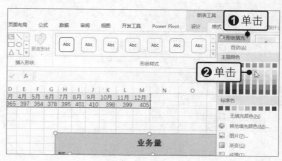

步骤10 设置形状效果。❶单击"形状效果"按钮，❷在展开的列表中单击"发光>橙色，8 pt发光，个性色2"选项，如下图所示。

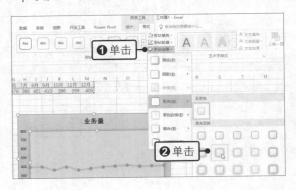

步骤11 查看图表效果。完成图表的设置后，修改图表标题为"月度业务量分析"，然后查看制作完成的图表效果，如下图所示。

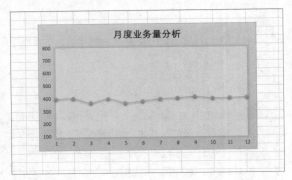

14.2 创建收货天数和客户满意度相关性分析图表

散点图除了可以用于分析业务的发展趋势，还可以用于分析两个变量之间的关系。一般情况下，散点图用两组数据构成多个坐标点，通过观察坐标点的分布，可判断变量间是否存在相关关系，以及相关关系的强度。某物流公司统计了收货天数和客户满意度数据，其中满意度最高为 5 分，现要判断收货天数对客户满意度的影响。

◎ 原始文件：下载资源\实例文件\第14章\原始文件\创建收货天数和客户满意度相关性分析图表.xlsx
◎ 最终文件：下载资源\实例文件\第14章\最终文件\创建收货天数和客户满意度相关性分析图表.xlsx

14.2.1 使用数据完成散点图的制作

下面介绍如何用统计数据创建散点图，并对创建的图表进行适当的格式设置，既能呈现更美观的视觉效果，又能对后续的分析有一定帮助。

步骤01 选中数据。打开原始文件，可看到工作表中统计出的各收货天数对应的满意度数据，在工作表中选中单元格区域A1:B32，如下图所示。

	A	B	C	D	E
1	收货天数	满意度			
2	2	5			
3	3	4.8			
4	5	4.6			
5	6	4			
6	7	3.6		选中	
7	8	3			
8	4	4.8			
9	5	4			
10	3	5			
11	6	4			
12	9	2			

步骤02 插入图表。❶在"插入"选项卡下单击"插入散点图（X、Y）或气泡图"按钮，❷在展开的列表中单击"散点图"选项，如下图所示。

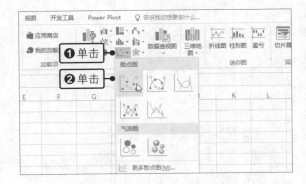

步骤03 生成图表。此时可看到在工作表中生成了由选定数据创建的散点图，如下图所示。

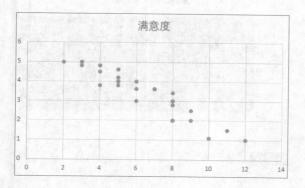

步骤04 设置绘图区颜色。选中图表的绘图区，❶在"图表工具-格式"选项卡下的"形状样式"组中单击"形状填充"右侧的下三角按钮，❷在展开的列表中选择合适的填充颜色，如下图所示。

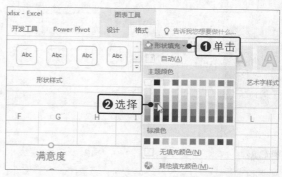

步骤05 设置数据系列格式。❶在图表上右击数据系列，❷在弹出的快捷菜单中单击"设置数据系列格式"命令，如下图所示。

步骤06 设置标记格式。打开"设置数据系列格式"窗格，❶单击"填充与线条"选项卡下的"标记"选项，❷在"数据标记选项"选项组中设置好标记的"类型"和"大小"，如下图所示。

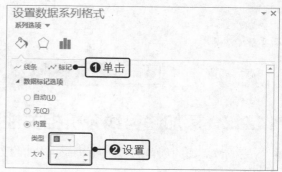

步骤07 设置标记颜色。❶在"填充"选项组中单击"纯色填充"单选按钮，❷设置好填充"颜色"，如下图所示。

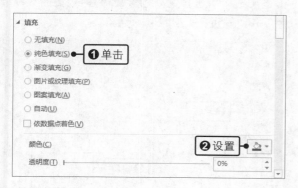

步骤08 设置边框效果。❶在"边框"选项组中单击"实线"单选按钮，❷设置好边框"颜色"，如下图所示。

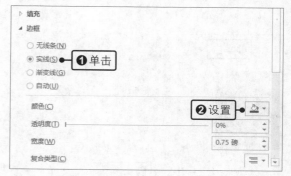

步骤09 添加坐标轴标题。❶单击"图表元素"按钮，❷在展开的列表中单击"坐标轴标题"，在级联列表中勾选"主要横坐标轴"和"主要纵坐标轴"复选框，如下图所示。

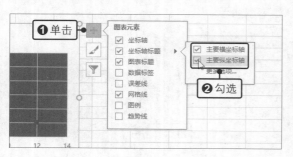

步骤10 更改标题内容。此时图表中已添加横、纵坐标轴标题，接着更改图表标题及坐标轴标题的文本内容，然后选中纵坐标轴标题，如下图所示。

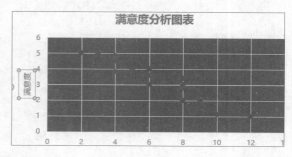

步骤11 更改标题的文字方向。❶在"设置坐标轴标题格式"窗格中的"大小与属性"选项卡下，单击"文字方向"右侧的下三角按钮，❷在展开的列表中单击"竖排"选项，如下图所示。

步骤12 显示最终效果。关闭窗格后，即可看到设置后的散点图效果，如下图所示。

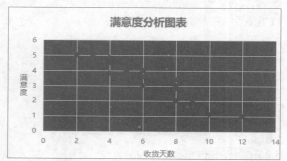

14.2.2　添加趋势线分析相关性

完成散点图的创建后，还可以通过添加趋势线对该图表中的收货天数和客户满意度进行进一步的相关性分析。

步骤01 插入趋势线。❶单击图表右上角的"图表元素"按钮，❷在展开的列表中单击"趋势线>更多选项"选项，如下图所示。

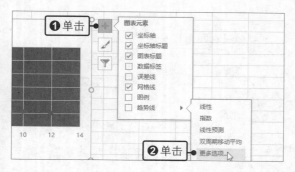

步骤02 设置趋势线线条。打开"设置趋势线格式"窗格，❶在"填充与线条"选项卡下单击"实线"单选按钮，❷设置好趋势线的"颜色"和"宽度"，如下图所示。

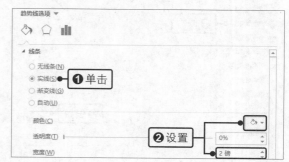

步骤03 设置趋势线线型。❶单击"短画线类型"右侧的下三角按钮，❷在展开的列表中单击"实线"选项，如下图所示。

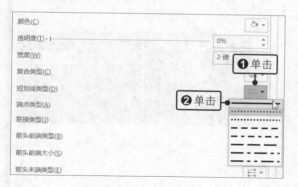

步骤04 显示R平方值。在"趋势线选项"选项卡下勾选"显示R平方值"复选框，如下图所示。

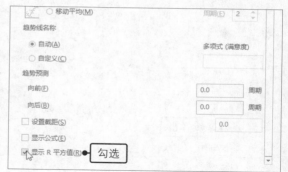

步骤05 显示添加效果。此时可看到添加的趋势线和R平方值效果，受图表区的填充颜色影响，添加的R平方值显示效果不明显，需要进行设置。选中标签，如下图所示。

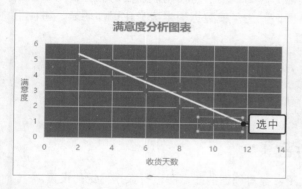

步骤06 设置填充颜色。在"设置趋势线标签格式"窗格中的"填充与线条"选项卡下，❶单击"纯色填充"单选按钮，❷设置好填充"颜色"，如下图所示。

步骤07 移动标签位置。按住鼠标左键不放，拖动标签，如下图所示。拖动至合适的位置后释放鼠标。

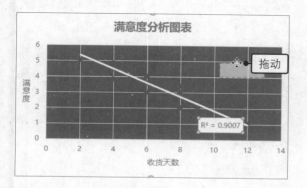

步骤08 显示移动效果。此时可看到移动标签后的效果，单击添加的趋势线，如下图所示。

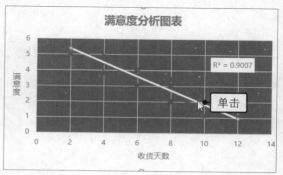

步骤09 选择趋势线。因为R平方值越接近1，趋势线的拟合程度就越高，而在"设置趋势线格式"窗格中单击"多项式"单选按钮后，R平方值最接近1，所以选择此类型的趋势线，如下左图所示。

步骤10　显示最终效果。此时可看到添加趋势线后的收货天数和客户满意度相关性分析散点图效果，可发现随着收货天数的增加，客户满意度会越来越低，如下右图所示。

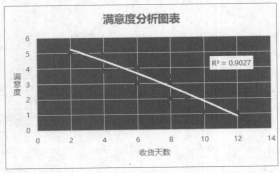

14.3 创建企业投资周转率分析图表

投资周转率是企业在一年中的总营业额与总投资额的比率，反映了企业投入资本的利用效率。投资周转率越高，表示该企业的经营水平和获利能力越高。本节将使用散点图对比分析两家企业在不同年份的投资周转率变化情况。在创建散点图时，为了使数据的走势变化更加明显，将使用平滑线连接不同的数据点。

◎ 原始文件：下载资源\实例文件\第14章\原始文件\创建企业投资周转率分析图表.xlsx
◎ 最终文件：下载资源\实例文件\第14章\最终文件\创建企业投资周转率分析图表.xlsx

14.3.1　创建投资周转率分析散点图

下面介绍如何创建企业投资周转率分析散点图，并对创建的散点图进行数据标记的设置。

步骤01　选中数据。打开原始文件，在工作表中选中单元格区域A2:F4，如下图所示。

步骤02　插入图表。❶在"插入"选项卡下单击"插入散点图（X、Y）或气泡图"按钮，❷在展开的列表中单击"带平滑线和数据标记的散点图"选项，如下图所示。

投资周转率统计表

年份	2014	2015	2016	2017	2018
A企业	80%	70%	72%	75%	79%
B企业	45%	50%	43%	42%	48%

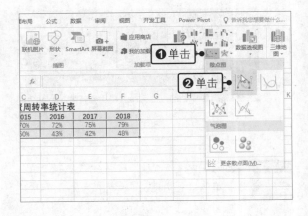

步骤03　生成图表。此时可看到在工作表中生成了由选定数据创建的散点图，如下图所示。

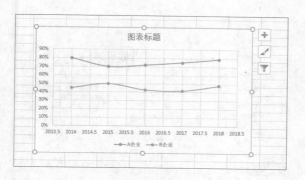

步骤04　选择图表元素。❶在"图表工具-格式"选项卡下的"当前所选内容"组中单击"图表元素"右侧的下三角按钮，❷在展开的列表中单击"系列'A企业'"选项，如下图所示。

步骤05　设置形状格式。选中图表中的数据系列后，单击"形状样式"组中的对话框启动器按钮，如下图所示。

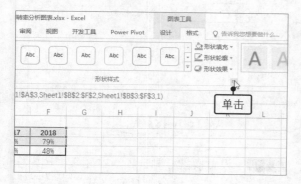

步骤06　设置数据标记选项。打开"设置数据系列格式"窗格，在"数据标记选项"选项组中单击"无"单选按钮，如下图所示。

步骤07　设置线条。❶在"填充与线条"选项卡下单击"线条"选项组中的"实线"单选按钮，❷设置"宽度"为"3磅"，如下图所示。

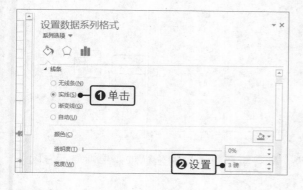

步骤08　选择图表元素。❶在"图表工具-格式"选项卡下的"当前所选内容"组中单击"图表元素"右侧的下三角按钮，❷在展开的列表中单击"系列'B企业'"选项，如下图所示。

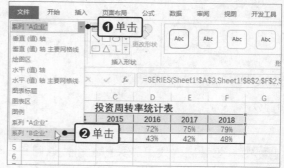

步骤09　设置数据标记选项。打开"设置数据系列格式"窗格，在"数据标记选项"选项组中单击"无"单选按钮，如下左图所示。

步骤10 设置线型。单击"线条"选项，❶设置"宽度"为"3磅"，❷单击"短画线类型"右侧的下三角按钮，❸在展开的列表中单击"圆点"选项，如下右图所示。

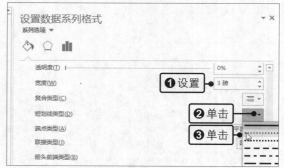

步骤11 查看图表效果。完成图表数据系列格式的设置后，返回工作表中查看设置后的图表效果，如下图所示。

步骤12 设置坐标轴格式。❶在图表中右击纵坐标轴，❷在弹出的快捷菜单中单击"设置坐标轴格式"命令，如下图所示。

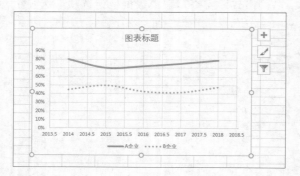

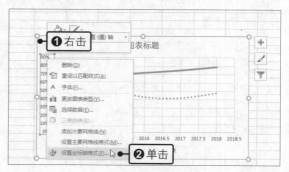

步骤13 设置纵坐标轴选项。打开"设置坐标轴格式"窗格，在"坐标轴选项"选项组中设置"最小值"为0.3、"最大值"为0.9，如下图所示。

步骤14 设置横坐标轴选项。在图表中选中横坐标轴后，在"设置坐标轴格式"窗格中的"坐标轴选项"选项组中设置"最小值"为2013，"最大值"为2019，如下图所示。

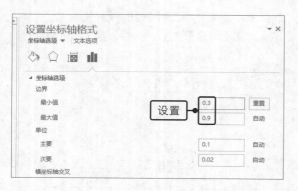

步骤15 查看图表效果。关闭窗格，返回工作表，即可查看设置后的坐标轴效果，如下左图所示。选中图表中的图例，按【Delete】键将其删除。

步骤16 添加数据标签。❶在图表中右击"系列'A企业'"，❷在弹出的快捷菜单中依次单击"添加数据标签>添加数据标签"命令，如下右图所示。

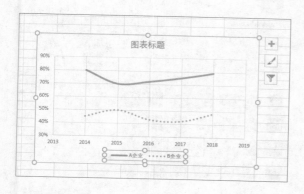

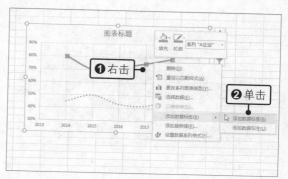

步骤17　查看添加数据标签后的效果。利用相同的方法为"系列'B企业'"添加数据标签，添加完成后，即可看到如右图所示的效果。

14.3.2　美化投资周转率分析图表

完成企业投资周转率分析图表的创建后，还可以通过对图表格式进行设置，使其呈现出更好的视觉效果。

步骤01　设置图表区格式。选中图表，在"图表工具-格式"选项卡下单击"形状样式"组中的快翻按钮，在展开的列表中单击合适的样式，如下图所示。

步骤02　设置绘图区格式。选中图表绘图区，在"图表工具-格式"选项卡下单击"形状样式"组中的快翻按钮，在展开的列表中单击合适的样式，如下图所示。

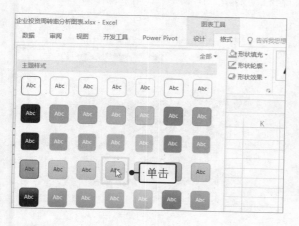

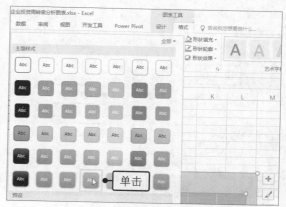

步骤03　编辑图表标题。此时在工作表中可看到对该图表应用了所选定的样式，然后在图表的标题文本框中输入需要的标题文本内容，如下左图所示。

步骤04　设置图表标题格式。选中图表标题，在"图表工具-格式"选项卡下单击"形状样式"组中的快翻按钮，在展开的列表中单击合适的样式，如下右图所示。

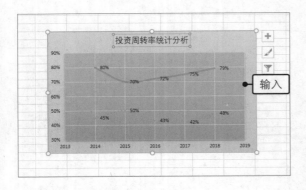

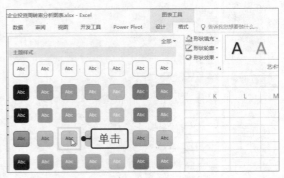

步骤05 设置图表标题字体。选中图表标题，❶在"开始"选项卡下的"字体"组中设置"字体"为"华文行楷"、"字号"为14，❷单击"加粗"按钮，如下图所示。

步骤06 移动图表。完成图表的设置后，在"图表工具-设计"选项卡下单击"位置"组中的"移动图表"按钮，如下图所示。

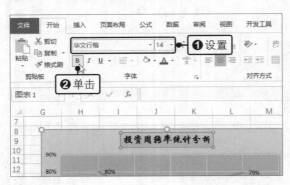

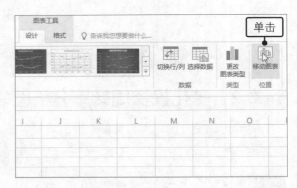

步骤07 选择放置图表的位置。弹出"移动图表"对话框，❶单击"新工作表"单选按钮，❷输入新工作表名称，❸单击"确定"按钮，如下图所示。

步骤08 查看移动后的效果。系统自动切换到"投资周转率统计分析"工作表，可看到图表被移动到该工作表中，如下图所示。

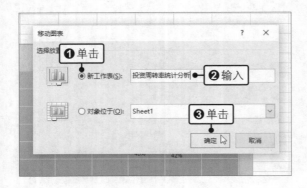

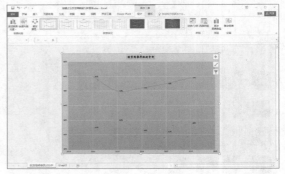

专栏 制作气泡图

在 Excel 中，散点图可以显示两组数据之间的关系，如果要显示三组数据之间的关系，则需要使用气泡图。气泡图中沿横坐标轴方向显示第一组数值数据，沿纵坐标轴方向显示第二组数值数据，而第三组数值数据用气泡的大小来显示。

◎ 原始文件：下载资源\实例文件\第14章\原始文件\制作气泡图.xlsx
◎ 最终文件：下载资源\实例文件\第14章\最终文件\制作气泡图.xlsx

步骤01 创建气泡图。打开原始文件，❶选中单元格区域B2:D9，❷在"插入"选项卡下的"图表"组中单击"插入散点图（X、Y）或气泡图"按钮，❸在展开的列表中单击"三维气泡图"选项，如下图所示。

步骤02 启用设置坐标轴格式功能。此时可看到插入的三维气泡图效果，❶右击图表的垂直（值）轴，❷在弹出的快捷菜单中单击"设置坐标轴格式"命令，如下图所示。

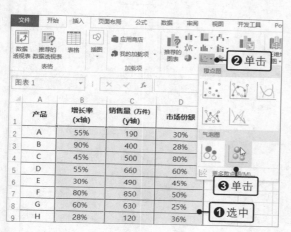

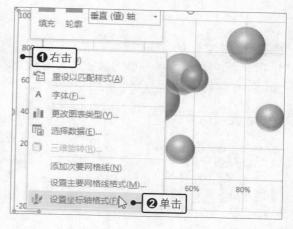

步骤03 设置坐标轴选项。打开"设置坐标轴格式"窗格，在"坐标轴选项"选项卡下设置"边界"和"单位"值，如下图所示。

步骤04 添加数据标签。❶在图表中右击数据系列，❷在弹出的快捷菜单中依次单击"添加数据标签>添加数据标签"命令，如下图所示。

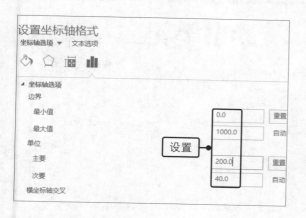

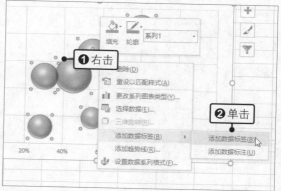

步骤05 选中数据标签。此时可看到图表中已添加数据标签，由于显示的标签不是各个产品的名称，所以需要调整。选中数据标签，如下左图所示。

步骤06 更改数据标签。在"设置数据标签格式"窗格中的"标签选项"选项卡下取消勾选不需要显示的标签复选框，❶勾选"单元格中的值"复选框，❷在弹出的"数据标签区域"对话框中设置好产品名称所在的单元格区域，❸单击"确定"按钮，如下右图所示。

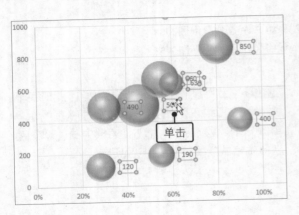

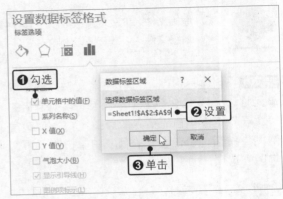

步骤07 调整数据标签位置。在"标签位置"选项组中单击"居中"单选按钮，如下图所示，即可将数据标签移动到气泡的中间位置。

步骤08 显示最终效果。为图表设置好填充颜色，并添加和设置坐标轴标题，即可得到如下图所示的图表效果。

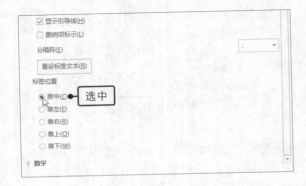

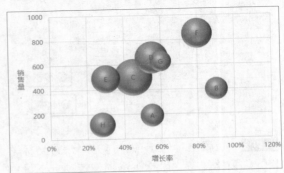

读书笔记

其他常用图表的应用

前几章讲解的柱形图、折线图、饼图、条形图、面积图、散点图是在实际工作中应用频率最高的图表类型。除此之外，Excel 还提供了一些在特定领域较为常用的图表类型，本章将选择其中的雷达图、股价图、直方图进行讲解，并在最后以"专栏"的形式简单介绍旭日图的应用。

15.1 创建各品牌汽车性能比较图表

雷达图常用于进行多指标体系的比较分析，可以快速定位短板指标。它的外观较特别，不是横、纵坐标轴垂直相交的形式，而是将数值轴按类别分离，以原点为中心点向外辐射出去，网格线则是围绕原点的闭合多边形，通过数据点相对于原点（中心点）的距离来表现数据的大小。雷达图有 3 种子类型，包括雷达图、带数据标记的雷达图、填充雷达图。

◎ 原始文件：下载资源\实例文件\第15章\原始文件\创建各品牌汽车性能比较图表.xlsx
◎ 最终文件：下载资源\实例文件\第15章\最终文件\创建各品牌汽车性能比较图表.xlsx

15.1.1 创建汽车性能比较雷达图

下面将根据不同品牌汽车的性能评价指标数据创建填充雷达图，以便比较不同品牌汽车的性能优劣。

步骤01 选中区域。打开原始文件，选中单元格区域A2:C7，如下图所示。

步骤02 插入图表。在"插入"选项卡下的"图表"组中单击对话框启动器，如下图所示。

步骤03 选择图表类型。打开"插入图表"对话框，❶在"所有图表"选项卡下的左侧选择"雷达图"图表类型，❷在右侧的界面中双击"填充雷达图"，如下左图所示。

步骤04 查看生成的图表。返回工作表中，可看到创建的雷达图效果，如下右图所示。由于各数据系列之间的叠加和遮挡会影响数据的分析，还需进一步设置图表格式。

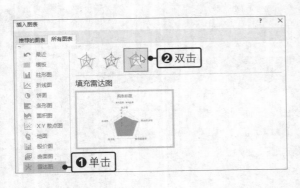

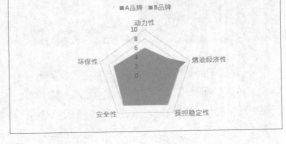

步骤05 设置数据系列格式。❶右击图表中的任意数据系列，❷在弹出的快捷菜单中单击"设置数据系列格式"命令，如下图所示。

步骤06 设置标记填充效果。打开"设置数据系列格式"窗格，❶切换至"填充与线条"选项卡下的"标记"选项组中，❷在"填充"组中单击"纯色填充"单选按钮，如下图所示。

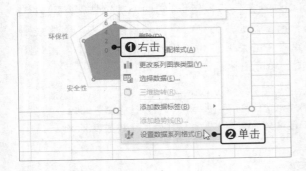

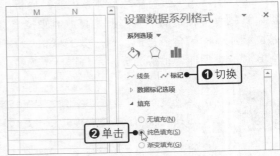

步骤07 设置颜色和透明度。继续在窗格的"填充"组中设置标记的"颜色"和"透明度"，如下图所示。

步骤08 设置其他系列的格式。❶在"图表工具-格式"选项卡下的"当前所选内容"组中设置"图表元素"为"系列'A品牌'"，❷单击"设置所选内容格式"按钮，如下图所示。

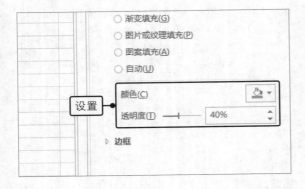

步骤09 设置系列标记效果。在打开的"设置数据系列格式"窗格中设置好标记的填充颜色和透明度，如下左图所示。完成后关闭"设置数据系列格式"窗格。

步骤10 更改图表类型。如果要设置雷达图的坐标轴格式，则需先将图表更改为其他类型，设置好格式后再改回雷达图。在"图表工具-设计"选项卡下的"类型"组中单击"更改图表类型"按钮，如下右图所示。

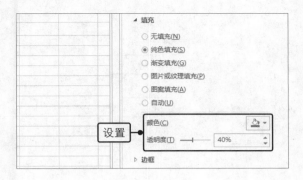

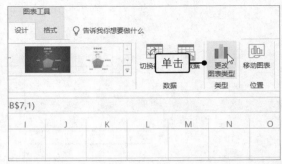

步骤11　选择图表类型。打开"更改图表类型"对话框，❶在"所有图表"选项卡下的左侧选择任意一种可设置坐标轴格式的图表类型，如"柱形图"，❷在右侧双击任意一种子类型图表，如下图所示。

步骤12　设置坐标轴格式。返回工作表中，❶右击图表中的横坐标轴，❷在弹出的快捷菜单中单击"设置坐标轴格式"命令，如下图所示。

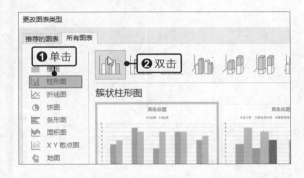

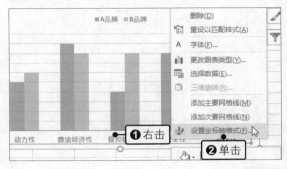

步骤13　设置坐标轴线条格式。打开"设置坐标轴格式"窗格，❶在"填充与线条"选项卡下的"线条"组中单击"实线"单选按钮，❷设置好"颜色"和"宽度"，如下图所示。

步骤14　选择纵坐标轴。此时可看到设置横坐标轴线条样式后的效果。选中图表中的纵坐标轴，如下图所示。

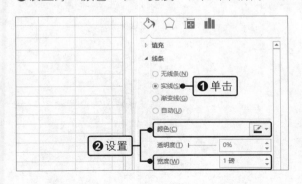

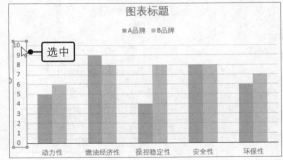

步骤15　继续设置坐标轴格式。❶在窗格的"填充与线条"选项卡下的"线条"组中单击"实线"单选按钮，❷设置好"颜色"和"宽度"，如下左图所示。

步骤16　更改图表类型。此时可看到设置横、纵坐标轴格式后的效果，❶右击图表，❷在弹出的快捷菜单中单击"更改图表类型"命令，如下右图所示。

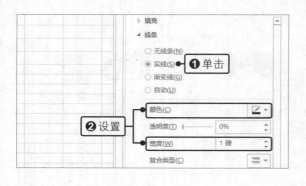

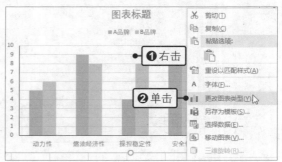

步骤17 选择图表类型。打开"更改图表类型"对话框，❶在"所有图表"选项卡下的左侧选择"雷达图"，❷在右侧双击"填充雷达图"，如下图所示。

步骤18 设置图表坐标轴格式。返回工作表中，可看到图表效果。❶右击图表中的网格线，❷在弹出的快捷菜单中单击"设置网格线格式"命令，如下图所示。

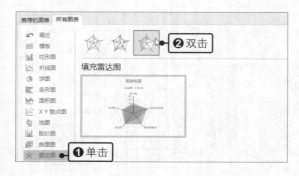

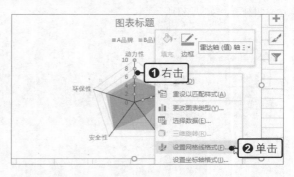

步骤19 打开"设置主要网格线格式"窗格，❶在"填充与线条"选项卡下的"线条"组中单击"实线"单选按钮，❷设置好"颜色"和"宽度"，如下图所示。

步骤20 查看图表效果。此时可看到设置后的雷达图效果，如下图所示。

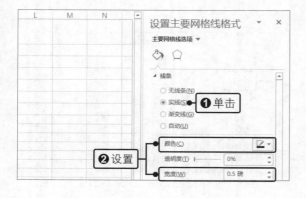

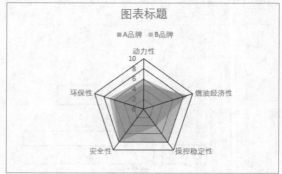

15.1.2　使用文本框添加图表标题

除了直接应用图表工具中的功能添加图表标题，还可以使用文本框为图表添加标题。接下来将使用竖排文本框为雷达图添加标题，再利用雷达图进行比较分析并得出结论。

步骤01 删除图表标题。❶右击图表中的标题，❷在弹出的快捷菜单中单击"删除"命令，如下图所示。

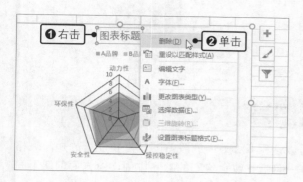

步骤02 插入文本框。❶在"插入"选项卡下的"文本"组中单击"文本框"下三角按钮，❷在展开的列表中单击"竖排文本框"选项，如下图所示。

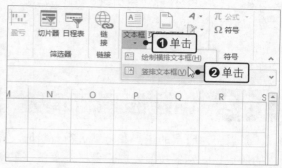

步骤03 绘制文本框。在图表的左侧拖动鼠标绘制竖排文本框，如下图所示。绘制完成后释放鼠标。

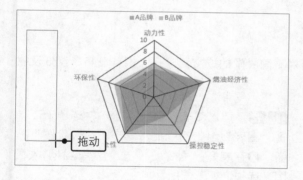

步骤04 输入标题内容。在文本框中输入标题的文本内容，如"汽车性能比较图"，如下图所示。

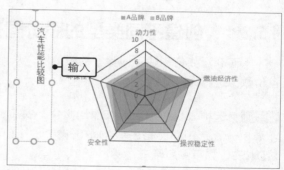

步骤05 选择字体样式。选中文本框，在"绘图工具-格式"选项卡下的"艺术字样式"组中单击快翻按钮，在展开的列表中选择样式，如下图所示。

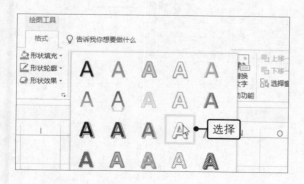

步骤06 设置字体大小。在"开始"选项卡下的"字体"组中连续单击"增大字号"按钮，如下图所示，直至文本框中的标题文本变为合适的大小。

步骤07 查看图表效果。为图表中的其他元素设置字体，得到最终的图表效果，如右图所示。通过该图表可看出，B品牌仅在燃油经济性方面略逊于A品牌，其他性能则与A品牌相同或比A品牌更好。由此可得出B品牌综合性能高于A品牌的结论。

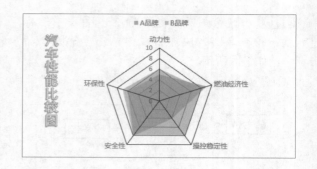

15.2 创建股票行情分析图表

当需要对股票的走势和行情进行分析时，可以使用 Excel 中的股价图。需要注意的是，表格中的源数据一定要按照"成交量—开盘价—盘高—盘低—收盘价"的顺序排列，以方便创建不同类型的股价图。

◎ 原始文件：下载资源\实例文件\第15章\原始文件\创建股票行情分析图表.xlsx
◎ 最终文件：下载资源\实例文件\第15章\最终文件\创建股票行情分析图表.xlsx

15.2.1 创建不同类型的股价图

下面介绍如何创建不同类型的股价图，从而对不同股票的成交量、开盘价、盘高、盘低及收盘价数据进行比较分析。

步骤01 选中表格数据。打开原始文件，在工作表中分别选中单元格区域A1:A8和单元格区域D1:F8，如下图所示。

步骤02 插入图表。❶在"插入"选项卡下单击"图表"组中的"插入瀑布图或股价图"按钮，❷在展开的列表中单击"盘高-盘低-收盘图"选项，如下图所示。

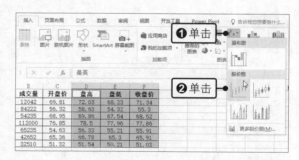

步骤03 生成图表。此时可看到在工作表中生成了由选定数据创建的图表，如右图所示。

步骤04 启用设置坐标轴格式功能。❶在图表中右击纵坐标轴，❷在弹出的快捷菜单中单击"设置坐标轴格式"命令，如下图所示。

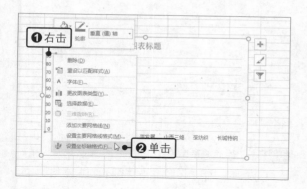

步骤06 查看坐标轴效果。返回工作表，即可查看设置后的坐标轴效果，如下图所示。

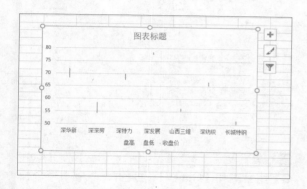

步骤08 修改图表标题。设置完成后，查看应用所选样式后的图表效果，然后输入合适的图表标题，如下图所示。

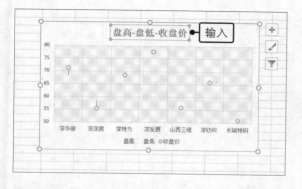

步骤05 设置坐标轴选项。打开"设置坐标轴格式"窗格，❶在"坐标轴选项"选项组中设置"最小值"为50、"最大值"为80，❷单击"关闭"按钮，如下图所示。

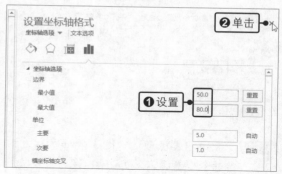

步骤07 设置图表样式。选中图表，在"图表工具-设计"选项卡下单击"图表样式"组中的"样式6"选项，如下图所示。

步骤09 插入图表。❶选中单元格区域A1:A8和单元格区域C1:F8，❷在"插入"选项卡下单击"图表"组中的"推荐的图表"按钮，如下图所示。

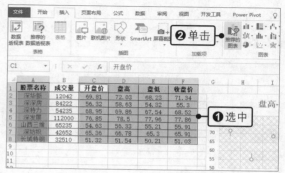

步骤10 选择图表。弹出"插入图表"对话框，❶在"所有图表"选项卡下单击"股价图"选项，❷双击右侧的"开盘-盘高-盘低-收盘图"选项，如下左图所示。

步骤11 生成图表。此时可看到在工作表中生成了由选定数据创建的图表，如下右图所示。

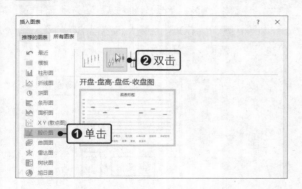 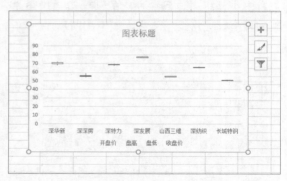

步骤12 编辑图表标题。在图表的标题文本框中输入合适的标题内容，如下图所示。

步骤13 设置图表样式。选中图表，在"图表工具-设计"选项卡下单击"图表样式"组中的"样式2"选项，如下图所示。

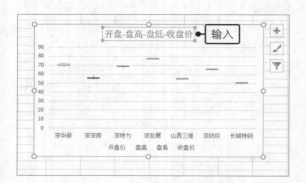 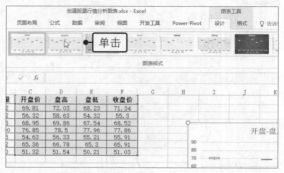

步骤14 查看图表效果。设置完成后，查看应用所选图表样式后的图表效果，如下图所示。

步骤15 复制图表。选中图表，依次按下【Ctrl+C】组合键和【Ctrl+V】组合键，复制出一个相同的图表，如下图所示。

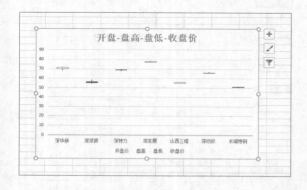 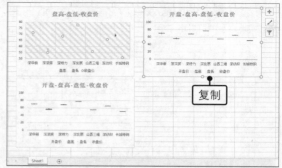

步骤16 选择数据。选中复制的图表，在"图表工具-设计"选项卡下的"数据"组中单击"选择数据"按钮，如下左图所示。

步骤17 更改图表数据区域。弹出"选择数据源"对话框，单击"图表数据区域"右侧的单元格引用按钮，如下右图所示。

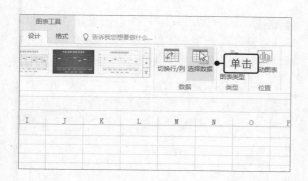

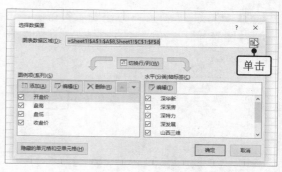

步骤18　选定图表数据源。❶在工作表中选中单元格区域A1:B8和单元格区域D1:F8，❷单击"选择数据源"对话框中的单元格引用按钮，如下图所示。

步骤19　完成数据源设置。返回"选择数据源"对话框，单击"确定"按钮，如下图所示。

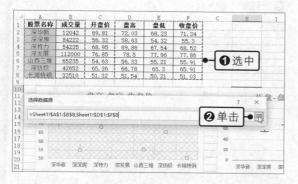

步骤20　查看图表效果。返回工作表，查看更改数据源后的图表效果，如下图所示。

步骤21　更改图表类型。由于复制的股价图需要用于说明另一种相互关系，因此还要更改其图表类型。选中图表，在"图表工具-设计"选项卡下的"类型"组中单击"更改图表类型"按钮，如下图所示。

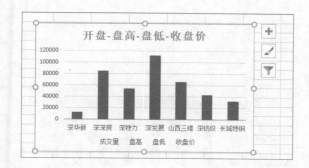

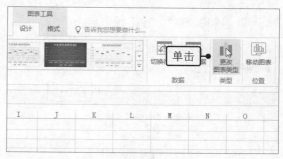

步骤22　选择图表类型。弹出"更改图表类型"对话框，在"所有图表"选项卡下的"股价图"组中双击"成交量-盘高-盘低-收盘图"选项，如右图所示。

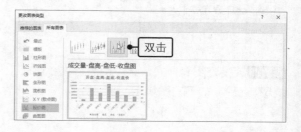

步骤23 修改图表标题。更改图表类型后，还需要对图表标题进行相应的修改，创建的图表如下图所示。

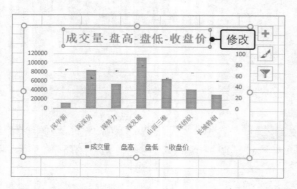

步骤24 设置图表样式。选中图表，在"图表工具-设计"选项卡下单击"图表样式"组中的"样式5"选项，如下图所示。

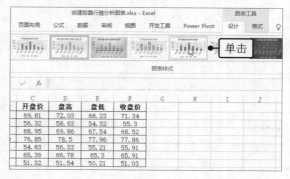

步骤25 查看图表效果。在工作表中查看应用所选图表样式后的图表效果，如下图所示。

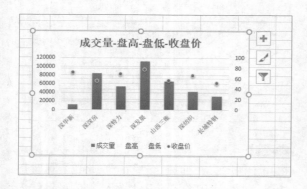

步骤26 插入图表。❶选中单元格区域A1:F8，❷在"插入"选项卡下的"图表"组中单击"推荐的图表"按钮，如下图所示。

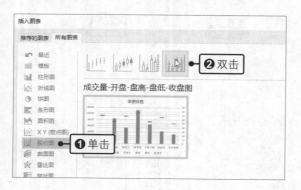

步骤27 选择图表类型。弹出"插入图表"对话框，❶在"所有图表"选项卡下单击"股价图"选项，❷双击右侧的"成交量-开盘-盘高-盘低-收盘图"选项，如下图所示。

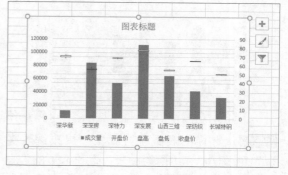

步骤28 生成图表。此时可看到在工作表中生成了由选定数据创建的图表，如下图所示。

步骤29 设置图表样式。选中图表，在"图表工具-设计"选项卡下单击"图表样式"组中的"样式5"选项，如下左图所示。

步骤30 修改图表标题。查看应用所选样式后的图表效果，并输入合适的图表标题，如下右图所示。

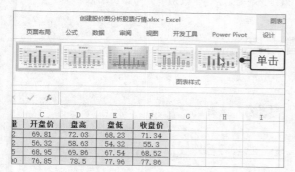

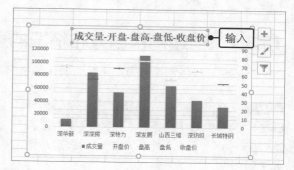

15.2.2　组合多个股价图

完成创建不同类型的股价图后，为了方便移动、比较图表，可以将多个股价图进行组合。

步骤01 移动图表。将工作表中的多个图表分别移动到合适的位置，如下图所示。

步骤02 组合图表。❶选中并右击创建的多个图表，❷在弹出的快捷菜单中依次单击"组合>组合"命令，如下图所示。

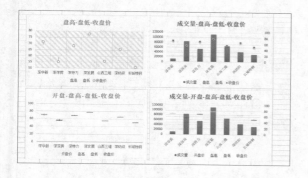

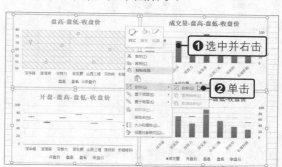

步骤03 查看图表组合效果。此时可看到选中的图表被组合为一个整体，以便执行移动与调整大小操作，如右图所示。

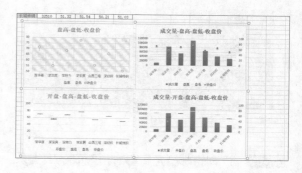

15.3　创建销售量频率分布情况图表

直方图是用于展示数据的分组分布状态的一种图表，用矩形的宽度和高度表示频数分布。通过直方图可以很直观地看出数据分布的形状、中心位置及数据的离散程度等。本节将通过创建直方图来展示某企业员工销售产品的数量分布情况。

◎ 原始文件：下载资源\实例文件\第15章\原始文件\创建销售量频率分布情况图表.xlsx
◎ 最终文件：下载资源\实例文件\第15章\最终文件\创建销售量频率分布情况图表.xlsx

15.3.1 创建销售量分布情况的直方图

下面介绍如何创建直方图来分析员工的销售量分布情况。

步骤01 启用插入图表功能。打开原始文件，❶在数据表中选中任意单元格，❷在"插入"选项卡下的"图表"组中单击对话框启动器，如下图所示。

步骤02 选择图表类型。打开"插入图表"对话框，❶在"所有图表"选项卡下单击"直方图"选项，❷双击右侧的"直方图"选项，如下图所示。

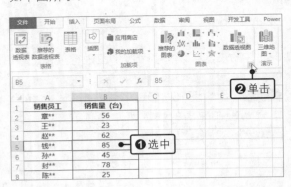

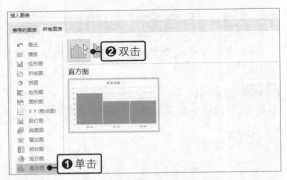

步骤03 生成图表。此时可看到在工作表中生成的直方图。完成图表的创建后，更改图表标题内容并适当设置格式，如下图所示。

步骤04 设置填充颜色。❶右击图表的数据系列，❷在弹出的浮动工具栏中单击"填充"按钮，❸在展开的列表中选择合适的颜色，如下图所示。

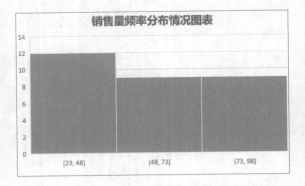

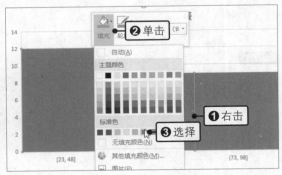

步骤05 设置轮廓颜色。❶右击图表的数据系列，❷在弹出的浮动工具栏中单击"轮廓"按钮，❸在展开的列表中选择合适的颜色，如右图所示。

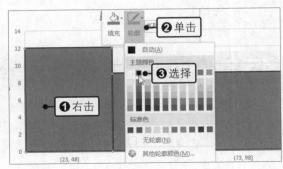

步骤06 删除网格线。❶右击图表中的网格线，❷在弹出的快捷菜单中单击"删除"命令，如下图所示。

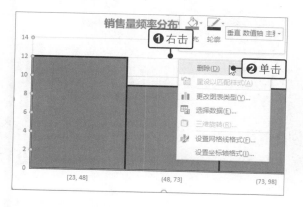

步骤07 显示设置效果。此时可看到设置后的图表效果，如下图所示。

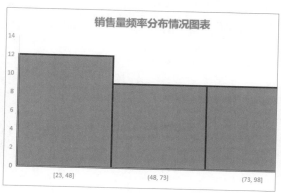

步骤08 启用设置坐标轴格式功能。❶右击图表的水平分类轴，❷在弹出的快捷菜单中单击"设置坐标轴格式"命令，如下图所示。

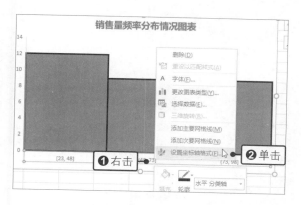

步骤09 设置坐标轴选项。打开"设置坐标轴格式"窗格，❶在"坐标轴选项"选项卡下单击"箱宽度"单选按钮，❷设置宽度为10，如下图所示。

步骤10 显示设置后的效果。此时可看到箱宽度改变后的图表效果，如下图所示。

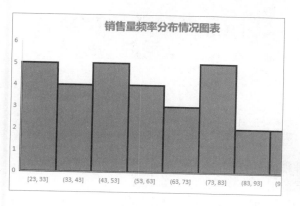

步骤11 添加数据标签。❶单击图表右上角的"图表元素"按钮，❷在展开的列表中单击"数据标签>数据标签外"选项，如下图所示。

步骤12 显示图表创建效果。设置完成后，即可看到创建的图表效果，通过该图表，可直观地看到各档销售量频率分布的情况，如右图所示。例如，销售量在23～33台之间的员工有5人，销售量在33～43台之间（不含33台）的员工有4人，等等。

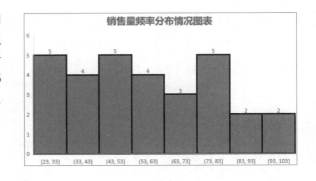

15.3.2 更改直方图类型展现比例趋势

完成员工销售量频率分布情况图表的制作后，如果想要在图表中展现比例的趋势情况，可通过更改图表类型来实现。

步骤01 更改图表类型。选中图表，在"图表工具-设计"选项卡下的"类型"组中单击"更改图表类型"按钮，如下图所示。

步骤02 选择图表类型。弹出"更改图表类型"对话框，在"直方图"选项下双击"排列图"，如下图所示。

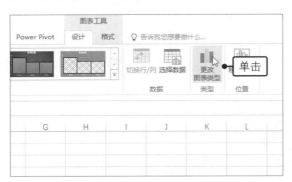

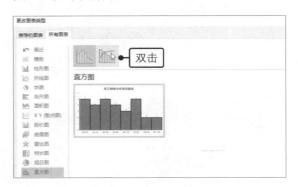

步骤03 显示最终效果。返回工作表，即可看到更改为排列图后的图表效果，如右图所示。通过该图表，可看到直方图中的"箱"被排序，而且增加了一条曲线，它代表各个数据区间所占比例逐级累积上升的趋势。

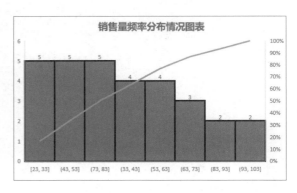

专栏 创建旭日图按层次分析数据的占比

旭日图是从Excel 2016开始提供的一种圆环镶接图，每个圆环代表同一级别数据的比例情况，离中心点（原点）越近的圆环级别越高，最内层的圆环代表层级结构的顶级。除了圆环外，旭日图还有若干从原点辐射出来的"射线"，这些"射线"展示了不同级别数据间的脉络关系。因此，旭日图可以清晰地表达层级和归属关系，也就是展现有父子层级维度的比例构成情况。下面就通过创建旭日图在一张图表中展示不同时间层级的销售量占比。

◎ **原始文件：** 下载资源\实例文件\第15章\原始文件\创建旭日图按层次分析数据的占比.xlsx
◎ **最终文件：** 下载资源\实例文件\第15章\最终文件\创建旭日图按层次分析数据的占比.xlsx

步骤01 查看原始数据。打开原始文件，可看到用于创建旭日图的原始数据，通过该数据表格，可直观地看到各个季度下各个月份及某个月份下每周的销售量情况，选中单元格区域A1:D16，如下图所示。

	季度	月	周	销售量（件）
1	季度	月	周	销售量（件）
2	第一季度	1月		500
3		2月		600
4		3月	第1周	120
5			第2周	220
6			第3周	80
7			第4周	150
8	第二季度	4月		360
9		5月		500
10		6月		800
11	第三季度	7月		780
12		8月		578
13		9月		630
14	第四季度	10月		245
15		11月		287
16		12月		589

选中

步骤02 插入图表。在"插入"选项卡下的"图表"组中单击对话框启动器，打开"插入图表"对话框，❶在"所有图表"选项卡下单击"旭日图"选项，❷在右侧的面板中双击要插入的图表类型，如下图所示。

步骤03 生成图表。返回工作表，可看到插入的图表，设置好图表标题内容，并调整图表的大小，即可直观地查看数据的层次及占比情况，如右图所示。

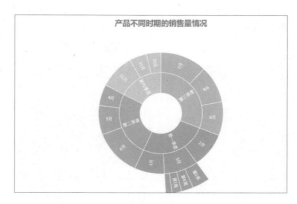

读书笔记

第 16 章

组合图表的应用

Excel 提供的图表类型十分丰富，但有时使用单一类型的图表并不能准确地表达数据间的关系，因此，Excel 还允许用户为不同的数据系列设置不同的图表类型，这样的图表称为组合图表。用户还可以将自定义的组合图表保存为图表模板，便于以后在创建相同类型图表时使用。

16.1 创建含有平均值参考线的组合图表

如果需要对不同员工的销售金额进行对比分析，创建柱形图即可达到目的。但如果还想在图表中展现哪些员工的销售金额数据高于平均值，哪些员工的销售金额数据低于平均值（为简化操作，未考虑销售金额等于平均值的情况），则可在柱形图中添加折线图，制作出平均值参考线的效果。

◎ 原始文件：下载资源\实例文件\第16章\原始文件\创建含有平均值参考线的组合图表.xlsx
◎ 最终文件：下载资源\实例文件\第16章\最终文件\创建含有平均值参考线的组合图表.xlsx

16.1.1 添加制作组合图表的辅助数据

已知企业各个员工的销售金额数据，若要创建组合图表增强对比效果，首先需要添加辅助数据。

步骤01 输入数据。打开原始文件，在工作表中可看到不同员工的销售金额数据，在D、E、F列输入表头文字并添加边框，如下图所示。

步骤02 计算平均值。❶在单元格F2中输入公式"=AVERAGE($B$2:$B$13)"，按下【Enter】键，❷向下复制公式至单元格F13，如下图所示。

步骤03 计算高于平均值的数据。❶在单元格D2中输入公式"=IF(B2>F2,B2,0)"，按下【Enter】键，❷向下复制公式至单元格D13，如下左图所示。

步骤04 计算低于平均值的数据。❶在单元格E2中输入公式"=IF(B2<F2,B2,0)"，按下【Enter】键，❷向下复制公式至单元格E13，如下右图所示。

D2		▼	:	×	✓	fx	=IF(B2>F2,B2,0)

	A	B	C	D	E	F
1	销售员工	销售金额（万元）		高于平均值	低于平均值	平均值
2	A	56		56		
3	B	50				55.83
4	C	23				55.83
5	D	64				55.83
6	E	85				55.83
7	F	28				55.83
8	G	59				55.83
9	H	78				55.83
10	I	63				55.83
11	J	25				55.83
12	K	84				55.83
13	L	55				55.83

❶输入并计算
❷复制

E2		▼	:	×	✓	fx	=IF(B2<F2,B2,0)

	A	B	C	D	E	F
1	销售员工	销售金额（万元）		高于平均值	低于平均值	平均值
2	A	56			0	55.83
3	B	50				55.83
4	C	23			0	55.83
5	D	64		64		55.83
6	E	85		85		55.83
7	F	28			0	55.83
8	G	59		59		55.83
9	H	78		78		55.83
10	I	63		63		55.83
11	J	25			0	55.83
12	K	84		84		55.83
13	L	55				55.83

❶输入并计算
❷复制

步骤05　显示计算结果。完成计算和复制公式后，即可得到如右图所示的表格效果，可以看到哪些员工的销售金额高于平均值，哪些低于平均值，但是还不够直观，所以需要创建图表，使数据信息更加清晰。

	A	B	C	D	E	F
1	销售员工	销售金额（万元）		高于平均值	低于平均值	平均值
2	A	56		56	0	55.83
3	B	50		0	50	55.83
4	C	23		0	23	55.83
5	D	64		64	0	55.83
6	E	85		85	0	55.83
7	F	28		0	28	55.83
8	G	59		59	0	55.83
9	H	78		78	0	55.83
10	I	63		63	0	55.83
11	J	25		0	25	55.83

16.1.2　创建组合图表展现销售额情况

上一小节计算出了高于和低于平均值的销售金额数据，本小节基于这些数据创建组合图表，更直观地展示数据中蕴含的信息。

步骤01　启用插入图表功能。❶选中单元格区域D2:F13，❷在"插入"选项卡下的"图表"组中单击对话框启动器，如下图所示。

步骤02　插入组合图表。打开"插入图表"对话框，❶在"所有图表"选项卡下单击"组合"选项，❷在对话框右侧设置"系列1"和"系列2"的图表类型为"堆积柱形图"，设置"系列3"的图表类型为"折线图"，❸设置完成后单击"确定"按钮，如下图所示。

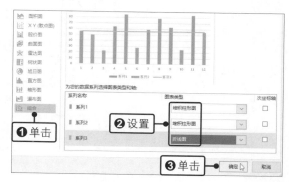

步骤03　启用设置数据系列格式功能。❶在图表上右击"系列1"，❷在弹出的快捷菜单中单击"设置数据系列格式"命令，如下左图所示。

步骤04 设置分类间距。打开"设置数据系列格式"窗格，设置"分类间距"为120%，如下右图所示。

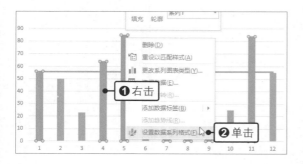

步骤05 设置系列填充颜色。❶在"填充与线条"选项卡下的"填充"选项组中单击"纯色填充"单选按钮，❷设置"颜色"为"绿色"，如下图所示。

步骤06 选中"系列3"。应用相同的方法，为"系列2"设置红色的填充颜色，然后选中"系列3"，如下图所示。

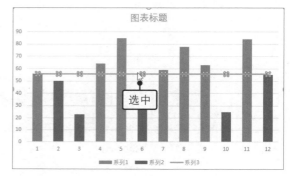

步骤07 设置线条颜色和宽度。❶在"设置数据系列格式"窗格的"线条"选项组中单击"实线"单选按钮，❷设置好"颜色"和"宽度"，如下图所示。

步骤08 设置线型。❶单击"短画线类型"右侧的下三角按钮，❷在展开的列表中单击"方点"选项，如下图所示。

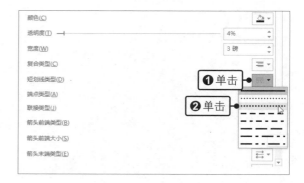

步骤09 设置箭头末端类型。❶单击"箭头末端类型"右侧的下三角按钮，❷在展开的列表中单击"燕尾箭头"选项，如下左图所示。

步骤10 设置箭头末端大小。❶单击"箭头末端大小"右侧的下三角按钮，❷在展开的列表中单击"右箭头9"选项，如下右图所示。

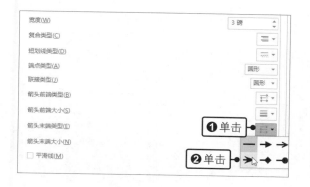

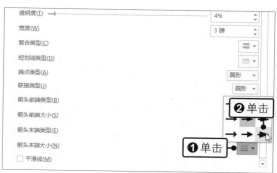

步骤11　选中垂直（值）轴。此时可看到设置"系列3"格式后的效果，选中图表中的垂直（值）轴，如下图所示。

步骤12　设置坐标轴选项。在"设置坐标轴格式"窗格的"坐标轴选项"选项卡下设置好"边界"和"单位"，如下图所示。

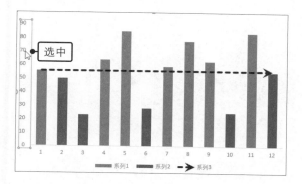

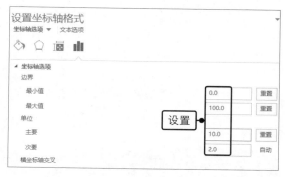

步骤13　自定义数字格式。❶在"数字"选项组中设置"类别"为"自定义"，❷在"格式代码"文本框中输入自定义的格式"[红色][<=55.83]#,##0;[绿色][>55.83]#,##0;G/通用格式"，❸单击"添加"按钮，如下图所示。

步骤14　选择数据。关闭窗格后，❶在图表中右击图例，❷在弹出的快捷菜单中单击"选择数据"命令，如下图所示。

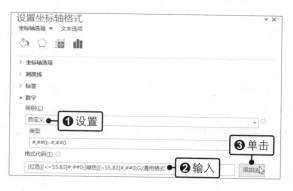

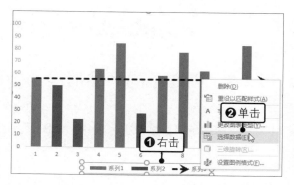

步骤15　编辑水平（分类）轴标签。弹出"选择数据源"对话框，在"水平（分类）轴标签"列表框中单击"编辑"按钮，如下左图所示。

步骤16　设置轴标签区域。弹出"轴标签"对话框，❶设置"轴标签区域"为单元格区域A2:A13，❷单击"确定"按钮，如下右图所示。继续单击"确定"按钮，返回工作表。

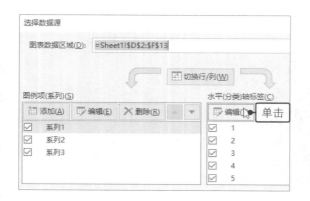

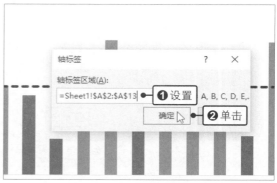

步骤17 显示最终的图表效果。删除图表的标题和图例，设置横、纵坐标轴的边框颜色并添加刻度线，插入两个形状并设置形状的填充颜色和轮廓颜色，随后在形状中分别输入平均值数据及单位文字，即可得到如右图所示的效果。通过该图表，能够直观地看到各个员工的销售金额对比情况，哪些员工的销售金额高于平均值，哪些员工的销售金额低于平均值。

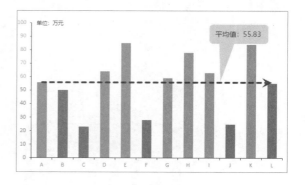

16.2 创建不同产品销售额与销售数量关系图表

在实际工作中，有时会需要将不同类型的数据展示在同一张图表中，如果仅使用一种图表类型，则会由于两类数据在数量级等方面的差异，导致展示效果很不理想。此时就可以运用 Excel 的自定义图表类型功能，对不同的数据系列使用不同的图表类型来展示，同时还能发挥不同图表类型的特长，对各类数据进行不同角度的分析。

◎ 原始文件：下载资源\实例文件\第16章\原始文件\创建不同产品销售额与销售数量关系图表.xlsx
◎ 最终文件：下载资源\实例文件\第16章\最终文件\创建不同产品销售额与销售数量关系图表.xlsx

16.2.1 创建不同产品销售额与销售数量组合图表

下面的实例想要将不同产品的销售额和销售数量数据展示在同一张图表中，经过考虑，选择使用柱形图展示销售额数据，使用折线图展示销售数量数据，并进行坐标轴等方面的设置，得到较理想的图表效果。

步骤01 选中表格数据。打开原始文件，在工作表中可看到不同产品销售额（单位：元）与销售数量（单位：件）的数据，然后选中单元格区域A1:C6，如下左图所示。

步骤02 插入图表。❶在"插入"选项卡下单击"图表"组中的"插入柱形图或条形图"按钮，❷在展开的列表中单击"簇状柱形图"选项，如下右图所示。

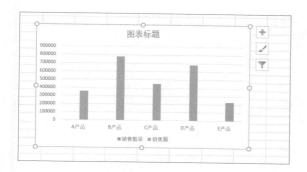

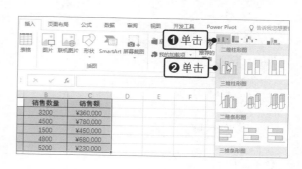

步骤03 生成图表。此时可看到在工作表中生成了由选定数据创建的柱形图。由于坐标轴刻度的数量级较大，因此"销售数量"数据系列在图表中几乎看不到，如下图所示。

步骤04 选定数据系列。选中图表，❶在"图表工具-格式"选项卡下的"当前所选内容"组中单击"图表元素"右侧的下三角按钮，❷在展开的列表中单击"系列'销售数量'"选项，如下图所示。

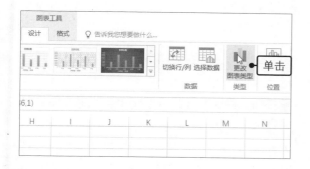

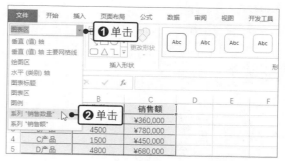

步骤05 更改图表类型。选定需要更改的数据系列后，在"图表工具-设计"选项卡下的"类型"组中单击"更改图表类型"按钮，如下图所示。

步骤06 选择图表类型。弹出"更改图表类型"对话框，❶在"组合"选项下单击"销售数量"右侧的下三角按钮，❷在展开的列表中单击"带数据标记的折线图"选项，如下图所示。

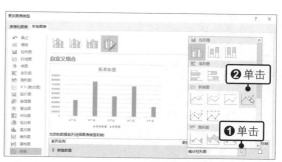

步骤07 查看图表。单击"确定"按钮，返回工作表，此时由图例即可看出图表中的"销售数量"数据系列变为折线图类型，如右图所示。但该数据系列仍不明显，还需做进一步设置。

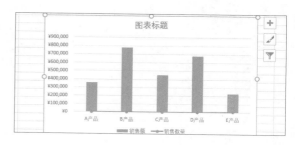

步骤08 启用设置数据系列格式功能。选中图表，❶在"图表工具-格式"选项卡下选择图表中的"销售数量"数据系列，❷单击"设置所选内容格式"按钮，如下图所示。

步骤10 查看图表效果。返回工作表，此时可看到在图表中显示了次要坐标轴，并能够很清楚地看到折线图，如下图所示。

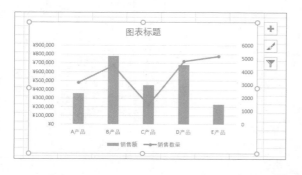

步骤09 设置系列选项。打开"设置数据系列格式"窗格，在"系列选项"选项组中单击"次坐标轴"单选按钮，如下图所示。设置完毕后可关闭窗格。

步骤11 编辑图表标题。在图表的标题文本框中输入需要的标题文本内容，如下图所示。

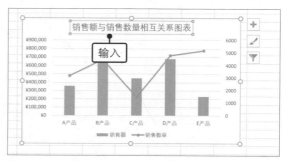

16.2.2 美化不同产品销售额与销售数量组合图表

经过上一小节的操作，创建了一个基本符合要求的组合图表，本小节将对该图表的外观进行进一步的美化。

步骤01 设置图表样式。选中图表，在"图表工具-设计"选项卡下单击"图表样式"组中的"样式8"选项，如下图所示。

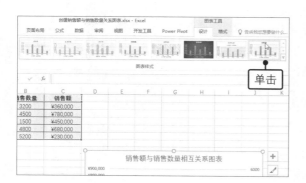

步骤02 设置图表区效果。❶在"图表工具-格式"选项卡下单击"形状填充"右侧的下三角按钮，❷在展开的列表中单击"其他填充颜色"选项，如下图所示。

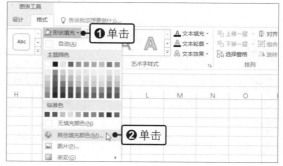

步骤03 设置颜色。弹出"颜色"对话框，❶在"标准"选项卡下单击需要应用的颜色，❷单击"确定"按钮，如下图所示。

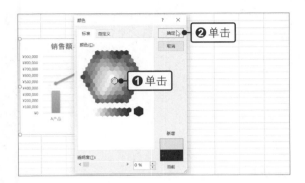

步骤04 设置绘图区格式。选中图表绘图区，❶在"图表工具-格式"选项卡下单击"形状填充"右侧的下三角按钮，❷在展开的列表中单击"橙色，个性色2，淡色80%"选项，如下图所示。

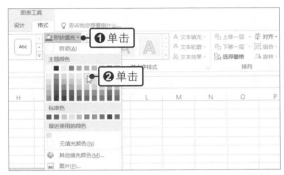

步骤05 查看图表效果。此时在工作表中可查看设置后的图表区与绘图区格式效果，如下图所示。

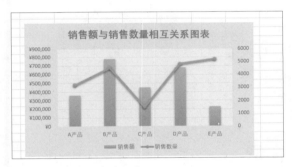

步骤06 隐藏网格线。❶单击图表右上角的"图表元素"按钮，❷在展开的列表中取消勾选"网格线"复选框，如下图所示。

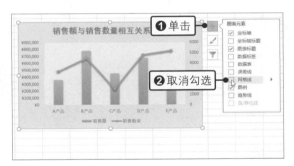

16.3 创建销售额与销售点数量关系图表

在本节的实例中，某企业在不同地区设置了多个销售点，为了研究销售点数量与销售额之间的关系，作为增设或撤销销售点的参考依据，需要将不同地区的销售点数量和销售额数据展示在同一张图表中。经过考虑，选择使用面积图展示销售额数据，使用簇状柱形图展示销售数量数据，并进行坐标轴等方面的设置，得到较理想的图表效果。

◎ 原始文件：下载资源\实例文件\第16章\原始文件\创建销售额与销售点数量关系图表.xlsx
◎ 最终文件：下载资源\实例文件\第16章\最终文件\创建销售额与销售点数量关系图表.xlsx

16.3.1 创建销售额与销售点数量面积图

本小节将首先基于销售额数据创建面积图，然后将销售点数量数据添加到面积图中，考虑到销售额数据和销售点数量数据的数量级差异较大，还需设置将这两个数据系列分别绘制在主坐标轴和次坐标轴上。

步骤01 选中表格数据。打开原始文件，在工作表中可看到不同地区的销售额（单位：元）与销售点数量的数据，然后选中单元格区域A1:B5，如下图所示。

步骤02 插入图表。❶在"插入"选项卡下单击"图表"组中的"插入折线图或面积图"按钮，❷在展开的列表中单击"面积图"选项，如下图所示。

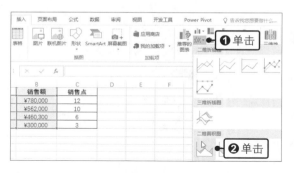

步骤03 生成图表。此时可看到在工作表中生成了由选定数据创建的面积图，如下图所示。

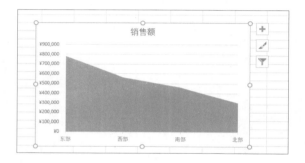

步骤04 选择数据。选中图表，在"图表工具-设计"选项卡下单击"选择数据"按钮，如下图所示。

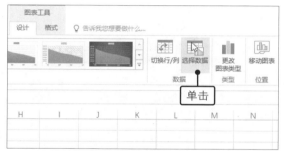

步骤05 添加数据系列。弹出"选择数据源"对话框，单击"图例项（系列）"列表框中的"添加"按钮，如下图所示。

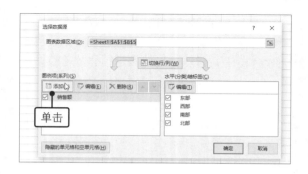

步骤06 编辑数据系列。弹出"编辑数据系列"对话框，❶设置"系列名称"为单元格C1、"系列值"为单元格区域C2:C5，❷单击"确定"按钮，如下图所示。

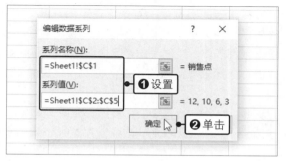

步骤07 编辑水平轴标签。返回"选择数据源"对话框，单击"水平（分类）轴标签"列表框中的"编辑"按钮，如下左图所示。

步骤08 设置轴标签。弹出"轴标签"对话框，❶设置"轴标签区域"为单元格区域A2:A5，❷单击"确定"按钮，如下右图所示。

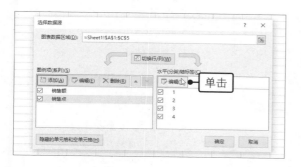

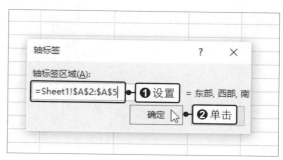

步骤09　完成数据编辑。返回"选择数据源"对话框，单击"确定"按钮，如下图所示。

步骤10　选定图表对象。选中图表，❶在"图表工具-格式"选项卡下的"当前所选内容"组中单击"图表元素"右侧的下三角按钮，❷在展开的列表中单击"系列'销售点'"选项，如下图所示。

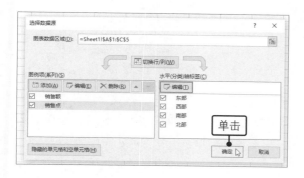

步骤11　启用设置数据系列格式功能。选定图表对象后，在"当前所选内容"组中单击"设置所选内容格式"按钮，如下图所示。

步骤12　设置数据系列选项。打开"设置数据系列格式"窗格，在"系列选项"选项组中单击"次坐标轴"单选按钮，如下图所示。

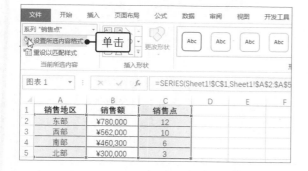

步骤13　查看图表。关闭该窗格，返回工作表，即可查看添加次坐标轴后的图表效果，"销售点"数据系列与次坐标轴相对应，如右图所示。

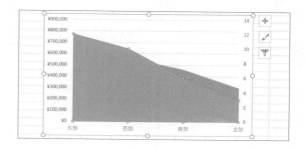

16.3.2 更改"销售点"数据系列的图表类型

添加不同的数据系列后，还需更改添加的数据系列的图表类型，才能使不同类型数据间的相互关系更加突出。

步骤01 更改系列图表类型。❶在图表中右击"销售点"数据系列，❷在弹出的快捷菜单中单击"更改系列图表类型"命令，如下图所示。

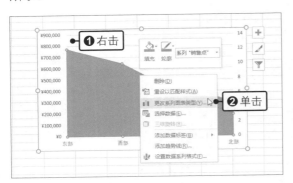

步骤02 选择图表类型。弹出"更改图表类型"对话框，❶在"组合"选项下单击"销售点"右侧的下三角按钮，❷在展开的列表中单击"簇状柱形图"选项，如下图所示。

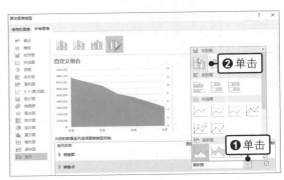

步骤03 显示更改后的图表类型。单击"确定"按钮，返回图表，即可查看更改类型后的数据系列效果，如下图所示。

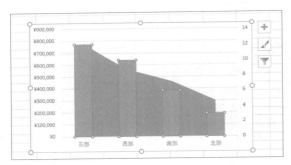

步骤04 启用设置坐标轴格式功能。❶在图表中右击横坐标轴，❷在弹出的快捷菜单中单击"设置坐标轴格式"命令，如下图所示。

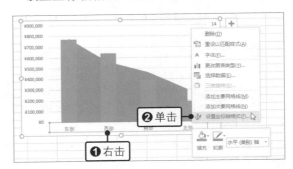

步骤05 设置坐标轴选项。打开"设置坐标轴格式"窗格，在"坐标轴选项"选项组中单击"在刻度线上"单选按钮，如下图所示。

步骤06 设置对齐方式。❶在"大小与属性"选项卡下的"对齐方式"选项组中单击"文字方向"右侧的下三角按钮，❷在展开的列表中单击"竖排"选项，如下图所示。

步骤07 启用设置数据系列格式功能。❶在图表中右击柱形图，❷在弹出的快捷菜单中单击"设置数据系列格式"命令，如下图所示。

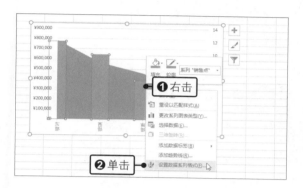

步骤08 设置三维格式。打开"设置数据系列格式"窗格，❶在"效果"选项卡下单击"三维格式"选项组中的"顶部棱台"按钮，❷在展开的列表中单击"柔圆"选项，如下图所示。

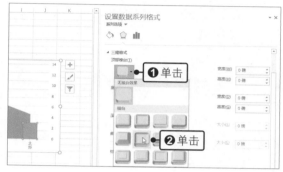

步骤09 设置面积图样式。选中图表中的面积图数据系列，在"图表工具-格式"选项卡下单击"形状样式"组中的快翻按钮，在展开的列表中单击"浅色1轮廓，彩色填充-灰色-50%，强调颜色3"选项，如下图所示。

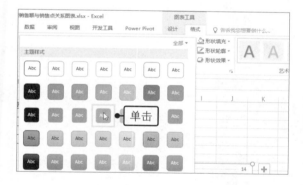

步骤10 添加图表标题。❶单击图表右上角的"图表元素"按钮，❷在展开的列表中依次单击"图表标题>图表上方"选项，如下图所示。

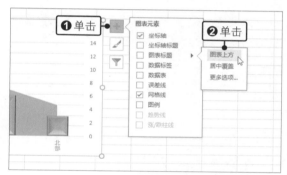

步骤11 编辑图表标题。在图表的标题文本框中输入合适的标题文本内容，如下图所示。

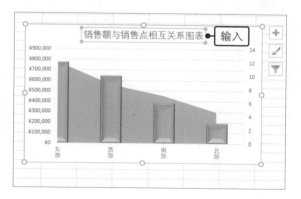

步骤12 隐藏网格线。❶单击图表右上角的"图表元素"按钮，❷在展开的列表中取消勾选"网格线"复选框，如下图所示。

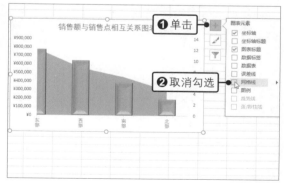

步骤13 查看图表。用户还可以根据需求调整图表的位置和大小，并设置图表中不同对象的格式，即可看出各地区的销售额随着销售点数量而变化，如右图所示。

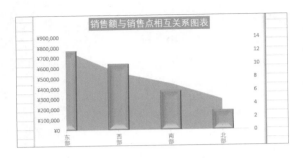

专栏　创建数据透视图

　　在 Excel 中，除了使用插入图表功能创建图表外，还可以使用数据透视图功能来创建高级图表，分析数据信息。与图表功能创建的普通图表不同的是，数据透视图的灵活性更强，可以更自由地切换展示数据的维度。

◎ 原始文件：下载资源\实例文件\第16章\原始文件\创建数据透视图.xlsx
◎ 最终文件：下载资源\实例文件\第16章\最终文件\创建数据透视图.xlsx

步骤01 插入数据透视图和表。打开原始文件，❶选中单元格区域A1:C5，❷在"插入"选项卡下单击"图表"组中的"数据透视图"下三角按钮，❸在展开的列表中单击"数据透视图和数据透视表"选项，如下图所示。

步骤02 创建数据透视图和表。弹出"创建数据透视表"对话框，保持对话框中默认的参数不变，单击"确定"按钮，如下图所示。

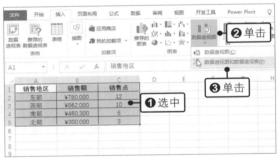

步骤03 添加字段。此时可看到工作簿中新建了一个名为"Sheet2"的工作表，且数据透视图和数据透视表都显示在该工作表中。用户可根据需要在"数据透视表字段"窗格中勾选要添加的字段复选框，如下图所示。

步骤04 查看数据透视图。在工作表中根据需要设置数据透视图的格式效果，设置完成后查看数据透视图及相应的数据透视表，如下图所示。

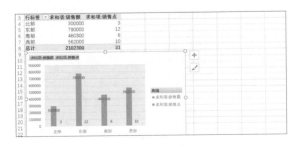

高级图表的应用

高级图表与普通图表的区别在于，用户可以根据实际需要动态更改数据源，从而在一个图表中就能对数据进行多维度的分析。普通图表的数据源更改需要以手动方式进行，而高级图表的数据源更改则是通过函数、公式、窗体控件等的结合应用，对数据源进行灵活的引用，从而实现图表的动态更新。

17.1 创建按年份查询产品地区占有率图表

要分析各部分数据的占比情况，可使用饼图或圆环图。如果数据系列有多个，则要使用圆环图，但同时显示多个数据系列的圆环图并不易于阅读。如果为每个数据系列分别制作饼图或圆环图，则又太过烦琐。本节将结合 Excel 函数与控件制作一个可动态切换数据系列的圆环图，用户在下拉列表中选择年份，即可查看该年份各地区的市场占有率情况。

◎ 原始文件：下载资源\实例文件\第17章\原始文件\创建按年份查询产品地区占有率图表.xlsx
◎ 最终文件：下载资源\实例文件\第17章\最终文件\创建按年份查询产品地区占有率图表.xlsx

17.1.1 创建图表的主体部分

本实例的数据表格包含某企业产品在不同年份、不同地区的市场占有率数据，现需要通过一个图表将数据以简洁、直观的形式展示出来。本小节先来创建图表的主体部分。

步骤01 输入数据。打开原始文件，在单元格 A8 中输入"1"，作为函数需要设置的参数，如下图所示。

步骤02 插入函数。❶选中单元格 B8，❷在"公式"选项卡下单击"查找与引用"按钮，❸在展开的列表中单击 INDEX 选项，如下图所示。

步骤03 选定参数。弹出"选定参数"对话框，❶选择需要应用的参数组合方式，❷单击"确定"按钮，如下左图所示。

步骤04 设置参数。弹出"函数参数"对话框，❶分别设置各项参数的值，❷单击"确定"按钮，如下右图所示。

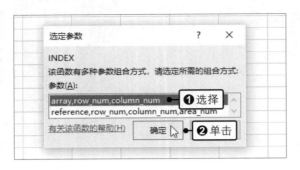

步骤05 复制公式。在单元格B8中显示了公式计算结果，向右拖动鼠标复制公式到单元格F8，如下图所示。

步骤06 设置百分比格式。❶选中单元格区域B8:F8，❷在"开始"选项卡下单击"数字"组中的"百分比样式"按钮，如下图所示。

步骤07 选中单元格区域。在工作表中选中单元格区域B2:F2和单元格区域B8:F8，如下图所示。

	A	B	C	D	E	F	G
1		产品市场占有率					
2		东部	西部	中部	南部	北部	
3	2015	25%	30%	20%	10%	15%	
4	2016	30%	10%	20%	20%	20%	
5	2017	15%	30%	10%	5%	40%	
6	2018	20%	40%	10%	15%	15%	
7							
8	1	25%	30%	20%	10%	15%	选中

步骤08 插入图表。❶在"插入"选项卡下单击"图表"组中的"插入饼图或圆环图"按钮，❷在展开的列表中单击"圆环图"选项，如下图所示。

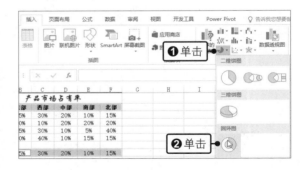

步骤09 生成图表。此时可看到在工作表中生成了由选定数据创建的圆环图，如右图所示。

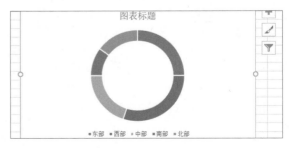

17.1.2　添加控件制作动态图表

上一小节完成了图表主体部分的创建，本小节接着通过添加并设置组合框控件，让图表可动态切换以显示不同年度的数据。

步骤01　设置图表布局。选定图表，❶在"图表工具-设计"选项卡下单击"快速布局"按钮，❷在展开的列表中单击"布局2"选项，如下图所示。

步骤02　编辑图表标题。在图表的标题文本框中输入需要的标题文本内容，如下图所示。

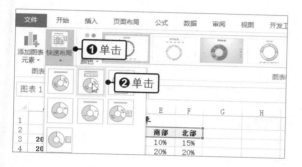

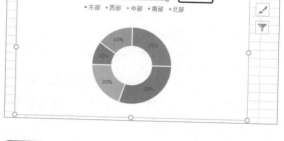

步骤03　插入控件。❶在"开发工具"选项卡下的"控件"组中单击"插入"按钮，❷在展开的列表中单击"组合框（窗体控件）"选项，如下图所示。

步骤04　绘制组合框。在图表中的适当位置拖动鼠标绘制组合框，绘制至合适大小后释放鼠标，如下图所示。

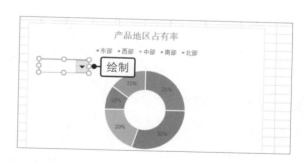

步骤05　设置控件格式。❶右击绘制的组合框，❷在弹出的快捷菜单中单击"设置控件格式"命令，如下图所示。

步骤06　设置控制参数。弹出"设置对象格式"对话框，❶在"控制"选项卡下设置"数据源区域"为单元格区域A3:A6、"单元格链接"为单元格A8，❷勾选"三维阴影"复选框，如下图所示。设置完成后单击"确定"按钮。

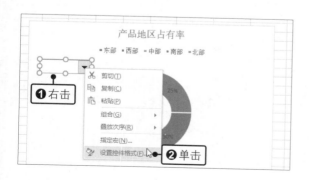

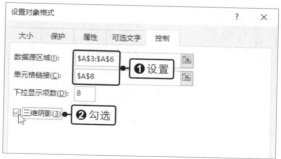

步骤07 选择查询年份。返回图表，❶单击组合框中的下三角按钮，❷在展开的列表中单击2017选项，如下图所示。

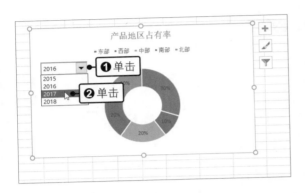

步骤08 显示所选年份的相关数据。指定年份后，图表中的数据就发生了相应的更改，用户可以很方便地查看指定年份的产品占有率情况，如下图所示。

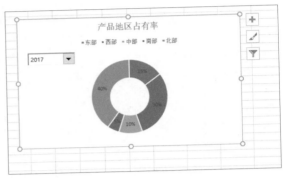

步骤09 插入文本框。❶在"插入"选项卡下单击"文本框"下三角按钮，❷在展开的列表中单击"横排文本框"选项，如下图所示。

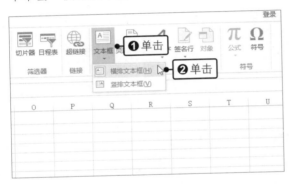

步骤10 绘制文本框。在图表中拖动鼠标绘制文本框，绘制至合适大小后释放鼠标，如下图所示。

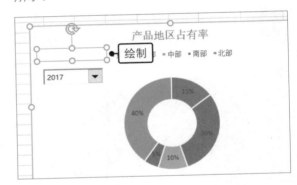

步骤11 输入文本并设置字体颜色。❶在文本框中输入需要添加的文本内容，选中文本框，❷在"开始"选项卡下单击"字体颜色"右侧的下三角按钮，❸在展开的列表中单击"紫色"选项，如下图所示。

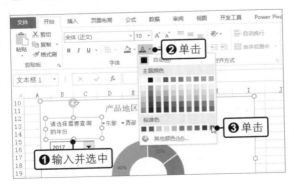

步骤12 添加下画线。在"字体"组中单击"下画线"按钮，如下图所示。

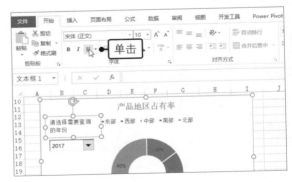

步骤13 设置图表区样式。选中图表，在"图表工具-格式"选项卡下单击"形状样式"组中的快翻按钮，在展开的列表中单击"浅色1轮廓，彩色填充-橄榄色，强调颜色3"选项，如下图所示。

步骤14 设置标题样式。选中图表标题，在"图表工具-格式"选项卡下单击"形状样式"组中的"浅色1轮廓，彩色填充-黑色，深色1"选项，如下图所示。

步骤15 设置形状效果。选中图表中的"系列1"，❶在"图表工具-格式"选项卡下单击"形状效果"按钮，❷在展开的列表中依次单击"棱台>圆"选项，如下图所示。

步骤16 查看图表。完成图表的设置后，在工作表中可查看最终的图表效果，如下图所示。

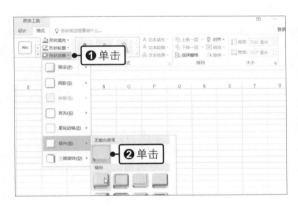

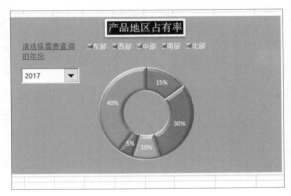

17.2 创建项目进度情况图表

　　甘特图能够直观地反映项目各阶段的进展情况，在项目管理工作中有着广泛的应用。在 Excel 中，甘特图可由条形图制作而成，使用横轴表示时间，使用纵轴表示活动或项目。本节将对该图表的制作方法进行详细介绍，制作中会在图表上使用一条刻度线突出当前日期的任务进度。

◎ 原始文件：下载资源\实例文件\第17章\原始文件\创建项目进度情况图表.xlsx
◎ 最终文件：下载资源\实例文件\第17章\最终文件\创建项目进度情况图表.xlsx

17.2.1 添加辅助序列

已知公司某活动的各个项目的开始日期、工期天数和完成日期，现要在图表中直观地评估某个日期的任务进度情况，首先需要添加辅助序列。

步骤01 查看表格数据。打开原始文件，可看到该活动包含的各个项目及对应的开始日期和工期天数，如下图所示。

	A	B	C	D	E
1		开始日期	工期（天）	完成日期	
2	项目范围规划	2018/12/1	5		
3	行为需求分析	2018/12/6	4		
4	设计软件	2018/12/10	2		
5	开发	2018/12/12	10		
6	软件测试	2018/12/20	3		
7	培训	2018/12/23	5		
8	部署	2018/12/26	3		
9	回顾	2018/12/29	1		

步骤02 计算完成日期。❶选中单元格D2，在编辑栏中输入公式"=B2+C2"，按下【Enter】键，❷向下复制公式，如下图所示。

D2　fx　=B2+C2　❶输入

	A	B	C	D	F
1		开始日期	工期（天）	完成日期	
2	项目范围规划	2018/12/1	5	2018/12/6	
3	行为需求分析	2018/12/6	4		
4	设计软件	2018/12/10	2		
5	开发	2018/12/12	10		
6	软件测试	2018/12/20	3		
7	培训	2018/12/23	5	❷复制	
8	部署	2018/12/26	3		
9	回顾	2018/12/29	1		

步骤03 获取当前日期。❶在单元格I1中输入文字"今天日期"，❷选中单元格J1，在编辑栏中输入公式"=TODAY()"，按下【Enter】键，即可得到当前日期，如下图所示。

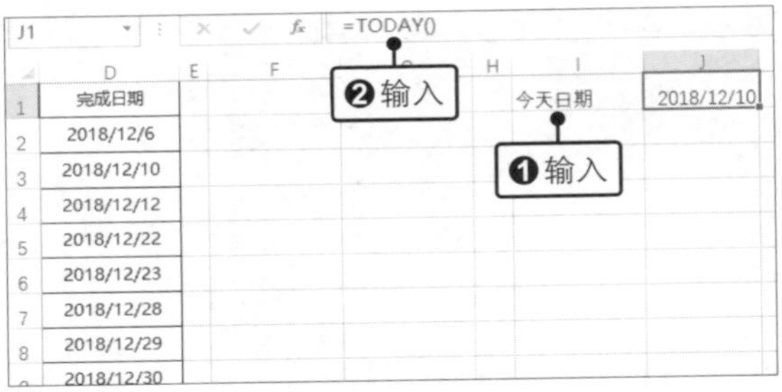

J1　fx　=TODAY()

	D	E	F	H	J
1	完成日期		❷输入	今天日期	2018/12/10
2	2018/12/6			❶输入	
3	2018/12/10				
4	2018/12/12				
5	2018/12/22				
6	2018/12/23				
7	2018/12/28				
8	2018/12/29				
	2018/12/30				

步骤04 计算已完成的辅助数据。❶在单元格F1中输入文字"已完成"，❷在单元格F2中输入公式"=IF($J$1>=D2,C2,IF($J$1>B2,$J$1-B2,""))"，如下图所示。

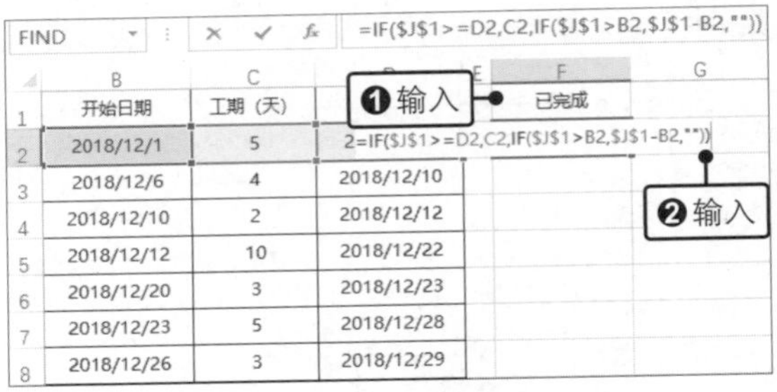

FIND　fx　=IF($J$1>=D2,C2,IF($J$1>B2,$J$1-B2,""))

	B	C	D	F	G
1	开始日期	工期（天）	❶输入	已完成	
2	2018/12/1	5	2=IF($J$1>=D2,C2,IF($J$1>B2,$J$1-B2,""))		
3	2018/12/6	4	2018/12/10		
4	2018/12/10	2	2018/12/12	❷输入	
5	2018/12/12	10	2018/12/22		
6	2018/12/20	3	2018/12/23		
7	2018/12/23	5	2018/12/28		
8	2018/12/26	3			

步骤05 复制公式。按下【Enter】键，向下复制公式至单元格F9，如下图所示，即可得到已完成的辅助数据。

F2　fx　=IF($J$1>=D2,C2,IF($J$1>B2,$J$1-B2,""))

	B	C	D	E	G
1	开始日期	工期（天）	完成日期	已完成	
2	2018/12/1	5	2018/12/6	5	
3	2018/12/6	4	2018/12/10		
4	2018/12/10	2	2018/12/12		
5	2018/12/12	10	2018/12/22		
6	2018/12/20	3	2018/12/23		
7	2018/12/23	5	2018/12/28		
8	2018/12/26	3	2018/12/29		
9	2018/12/29	1	2018/12/30		

步骤06 计算未完成的辅助数据。❶在单元格G1中输入文字"未完成"，❷在单元格G2中输入公式"=IF($J$1<=B2,C2,IF($J$1<D2,D2-$J$1,""))"，按下【Enter】键，向下复制公式至单元格G9，如下图所示，即可得到未完成的辅助数据。

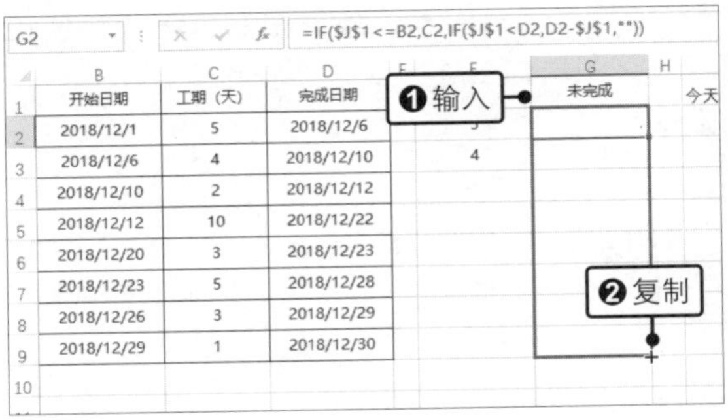

G2　fx　=IF($J$1<=B2,C2,IF($J$1<D2,D2-$J$1,""))

	B	C	D	F	G	H
1	开始日期	工期（天）	完成日期	❶输入	未完成	今天
2	2018/12/1	5	2018/12/6			
3	2018/12/6	4	2018/12/10		4	
4	2018/12/10	2	2018/12/12			
5	2018/12/12	10	2018/12/22			
6	2018/12/20	3	2018/12/23			
7	2018/12/23	5	2018/12/28		❷复制	
8	2018/12/26	3	2018/12/29			
9	2018/12/29	1	2018/12/30			
10						

步骤07　查看添加的辅助序列。完成后，可看到工作表中添加了辅助序列后的数据效果，如右图所示。

	B	C	D	E	F	G	H
1	开始日期	工期（天）	完成日期		已完成	未完成	
2	2018/12/1	5	2018/12/6		5		
3	2018/12/6	4	2018/12/10		4		
4	2018/12/10	2	2018/12/12			2	
5	2018/12/12	10	2018/12/22			10	
6	2018/12/20	3	2018/12/23			3	
7	2018/12/23	5	2018/12/28			5	
8	2018/12/26	3	2018/12/29			3	
9	2018/12/29	1	2018/12/30			1	

17.2.2　制作直观显示项目进度的甘特图

完成了辅助序列的添加后，就可以利用原有的数据及添加的辅助序列来制作甘特图，跟踪活动中各个项目的进度。

步骤01　插入图表。❶按住【Ctrl】键选中单元格区域A1:B9和F1:G9，❷在"插入"选项卡下的"图表"组中单击"插入柱形图或条形图"按钮，❸在展开的列表中单击"堆积条形图"选项，如下图所示。

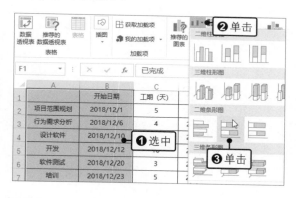

步骤02　设置填充颜色。删除图表标题，❶右击代表"开始日期"的数据系列，❷在弹出的浮动工具栏中单击"填充"按钮，❸在展开的列表中单击"无填充"选项，如下图所示。

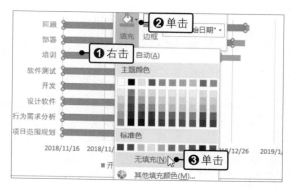

步骤03　设置坐标轴格式。双击图表中的纵坐标轴，打开"设置坐标轴格式"窗格，在"坐标轴选项"选项卡下的"坐标轴选项"组中勾选"逆序类别"复选框，如下图所示。

步骤04　设置坐标轴选项。❶选中图表中的横坐标轴，❷在"设置坐标轴格式"窗格的"坐标轴选项"选项卡下的"坐标轴选项"组中，设置"最小值"为43435、"最大值"为43466、"单位"的"大"值为10，如下图所示。其中，43435为项目开始日期2018/12/1在常规格式下的数值。

步骤05 设置标签位置。❶在"标签"组中单击"标签位置"右侧的下三角按钮，❷在展开的列表中单击"高"选项，如下图所示。

步骤06 设置标签的数字格式。在"数字"组中保持默认的"类别"，设置"类型"为"3/14"，如下图所示。

步骤07 添加数据系列。在图表上右击，在弹出的快捷菜单中单击"选择数据"命令，打开"选择数据源"对话框，单击"添加"按钮，如下图所示。

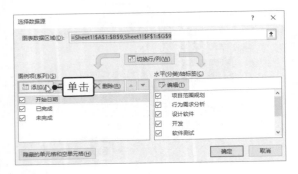

步骤08 编辑数据系列。打开"编辑数据系列"对话框，❶输入"系列名称"为"辅助序列"，❷单击"确定"按钮，如下图所示。

步骤09 更改系列图表类型。单击"确定"按钮，返回工作表中，❶在图表上右击增加的数据系列，❷在弹出的快捷菜单中单击"更改系列图表类型"命令，如下图所示。

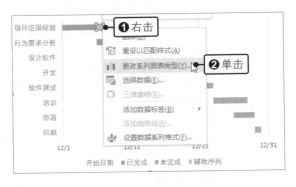

步骤10 设置图表类型。打开"更改图表类型"对话框，❶在右侧的面板中设置"辅助序列"的图表类型为"散点图"，❷单击"确定"按钮，如下图所示。

步骤11　编辑图例项。再次打开"选择数据源"对话框，❶选中"辅助序列"，❷单击"编辑"按钮，如下图所示。

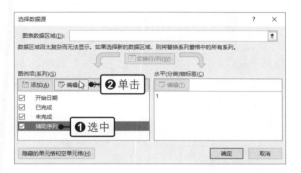

步骤12　编辑数据系列。打开"编辑数据系列"对话框，❶设置"X轴系列值"为单元格J1，❷单击"确定"按钮，如下图所示。

步骤13　添加误差线。❶选中图表中代表"辅助序列"的数据标记，❷单击图表右上角的"图表元素"按钮，❸在展开的列表中依次单击"误差线>更多选项"选项，如下图所示。此处添加误差线是为了在甘特图上显示一条作为日期刻度线的标记线。

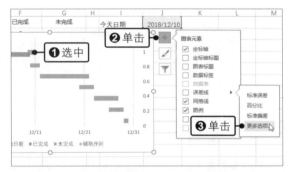

步骤14　设置误差线。打开"设置误差线格式"窗格，❶在"误差线选项"选项卡下的"垂直误差线"组中单击"负偏差"单选按钮，❷在"末端样式"选项组中单击"无线端"单选按钮，如下图所示。

步骤15　设置误差线的线条样式。❶在"填充与线条"选项卡下设置误差线的"颜色"和"宽度"，❷设置"开始箭头类型"为"燕尾箭头"、"开始箭头粗细"为"左箭头9"，如下图所示。

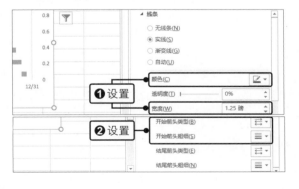

步骤16　隐藏水平误差线。❶选中图表中的水平误差线，❷在窗格的"填充与线条"选项卡下单击"无线条"单选按钮，如下图所示。

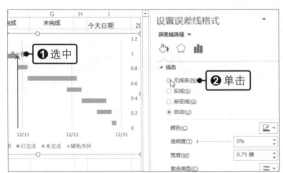

步骤17 添加数据标签并设置格式。❶为"辅助序列"添加一个位于上方的数据标签，然后双击该数据标签，❷在"设置数据标签格式"窗格的"标签选项"选项卡下勾选"单元格中的值"复选框，打开"数据标签区域"对话框，❸设置区域为单元格J1，❹单击"确定"按钮，如下图所示。随后在窗格中取消勾选"Y值"和"显示引导线"复选框。

步骤18 设置坐标轴选项。隐藏图表中"辅助序列"的数据标记，需注意的是该标记不能删除，否则会删除"辅助序列"。❶双击图表右侧的次纵坐标轴，❷在"设置坐标轴格式"窗格的"坐标轴选项"选项卡下设置"边界"的"最大值"为1，如下图所示。此步骤是为了让作为日期刻度线的误差线能够与图表的绘图区等高。

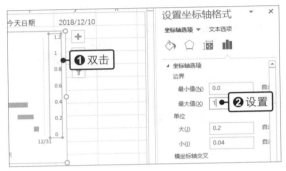

步骤19 查看最终的图表效果。完成设置后删除次纵坐标轴和不必要的图例，对绘图区的边框颜色进行设置，并设置纵坐标轴的边框，即可得到如右图所示的效果。在不同日期打开该工作簿，图表中都会动态显示该活动在当天的项目进度情况。

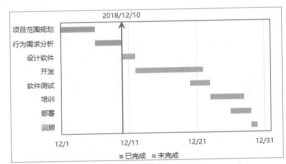

17.3 创建实际与预测月销售额查询分析图表

企业在年终时通常会对本年度的销售额按月份进行统计，并与之前预测的销售额进行比较分析，作为年终业绩考核及来年目标制定的参考依据。在本实例中，由于在一个图表中同时显示 12 个月的数据会显得较为拥挤，所以将使用滚动条控件来控制在图表中显示的月份的数量。

◎ 原始文件：下载资源\实例文件\第17章\原始文件\实际与预测月销售额查询分析图表.xlsx
◎ 最终文件：下载资源\实例文件\第17章\最终文件\实际与预测月销售额查询分析图表.xlsx

17.3.1 创建销售额分析图表

本小节将结合 Excel 的定义名称功能和 OFFSET 函数，自定义图表的数据源，并生成图表的主体部分。

步骤01 输入表格数据。打开原始文件，在工作表的单元格D1中输入一个小于13的整数，如输入"8"，如下左图所示。

步骤02 定义名称。❶在"公式"选项卡下单击"定义名称"右侧的下三角按钮，❷在展开的列表中单击"定义名称"选项，如下右图所示。

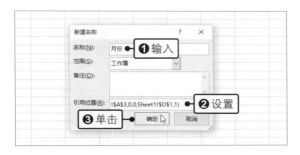

步骤03 新建名称"月份"。弹出"新建名称"对话框，❶在"名称"文本框中输入"月份"，❷设置"引用位置"为"=OFFSET(Sheet1!$A$3,0,0,Sheet1!$D$1,1)"，❸单击"确定"按钮，如下图所示。

步骤04 新建名称"实际"。再次打开"新建名称"对话框，❶在"名称"文本框中输入"实际"，❷设置"引用位置"为"=OFFSET(Sheet1!$B$3,0,0,Sheet1!$D$1,1)"，❸单击"确定"按钮，如下图所示。

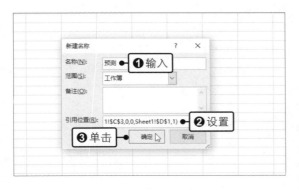

步骤05 新建名称"预测"。再次打开"新建名称"对话框，❶在"名称"文本框中输入"预测"，❷设置"引用位置"为"=OFFSET(Sheet1!$C$3,0,0,Sheet1!$D$1,1)"，❸单击"确定"按钮，如下图所示。

步骤06 插入柱形图。❶选中单元格区域A3:C14，❷在"插入"选项卡下单击"图表"组中的"插入柱形图或条形图"按钮，❸在展开的列表中单击"簇状柱形图"选项，如下图所示。

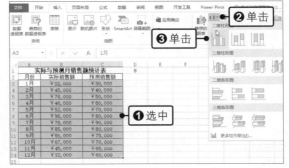

步骤07 选择数据。此时可看到在工作表中生成了由选定数据创建的图表，在"图表工具-设计"选项卡下单击"选择数据"按钮，如下左图所示。

步骤08 删除数据系列。弹出"选择数据源"对话框，❶在"图例项（系列）"列表框中单击"系列1"，❷单击"删除"按钮，如下右图所示。然后利用相同的方法删除所有系列。

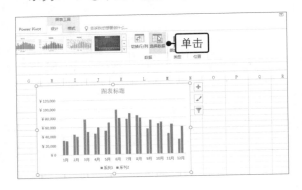

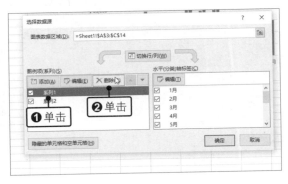

步骤09 添加数据系列。删除所有的数据系列后，需要重新添加数据系列，单击"添加"按钮，如下图所示。

步骤10 编辑数据系列。弹出"编辑数据系列"对话框，❶设置"系列名称"为单元格B2、"系列值"为定义的名称"实际"，❷单击"确定"按钮，如下图所示。

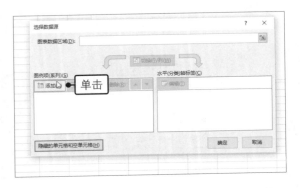

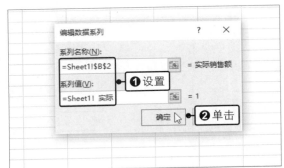

步骤11 编辑水平轴标签。返回"选择数据源"对话框，单击"水平（分类）轴标签"列表框中的"编辑"按钮，如下图所示。

步骤12 设置轴标签。弹出"轴标签"对话框，❶设置"轴标签区域"为定义的名称"月份"，❷单击"确定"按钮，如下图所示。

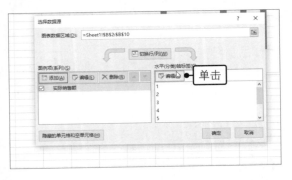

步骤13 添加下一个数据系列。返回"选择数据源"对话框，在"图例项（系列）"列表框中单击"添加"按钮，如下左图所示。

步骤14 编辑数据系列。弹出"编辑数据系列"对话框，❶设置"系列名称"为单元格C2、"系列值"为定义的名称"预测"，❷单击"确定"按钮，如下右图所示。

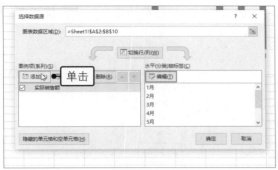

步骤15　完成数据源设置。返回"选择数据源"对话框，利用相同的方法设置"预测销售额"系列的轴标签，单击"确定"按钮，如下图所示。

步骤16　查看图表。返回工作表，完成图表数据源的设置后，即可查看图表中显示的数据系列，如下图所示。

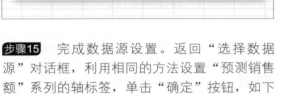

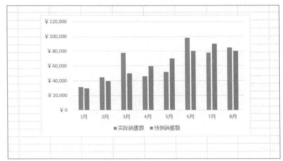

17.3.2　实现图表动态效果

完成图表主体部分的创建后，本小节接着添加滚动条控件，并设置控件的参数，实现控制月份显示数量的功能。

步骤01　调整图表。在图表中调整图例的位置及绘图区的大小和位置，得到如下图所示的效果。

步骤02　插入控件。❶在"开发工具"选项卡下单击"插入"按钮，❷在展开的列表中单击"滚动条（窗体控件）"选项，如下图所示。

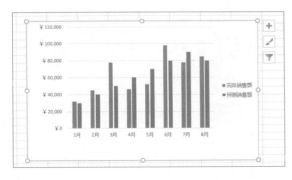

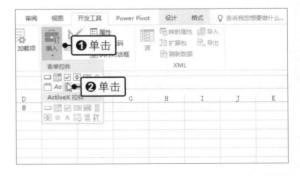

步骤03　绘制滚动条控件。在图表中拖动鼠标绘制滚动条控件，绘制完成后释放鼠标，如下左图所示。

步骤04 设置控件格式。❶在图表中右击绘制的控件，❷在弹出的快捷菜单中单击"设置控件格式"命令，如下右图所示。

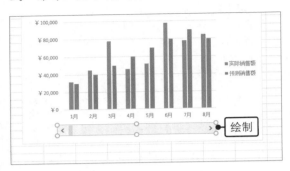

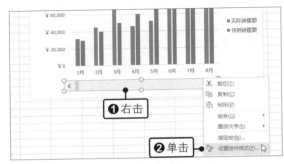

步骤05 设置控制参数。弹出"设置控件格式"对话框，在"控制"选项卡下设置"当前值"为0、"最小值"为1、"最大值"为12、"步长"为1、"页步长"为3、"单元格链接"为单元格D1，如下图所示。设置完成后，单击"确定"按钮。

步骤06 使用控件。返回图表，拖动滚动条，即可控制图表中显示的月份数量，如下图所示。向左拖动滚动条将减少月份数，向右拖动滚动条将增加月份数。

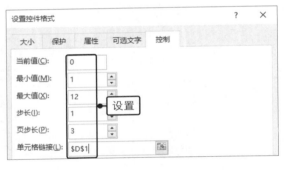

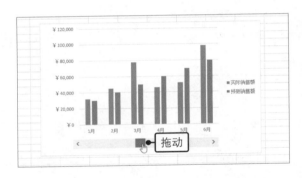

步骤07 插入文本框。在图表中插入文本框，并在文本框中输入文本内容，作为滚动条的说明，如下图所示。

步骤08 添加图表标题。选中图表，❶在"图表工具-设计"选项卡下单击"添加图表元素"按钮，❷在展开的列表中依次单击"图表标题>图表上方"选项，如下图所示。

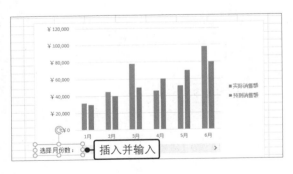

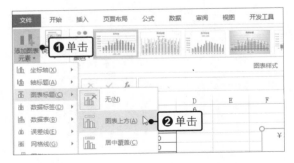

步骤09 编辑图表的标题。在图表的标题文本框中输入需要的标题文本内容，如下左图所示。

步骤10 更改图表类型。选中图表，在"图表工具-设计"选项卡下单击"更改图表类型"按钮，如下右图所示。

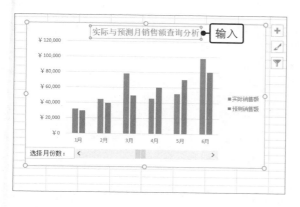

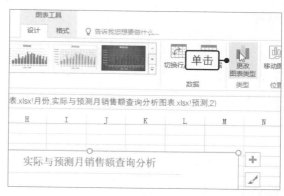

步骤11　选择图表类型。弹出"更改图表类型"对话框，❶在"所有图表"选项卡下单击"组合"选项，❷单击"预测销售额"右侧的下三角按钮，❸在展开的列表中单击"带数据标记的折线图"选项，如下图所示。

步骤12　查看图表效果。设置完成后，单击"确定"按钮，返回图表，调整图表中显示的月份数后，即可看到选定的数据系列被更改为指定的图表类型，如下图所示。

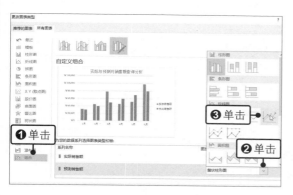

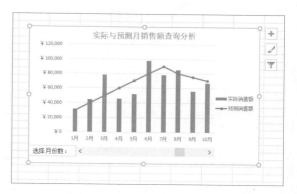

专栏　设置控件格式

在工作表中插入控件后，为了达到更好的视觉效果，可以为控件设置格式，如控件的大小、属性等。

◎　原始文件：下载资源\实例文件\第17章\原始文件\设置控件格式.xlsx
◎　最终文件：下载资源\实例文件\第17章\最终文件\设置控件格式.xlsx

步骤01　设置控件格式。打开原始文件，❶在工作表中右击控件，❷在弹出的快捷菜单中单击"设置控件格式"命令，如右图所示。

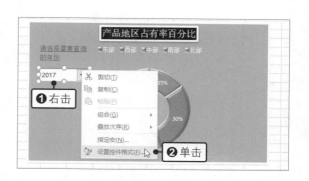

步骤02 设置控件大小。弹出"设置控件格式"对话框，❶在"大小"选项卡下勾选"锁定纵横比"复选框，❷设置"宽度"为2，如右图所示。

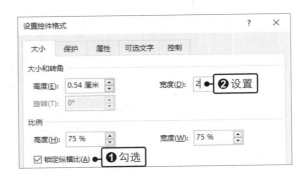

步骤03 设置保护。在"保护"选项卡下取消勾选"锁定"复选框，如下图所示。

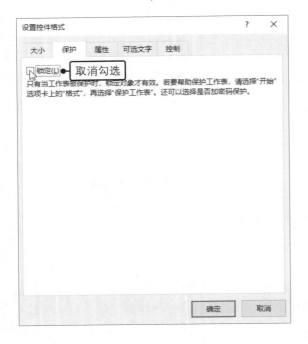

步骤04 设置属性。在"属性"选项卡下单击"大小、位置均固定"单选按钮，如下图所示。设置完成后，单击"确定"按钮。

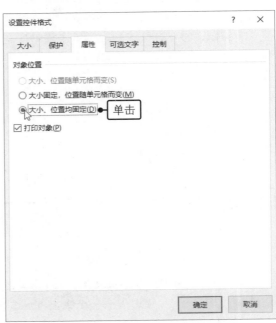

读书笔记